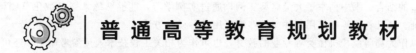

普通高等教育规划教材

UG NX基础教程与应用

▶ 李永华 李艳娟 主编

UG NX JICHU JIAOCHENG
YU YINGYONG

U0388307

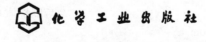

化学工业出版社

·北京·

本书内容共分 10 章，包括基础入门、草绘设计、实体设计基础、特征设计、特征操作和编辑、曲面设计基础、装配设计、工程图纸设计、模具设计、数控加工。书中从工程实用出发，将 UG NX 操作技巧与具体零件设计实践相结合，实现了 UG NX 的建模模块、装配模块、工程制图模块、模具设计模块、数控加工模块巧妙的结合。书中列举了大量典型实例，通过实例学习，能够熟练掌握参数化草图建模、扫掠特征、设计特征、基准特征等的使用，并能够熟练应用各种设计方法。

　　本书可以作为高等院校机械类等专业的教材，也可作为相关工程技术人员参考用书，还可作为 UG NX 初学者的教材及培训用书。

图书在版编目（CIP）数据

UG NX 基础教程与应用/李永华，李艳娟主编. —
北京：化学工业出版社，2020.5
普通高等教育规划教材
ISBN 978-7-122-36239-1

Ⅰ.①U… Ⅱ.①李… ②李… Ⅲ.①计算机辅助设
计-应用软件-高等学校-教材 Ⅳ.①TP391.72

中国版本图书馆 CIP 数据核字（2020）第 030157 号

责任编辑：韩庆利
责任校对：宋　玮　　　　　　　　　　　　装帧设计：史利平

出版发行：化学工业出版社（北京市东城区青年湖南街 13 号　邮政编码 100011）
印　　刷：北京京华铭诚工贸有限公司
装　　订：三河市振勇印装有限公司
787mm×1092mm　1/16　印张 18¾　字数 482 千字　2020 年 6 月北京第 1 版第 1 次印刷

购书咨询：010-64518888　　　　　　　　　售后服务：010-64518899
网　　址：http://www.cip.com.cn
凡购买本书，如有缺损质量问题，本社销售中心负责调换。

定　　价：55.00 元　　　　　　　　　　　　　　　　版权所有　违者必究

前 言

UG 软件是一个功能强大的交互式 CAD/CAM 系统，可将计算机参数化和变量化技术与传统的实体、线框和表面功能结合起来，从而实现二维绘图、三维建模、数控加工编程、曲面造型等功能，为用户的产品设计及加工过程提供数字化模型。 该软件目前已成为机械设计与制造、模具设计与制造等行业的一款主流应用软件，广泛应用于航空、航天、汽车、通用机械和造船等工业领域。

本书基于典型范例式教学方法的指导思想：以应用为主线，从典型范例入手，以传授学习方法为目标，注重能力培养，具有引导入门快和可操作性强等特点。 通过合理优化地选择与创设典型范例，结合专业特色，综合范例的学习，读者能够提高分析与解决实际问题的实践能力。

本书从工程实用出发，将 UG NX10.0 操作技巧与具体零件设计实践相结合，实现了 UG NX10.0 的建模模块、装配模块、工程制图模块、模具设计模块、数控加工模块的巧妙结合。 通过实例，读者能够熟练掌握参数化草图建模、扫掠特征、设计特征、基准特征等的使用，并能够熟练应用掌握各种设计方法。

本书可以作为高等院校机械类专业的模具设计、机械设计与制造和产品设计等方向的教材，也可作为相关企事业工程技术人员应用参考书。

本书内容共分 10 章，内容包括 UG NX10.0 基础入门、草绘设计、实体设计基础、特征设计、特征操作和编辑、曲面设计基础、装配设计、工程图纸设计、模具设计、数控加工。

本书由李永华、李艳娟主编，参加编写的人员还有王海、梁海成、王芳、刘劲松、岳峰丽、马睿、崔海涛、吕北生。 全书由李永华、李艳娟统稿，贺传军审阅。 本书的编写得到了沈阳金杯汽车模具制造有限公司的高级工程师贺传军的支持与帮助，在此致以由衷的感谢！ 同时，还应感谢在本书编写过程中给予作者支持与关心的老师和同事们！

为便于学习，提供书中模型图的源文件，可登录 www.cipedu.com.cn 下载。

由于作者水平有限，书中存在不足之处，恳请各位读者批评指正。

编 者

目 录

第1章 ▶▶
UG NX10.0基础入门

1.1 ● UG NX10.0 概述

  UG NX10.0 是由 SIEMENS 公司推出的软件，它是一种交互式计算机辅助设计、辅助制造、辅助分析（CAD/CAM/CAE），且高度集成的软件系统。由于其功能强大，UG 软件适用于产品的整个开发过程，包括设计、建模、装配、模拟分析、加工制造和产品生命周期管理等功能，广泛用于机械、模具、汽车、家电、航天等领域。

  UG NX10.0 汇集了美国航空航天和汽车工业的专业经验，融入了各行业所需的各个模块，涵盖了产品设计、工程制图、结构分析、运动仿真等，为产品从研发到生产的整个过程提供了一个数字化设计平台。

  UG NX 融合了线框模型、曲面模型和实体模型技术，该系统建立在统一的、关联的数据库基础上，提供工程意义的完美结合，从而使软件内部各个模块的数据都能实现自由切换。特别是该版本软件基本特征操作作为交互操作的基础单位，能够使用户在更高层次上进行更为专业的设计和分析，实现了并行工程的集成联动。

  UG NX 可以进行复合建模，需要时可以进行全参数设计，而且在设计过程中不需要定义和参数化新曲线，可以直接利用实体边缘。此外，可以方便地在模型上添加凸垫、键槽、凸台、斜角及抽壳等特征，这些特征直接引用固有模式，只需进行少量参数设置，使用灵活方便。

  UG NX 在创建了三维模型后，可以直接投影成二维图，并且能按 ISO 标准和国际标准自动标注尺寸、形位公差和汉字说明等，可以对生成的二维图创建剖视图，剖视图自动关联到模型和剖切位置。另外，UG NX 还可以进行工程图模板的设置，在绘制工程图的过程中，可以方便调用，省去了繁琐的模板设计过程，提高了绘制工程图的效率。

1.1.1 UG NX10.0 特点

  UG NX CAD/CAM/CAE 系统提供了一个基于过程的产品设计环境，使产品开发从设计到加工真正实现了数据的无缝集成，从而优化了企业的产品设计与制造。UG 面向过程驱动的技术是虚拟产品开发的关键技术，在面向过程驱动技术的环境中，用户的全部产品及精确的数据模型能够在产品开发全过程的各个环节保持一致，从而有效地实现并行工程。

  UG 软件不仅具有强大的实体造型、曲面造型、虚拟装配和生成工程图等设计功能，而且在设计过程中可进行有限元分析、机构运动分析、动力学分析和仿真模拟，从而提高了设计的可靠性。同时可用建立的三维模型直接生成数控代码，用于产品的加工，其后处理程序支持多种类型的数控机床。另外，它所提供的二次开发语言 UG/open GRIP 简单易学，可实现的功能较多，便于用户开发专用 CAD 系统。具体来说，该软件具有以下特点。

📥 具有统一的数据库，真正实现了 CAD/CAE/CAM 等各模块之间无数据交换的自由切换，可实现复合建模技术，可将实体建模、曲面建模、线框建模、显示几何建模与参数化建模融为一体。

📥 用基于特征（如孔、凸台、沟槽、倒角等）的建模和编辑方法作为实体造型基础，形象直观，类似于工程师传统的设计方法，并能用参数驱动。

📥 曲面设计采用非均匀有理 B 样条为基础，可用多种方法生成复杂的曲面，特别适合于汽车外形设计、汽轮机叶片设计等复杂的曲面造型。

📥 出图功能强，可十分方便地从三维实体模型直接生成二维工程图。能按 ISO 标准和国标标注尺寸、形位公差和汉字说明等，并能直接对实体做旋转剖、阶梯剖和轴测图挖切生成各种剖视图，增强了绘制工程图的实用性。

📥 以 Parasolid 为实体建模核心，目前著名的 CAD/CAE/CAM 软件均以此作为实体造型基础，实体造型功能处于领先地位。

📥 提供了界面良好的二次开发工具 GRIP，并能通过高级语言接口，使 UG 的图形功能与高级语言的计算功能紧密结合起来。

📥 具有良好的用户界面，绝大多数功能都可通过图标实现。进行对象操作时，具有自动推理功能，同时在每个操作步骤中，都有相应的提示信息，便于用户做出正确的选择。

1.1.2　UG NX10.0 功能模块

UG NX10.0 包含的功能模块有几十个，调用不同的功能模块，可以满足不同的工作需要。在 UG 入口模块界面窗口上，单击工具条中的"开始"按钮，弹出的菜单中显示了功能模块，包括建模、加工、运动仿真、装配、钣金、外观造型设计等一系列模块。根据该软件的实际应用可分为以下几类：CAD 辅助设计模块、CAM 辅助加工模块、CAE 辅助分析模块等。

1. CAD 辅助设计模块

CAD 模块主要用于产品设计和模具设计等方面，包括实体造型和曲面造型的建模模块、装配模块、制图模块、外观造型设计模块、模具设计模块、电极设计模块、钣金设计模块、管线设计模块、船舶设计模块等。UG 广泛应用于军事、民航、船舶、电器电子等行业。

2. CAM 辅助制造模块

CAM 将所有的编程系统中的元素集成在一起，包括刀具轨迹的创建和确认、后处理、机床仿真、流程规划、数据转换和车间文档，使制造过程根据参数的设定，从而使生产任务实现自动化。其模块包括加工基础模块、后处理器、车削加工模块、铣削加工模块、线切割加工模块和样条轨迹生成器。

3. CAE 辅助分析模块

CAE 模块的主要作用是进行产品分析，包括设计仿真、高级仿真、运动仿真。其内容包括强度向导、设计仿真模块、高级仿真模块、运动仿真模块、注塑流动分析模块等。

1.2 ➲ UG NX10.0 操作界面

UG NX10.0 的操作界面是用户对文件进行操作的基础，新建模型文件后的初始工作界面，如图 1.1 所示，包括标题栏、菜单按钮、导航区、功能区、工作区、标题栏、状态栏、资源条等部分组成。

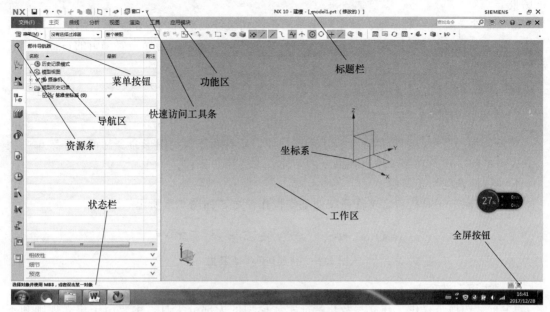

图 1.1　UG NX10.0 操作界面

1.2.1　标题栏

标题栏用于显示软件版本,以及当前的模块和文件名等信息。

1.2.2　菜单按钮

UG NX10.0 将以往的菜单栏全部整合到一个菜单按钮中,几乎包含了整个软件所需要的命令。也就是说,在建模时用到的各种命令、设置、信息等都可以在这个按钮中找到。它主要的菜单有:文件、编辑、视图、插入、格式、工具、装配、信息、分析、首选项、窗口和帮助。

🔸"文件"菜单主要用于新建文件、保存文件、导出模型、导入模型、打印和退出软件等操作。

🔸"编辑"菜单主要用于对当前视图、布局等进行操作。

🔸"插入"菜单主要用于插入各种特征。

🔸"格式"菜单主要用于对现有格式的编辑管理。

🔸"工具"菜单提供了一些建模过程中比较实用的工具。

🔸"装配"菜单主要提供了各种装配所需要的操作。

🔸"信息"菜单提供了当前模型的各种信息。

🔸"分析"菜单提供了如长度、角度、质量测量等实用的信息。

🔸"首选项"菜单主要用于对软件模块的预设置。

🔸"窗口"菜单主要用来切换被激活的窗口和其他窗口。

🔸"帮助"菜单主要提供了用户使用软件过程中所遇到的各种问题的解决办法。

1.2.3　导航区

导航区主要是为用户提供一种快捷的操作导航工件,它主要包含装配导航器、部件导航器、Internet Explorer、历史记录、系统材料、Process Studio、加工向导、角色、系统可视化场景等。

    ➦"部件导航器"对话框：其中列出了已经建立组件或部件的各个特征，用户可以在每个特征前面勾选或取消勾选，从而显示或隐藏各个特征，还可以选择需要编辑的特征，用右击的方式对特征参数进行编辑。

    ➦"装配导航器"对话框：用户同样可以选取各组件设置的相关参数。

1.2.4 功能区

    功能区中的命令以图形的方式表示命令功能，所有功能区的图形命令都可以在菜单中找到，这样避免了用户在菜单中查找命令的不便，方便用户操作。

1. "快速访问"工具栏

    "快速访问"工具栏包含文件系统的基本操作命令，如图 1.2 所示。

图 1.2 "快速访问"工具栏

2. "主页"选项卡

    "主页"选项卡提供了建立参数化特征实体模型的大部分工具，主要用于建立规则和不太复杂的模型；对模型进行进一步细化和局部修改的实体形状建立特征；建立一些形状规则但较复杂的实体特征，以及用于修改特征形状、位置及其显示状态等，如图 1.3 所示。

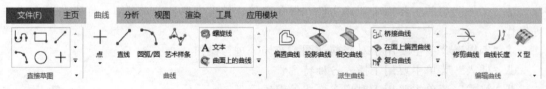

图 1.3 "主页"选项卡

3. "曲线"选项卡

    "曲线"选项卡提供建立各种形状曲线和修改曲线形状与参数的工具，如图 1.4 所示。

图 1.4 "曲线"选项卡

4. "视图"选项卡

    "视图"选项卡是用来对图形窗口的物体进行显示操作的，如图 1.5 所示。

图 1.5 "视图"选项卡

5. "应用模块"选项卡

    "应用模块"选项卡用于各个模块之间的相互切换，如图 1.6 所示。

图1.6 "应用模块"选项卡

6. "选择"工具栏

"选择"工具栏提供选择对象和捕捉点的各种工具，如图1.7所示。

图1.7 "选择"工具栏

1.2.5 工作区

工作区是绘图的主区域，用于创建、显示和修改部件。

1.2.6 快捷菜单

在工作区右击鼠标即可打开快捷菜单，其中包含一些常用命令及视图控制命令，以方便绘图工作。

1.2.7 坐标系

UG中的坐标系分为工作坐标系（WCS）、绝对坐标系（ACS）和机械坐标系（MCS），其中工作坐标系是用户在建模时直接应用的坐标系。

1.2.8 状态栏

状态栏用来提示用户如何操作。执行每个命令时，系统都会在状态栏中显示用户必须执行的下一步操作。对于用户不熟悉的命令，利用状态栏的帮助功能，一般都可以顺利完成操作。

1.2.9 资源条

资源条中包括装配导航器、部件导航器、约束导航器、主页浏览器、历史记录、系统材料等。

1.2.10 全屏按钮

单击窗口右下角的🔲按钮，用于在标准显示和全屏显示之间切换。在标准显示中单击该按钮，切换到全屏显示。

1.3 ⊙ UG NX10.0基本操作

1.3.1 UG功能模块的进入

UG是一款功能齐全、操作便捷的三维设计软件，它包括多个设计领域的功能模块，这些模块以功能区选项卡的形式集中在如图 1.8 所示的"应用模块"中，这些主要的模块包括建模、制图、钣金、装配等。

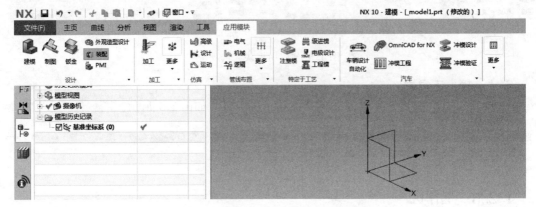

图 1.8　功能区"应用模块"选项卡

当启动 UG 并创建新文件进入主界面时，将直接进入到"建模"应用模块中，在此可以进行二维、三维设计。在"应用模块"选项卡中选择其他功能模块后，即可进行相关的设计工作。

1.3.2　UG 系统参数配置

UG 的系统参数配置一般为程序默认设置，但为了设计需要，用户可自定义配置参数。UG 的系统参数配置分为"语言环境变量"设置、"用户默认"设置和"首选项"设置。

1. 语言环境变量设置

在 Windows7 操作系统中，软件的工作路径是由系统注册表和环境变量来设置的。在安装 UG NX10.0 以后，会自动创建 UG 的语言环境变量。语言环境变量的设置可使 UG 操作界面语言由中文改为英文或其他国家语言，或者是由英文或其他国家语言改为中文。

（1）在桌面上选择"我的电脑"右击，选择"属性"命令，弹出"控制面板主页"窗口，在该窗口左侧选择"高级系统设置"选项，弹出"系统属性"对话框，如图 1.9 所示。

（2）在"系统属性"对话框中单击"高级"选项卡，选择"环境变量"按钮，弹出"环境变量"对话框，如图 1.10 所示。在"系统变量"选项组的下拉列表框中选择要编辑的系统变量 UGII_LANG simpl_chinese，单击"编辑"按钮，弹出"编辑系统变量"对话框，如图 1.11 所示。将变量值 simpl_chinese 改为 simpl_english，并单击"确定"按钮，完成

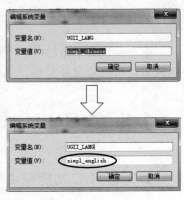

图 1.9　"系统属性"对话框　　图 1.10　"环境变量"对话框　　图 1.11　编辑系统变量值

由中文改为英文的环境变量设置。

（3）重新启动 UG，前面设置的环境变量参数即刻生效。

2. 用户默认设置

"用户默认设置"是指在站点、组、用户级别控制命令、对话框的初始设置和参数。

（1）选择"文件"→"实用工具"→"用户默认设置"命令，如图 1.12 所示。弹出"用户默认设置"对话框，如图 1.13 所示。

（2）在该对话框左侧的列表框中包含了所有的功能模块（站点）及其模块中的各个工具条（组），用户选择相应模块及工具条后，即可在该对话框右侧的参数设置选项标签中进行参数设置。参数设置完成后须重启 UG 软件程序才能生效。

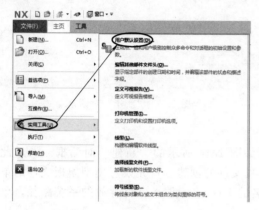

图 1.12 "实用工具"命令

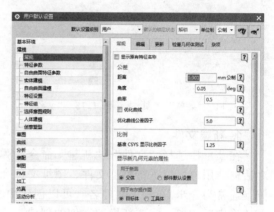

图 1.13 "用户默认设置"对话框

3. 首选项设置

首选项设置主要用于设置一些 UG 程序的默认控制参数。在菜单栏的"首选项"菜单中为用户提供了全部参数设置的功能。在设计之初，用户可根据需要对这些项目进行设置，以便后续的工作顺利进行。简单介绍几个常用的参数设置，如对象设置、用户界面设置、背景设置等。

（1）对象设置 主要用于编辑对象（几何元素、特征）的属性，如线型、线宽、颜色等。选择"首选项"→"对象"命令，弹出"对象首选项"对话框。该对话框中包含"常规""分析""线宽"三个功能选项卡。

🔶"常规"选项卡主要进行工作图层的默认显示设置；模型的类型、颜色、线型和宽度的设置；实体和片体的着色、透明度显示设置。

🔶"分析"选项卡主要控制曲面连续性显示、界面分析显示、偏差测量显示和高亮线的显示等。

🔶"线宽"选项卡设置传统宽度转换的方式。

（2）用户界面设置 主要用于设置用户界面和操作记录录制行为，并加载用户工具。

（3）背景设置 用于设定屏幕的背景特征，如颜色和渐变效果。屏幕背景一般为普通（仅有一种底色）和渐变（由两种或两种以上颜色呈逐渐淡化趋势而形成）两种情况。程序默认为"渐变"背景，若用户喜欢普通屏幕背景，可以选中"着色视图"选项区的"普通"单选按钮，然后单击"普通颜色"图标，并在随后弹出的"颜色"对话框中任意选择一种颜色作为背景颜色即可。

1.3.3 UG NX10.0 文件的操作

文件管理包括新建文件、打开文件、保存文件、关闭文件和文件的导入与导出等操作。

这些操作可通过如图 1.14 所示的"菜单"工具来完成，或者通过选择如图 1.15 所示的"文件"菜单中的相关命令来完成。

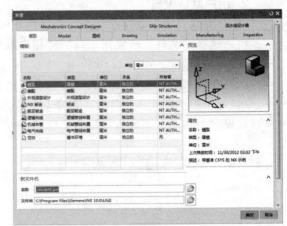

图 1.14 "菜单"工具　　图 1.15 "文件"工具　　图 1.16 "新建"对话框

1. 新建文件

在菜单栏选择"文件"→"新建"命令，弹出如图 1.16 所示的"新建"对话框。通过此对话框，用户可以进行模型文件、图纸文件和仿真文件的创建。首先设置模型模板文件的单位（通常为毫米），输入文件名（可以创建中文名的文件），设置新文件存放的系统路径，单击"确定"按钮，完成新模型文件的创建。

在"新建"对话框中，系统提供了模型、图纸、仿真、加工等选项卡，分别用于创建相应的文件。

模型：该选项卡中包含执行工程设计的各种模板，指定模板并设置名称和保存路径，单击"确定"按钮，即可进入指定的工作环境中。

图纸：该选项卡中包含执行工程设计的各种图纸类型，指定图纸类型并设置名称和保存路径，然后选择要创建的部件，即可进入指定图幅的工作环境。

仿真：该选项卡中包含仿真操作和分析的各个模块，从而进行指定零件的热力学分析和运动分析等，指定模块即可进入相应模块的工作环境。

加工：该选项卡中包含加工操作的各个模块，从而进行指定零件的机械加工，指定模块即可进入相应的工作环境。

文件操作命令是常用命令，可以通过执行"定制"命令，打开"定制"对话框，将文件操作的相关命令从"命令"列表拖至所需的位置，将该命令添加到快捷访问工具条中，如图 1.17 所示。

2. 打开文件

在菜单栏选择"文件"→"打开"命令，系统弹出"打开对话框"。通过该对话框，在存放模型文件的路径下选择一个模型文件后，右侧即刻显示该模型的预览，单击"OK"按钮即可打开文件。

3. 保存文件

保存文件时，既可以保存当前文件，也可以另存文件，还可以只保存工作部件或者保存书签文件。

保存：仅保存当前工作部件的结果。

仅保存工作部件：若将零件模型装配体中的单个部件（设为工作部件）进行编辑，

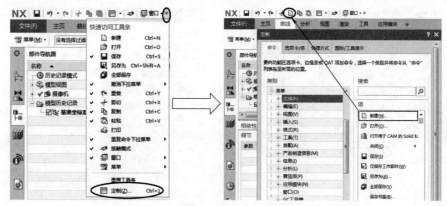

图1.17 添加文件操作命令到快捷访问工具条中

则最后执行此命令时仅对该工作部件编辑结果进行保存，其他非工作部件的更改或编辑结果不被保存。

- 另存为：使用其他名称或其他系统路径来保存部件文件。
- 全部保存：保存已修改的部件和所有的顶级装配部件，在3D模型设计过程中要经常执行此命令进行文件的保存。
- 保存书签：在书签文件中保存装配关联，包括组件可见性、加载选项和组件组。

4. 文件的导入与导出

"文件的导入"是指加载以其他格式类型保存的文件，此类文件可以是UG保存的，也可以是其他3D/2D软件保存的；"文件的导出"是指在UG中以其他格式类型来保存文件。文件的导入和导出有两种方法：直接导入与导出和使用UG转换工具。

- 在打开或另存为文件时，也可以直接将其他格式文件导入与导出。在打开文件时，在"打开部件文件"对话框中的"文件类型"下拉列表中选择要打开的文件类型后，单击"OK"按钮即可。
- 在保存文件时，选择"文件"→"另存为"命令，并在弹出的"另存为"对话框中的"保存类型"下拉列表中选择要保存的文件类型，单击"OK"按钮后便保存为指定的文件格式类型。
- 在菜单栏上的"文件"菜单中的"导入"和"导出"命令，就是利用UG自身的格式转换工具来进行的。如果要导入其他格式文件，如STEP，则选择"文件"→"导入"→"STEP203"命令，系统弹出"导入自STEP203选项"对话框，通过该对话框中的"浏览"按钮，在保存路径中找到 *.stp 格式的文件，再单击"确定"按钮即可打开该文件。
- 同理，若要导出其他格式文件，如IGES，则选择"文件"→"导出"→"IGES"命令，接下来的操作与导入格式文件的操作相同。

执行导入部件文件命令，选择"菜单"→"文件"→"导入"→"部件"命令，弹出"导入部件"对话框如图1.18所示。"导入部件"对话框中的选项含义如下。

- 比例：用于设置导入零件的大小比例。如果导入的零件含有自由曲面，系统将限制比例值为1。
- 创建命名的组：选中该复选框后，系统会将导入的零件中的所有对象建立群组，该群组的名称即是该零件文件的原始名称，并且该零件文件的属性将转换为导入的所有对象的属性。
- 导入视图和摄像机：选中该复选框后，导入的零件中若包含用户自定义布局和查看

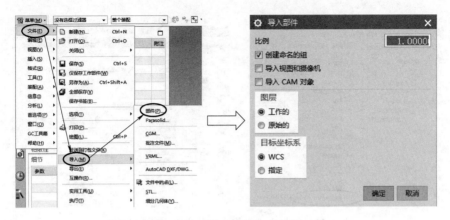

图 1.18 "导入部件"对话框

方式，则系统会将其相关参数和对象一同导入。

🔩 导入 CAM 对象：选中该复选框后，若零件中含义 CAM 对象，则将一同导入。

🔩 图层：

• 工作的：选中该单选按钮后，则导入零件的所有对象将属于当前的工作图层。

• 原始的：选中该单选按钮后，则导入的所有对象还是属于原来的图层。

🔩 目标坐标系：

• WCS：选中该单选按钮后，在导入对象时以工作坐标系为定位基准。

• 指定：选中该单选按钮后，系统将在导入对象后显示坐标子菜单，采用用户自定义的定位基准，定义之后，系统将以该坐标系统作为导入对象的定位基准。

UG 提供与其他应用程序文件格式的接口，常用的有部件（P）、DXF/DWG、CGM（Computer Graphic Metafile）等格式文件。

🔩 Parasolid：选择该命令后，系统会打开对话框导入（*.x_t）格式文件，允许用户导入含有适当文字格式文件的实体（Parasolid），该文件含有可用于说明该实体的数据。导入的实体密度保持不变，表面属性（颜色、反射参数等）除透明度外，保持不变。

🔩 CGM：选择该命令可导入 CGM 文件，即标准的 ANSI 格式的计算机图形元文件。

🔩 IGES：选择该命令可以导入 IGES（Initial Graphics Exchange Specification）格式文件。IGES 是可在一般 CAD/CAM 应用软件间转换的常用格式，可供各 CAD/CAM 相关应用程序转换点、线、曲面等对象。

🔩 AutoCAD DXF/DWG：选择该命令可以导入 DXF/DWG 格式文件，可将其他 CAD/CAM 相应的应用程序导出的 DXF/DWG 文件导入到 UG 中，操作与 IGES 相同。

5. 文件的关闭

在菜单栏选择"文件"→"关闭"→"选定的部件"命令，弹出如图 1.19 所示的"关闭部件"对话框。

"关闭"对话框中的主要选项含义如下：

🔩 顶层装配部件：在文件列表框中只列出顶层装配文件，而不列出装配文件中包含的组件名称。

🔩 会话中的所有部件：在文件列表框中列出当前进程中的所有载入的文件。

🔩 仅部件：仅关闭所选择的部件。

🔩 部件和组件：如果所选择的文件为装配文件，则会一同关闭所有属于该装配文件的组件文件。

图 1.19 "关闭"子菜单

关闭所有打开的部件：将关闭所有已经打开的文件，但系统会弹出警示对话框，如图 1.20 所示，提示用户已有部分文件被修改，让用户确定是否保存并关闭。

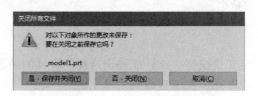

图 1.20 "关闭所有文件"对话框

如果修改则强制关闭：如果文件在关闭以前没有保存，则强行关闭该文件。

单击图形工作窗口右上角的按钮 ✖，将关闭当前工作窗口；如果选择"文件"→"退出"选项，或者单击 UG NX10.0 标题栏中的按钮 ✖，将退出 UG NX10.0 软件；如果当前文件没有保存，UG NX10.0 将会弹出提示对话框，提示用户是否需要保存后关闭。

1.3.4 鼠标和键盘的操作

鼠标和键盘操作的熟练程度直接关系到作图的准确性和速度，熟悉鼠标和键盘操作，有利于提高作图的质量和效率。

1. 鼠标操作

在工作区单击右键，打开快捷菜单，从中选择相应的选项，或者选择"视图"→"操作"子菜单中相应的选项，对视图进行观察即可完成视图操作。还可以利用鼠标对视图进行缩放、平移、旋转和全部显示等操作，便于进行视图的观察。

鼠标左键：可以在菜单或对话框中选择命令或选项，也可以在图形窗口中单击来选择对象。

Shift＋鼠标左键：在列表框中选择连续的多项。

Ctrl＋鼠标左键：选择或取消选择列表中的多个非连续项。

双击鼠标左键：对某个对象启动默认操作。

鼠标中键：循环完成某个命令中的所有必需步骤，然后单击"确定"按钮。

Alt＋鼠标中键：关闭当前打开的对话框。

鼠标右键：显示特定对象的快捷菜单。

Ctrl＋鼠标右键：单击图形窗口中的任意位置，弹出视图菜单。

2. 键盘操作

在 UG NX10.0 中，可利用键盘操作控制窗口操作，可进行输入操作，还可以在对象之间切换。

⬛ Tab：在对话框中的不同控件上切换，被选中的对象将高亮显示。

⬛ Shift+Tab：同 Tab 键操作的顺序正好相反，用来反向选择对象，被选中的对象将高亮显示。

⬛ 方向键：在同一控件内的不同元素之间切换。

⬛ 回车键：确认操作，一般相当于单击"确定"按钮的确认操作。

⬛ 空格键：在相应的对话框中激活"接受"按钮。

⬛ Shift+Ctrl+L：中断交互。

⬛ Home 键：在正三轴测视图中定向几何体。

⬛ End 键：在正等轴测图中定向几何体。

⬛ Ctrl+F 键：使几何体的显示适合图形窗口。

⬛ Alt+Enter 键：在标准显示和全屏显示之间切换。

⬛ F1 键：查看关联的帮助。

⬛ F4 键：查看信息窗口。

3. 定制键盘

可对常用工具设置自定义快捷键，这样能够快速提高设计的效率和速度。在工程设计过程中，可通过设置快捷键的方式，快速选择选项操作。

要定制键盘，可选择菜单按钮"工具"→"定制"选项，打开"定制"对话框，单击该对话框中的"键盘"按钮，打开"定制键盘"对话框，如图 1.21 所示。

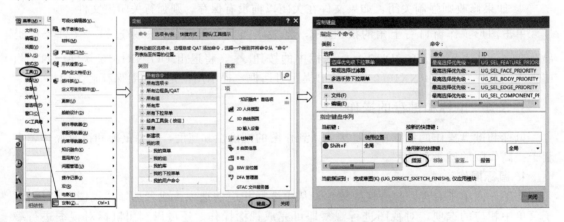

图 1.21 "定制键盘"对话框

在该对话框中选择适合的类别，右侧的"命令"列表框中将显示对应的命令选项，指定选项即可在下方的"按新的快捷键"文本框中输入新的快捷键，单击"指派"按钮即可将快捷键赋予该选项，这样在操作过程中可直接使用快捷键执行相应操作。

1.3.5 坐标系

UG 系统中包括 3 种坐标系统，分别是绝对坐标系 ACS（Absolute Coordinate System）、工作坐标系 WCS（Work Coordinate System）和机械坐标系 MCS（Machine Coordinate System），都符合右手法则。

⬛ ACS：是系统默认的坐标系，其原点位置永远不变，在用户新建文件时就产生了。

WCS：是 UG 系统提供给用户的坐标系，用户可以根据需要任意移动其位置，也可以设置属于自己的 WCS 坐标系。

MCS：该坐标系一般用于模具设计、加工、配线等向导操作中。

选择"菜单"→"格式"→"WCS"命令，打开 WCS 子菜单，如图 1.22 所示。

 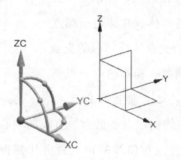 

图 1.22 WCS 子菜单　　　　图 1.23 "动态移动"示意图　　图 1.24 "旋转 WCS 绕"对话框

动态：该命令通过步进的方式移动或旋转当前的 WCS，用户可以在绘图工作区移动坐标系到指定位置，如图 1.23 所示。

原点：该命令通过定义当前 WCS 的原点来移动坐标系的位置，但该命令仅仅移动坐标系的位置，而不会改变坐标轴的方向。

旋转：该命令将打开如图 1.24 所示的"旋转 WCS 绕"对话框，通过当前的 WCS 绕其某一坐标轴旋转一定角度，来定义一个新的 WCS。

用户通过"旋转 WCS 绕"对话框可以选择坐标系绕哪个轴旋转，同时指定从一个轴转向另一个轴，在"角度"文本框中输入需要旋转的角度，角度可以为负值。

可以直接双击坐标系将坐标系激活，处于可移动状态，用鼠标拖动原点处的方块，可以沿 X、Y、Z 方向任意移动，也可以绕任意坐标轴旋转。

更改 XC 方向：选择该命令，系统打开"点"对话框，在该对话框中选择点，系统以原坐标系的原点和该点在 XC-YC 平面上的投影点的连线方向作为新坐标系的 XC 方向，而原坐标系的 ZC 轴方向不变。

更改 YC 方向：选择该命令，系统打开"点"对话框，在该对话框中选择点，系统以原坐标系的原点和该点在 XC-YC 平面上的投影点的连线方向作为新坐标系的 YC 方向，而原坐标系的 ZC 轴方向不变。

显示：系统会显示或隐藏当前的工作坐标系的按钮。

保存：系统会保存当前设置的工作坐标系，以便在以后的工作中调用。

1.3.6 常用基准工具

在使用 UG 进行建模、装配的过程中，经常需要使用到点构造器、矢量构造器、坐标系等工具，这些工具不直接构建模型，但起到很重要的辅助作用。

1. 基准点工具

无论是创建点，还是创建曲线，甚至是创建曲面，都需要使用到点构造器。使用点构造器时，点的类型有自动判断、光标位置、端点等。一般情况下默认用自动判断完成点的捕捉。其他类型的点在自动判断不能完成的情况下，再选择使用点过滤器。

选择菜单栏中的"插入"→"基准/点"→"点"命令，或单击"主页"选项卡"特征"组中的"点"按钮+，或在相关对话框中单击"点对话框"按钮⬙，弹出"点"对话框，部分选项说明如下。

⬙ 自动判断的点 🖉：根据光标所指的位置指定各点中离光标最近的点。

⬙ 光标位置 ⭾：直接在鼠标单击的位置处建立点。

⬙ 现有点 ➕：根据已经存在的点，在该点位置上再创建一个点。

⬙ 端点 ╱：捕捉曲线或者实体、片体边缘端点。

⬙ 交点 ╈：捕捉线与线的交点、线与面的交点。

⬙ 象限点 ◯：捕捉圆、圆弧、椭圆的四分点。

⬙ 圆弧中心/椭圆中心/球心 ⊕：捕捉圆心点、球心点、椭圆中心点。

⬙ 控制点 ∿：捕捉样条曲线的端点、极点、直线的中心等。

⬙ 点在曲线/边上 ╱：设置点在曲线的位置百分比捕捉点，需要选择曲线，然后输入 U 向参数完成捕捉点，如图 1.25 所示。

⬙ 点在面上 ◪：设置 U 向和 V 向的位置百分比捕捉点。如图 1.26 所示，需要选择曲面，然后输入 U 向参数、V 向参数，即可完成捕捉点。

⬙ 圆弧/椭圆上的角度 △：在与 X 轴正向成一定角度（沿逆时针方向）的圆弧/椭圆弧上创建一个点或规定新点的位置，如图 1.27 所示的对话框中输入曲线上的角度。

⬙ 两点之间 ╱：在两点之间按位置的百分比创建点。需要选择两个点，然后输入百分比完成捕捉点，如图 1.28 所示。

图 1.25 点在曲线/边上　　图 1.26 点在面上　　图 1.27 圆弧/椭圆上的角度　图 1.28 两点之间的点

⬙ 参考：各选项说明如下。

• WCS：定义相对于工作坐标系的点。

• 绝对-工作部件：输入的坐标值是相对于工作部件的点。

• 绝对-显示部件：定义相对于显示部件的绝对坐标系的点。

⬙ 偏置选项：用于指定与参考点相关的点。

2. 基准平面工具

平面构造器主要用于绘图时定义基准平面、参考平面或者切割平面等。

选择菜单栏中的"插入"→"基准/点"→"基准平面"命令，或单击"主页"选项卡"特征"组中的"基准平面"按钮 ，或在相关对话框中单击"平面"按钮 ，弹出"基准平面"对话框，部分选项说明如下。

🔸 自动判断 ：系统根据所选对象创建基准平面。

🔸 按某一距离 ：通过和已存在的参考平面或基准面进行偏置得到新的基准平面。

🔸 成一角度 ：通过与一个平面或基准面成指定角度来创建基本平面。

🔸 二等分 ：在两个相互平行的平面或基准平面的对称中心处创建基准平面。

🔸 曲线和点 ：通过选择曲线和点来创建基准平面。

🔸 两直线 ：选择两条直线，若两条直线在同一平面内，则以这两条直线所在平面为基准平面；若两条直线不在同一平面内，那么基准平面通过一条直线且和另一条直线平行。

🔸 相切 ：通过和一曲面相切，且通过该曲面上点、线或平面来创建基准平面。

🔸 通过对象 ：以对象平面为基准平面。

🔸 点和方向 ：通过选择一个参考点和一个参考矢量来创建基准平面。

🔸 曲线上 ：通过已存在的曲线，创建在该曲线某点和该曲线垂直的基准平面。

🔸 平面方位：使平面法向反向。

🔸 偏置：选中"偏置"复选框，可以按指定的方向和距离创建与所定义平面偏置的基准平面。

3. 基准轴

直接应用基准轴工具的情况并不多，通常被矢量工具代替。矢量工具不能直接调出，通常镶嵌在其他工具内。矢量经常用于拉伸、创建基准轴、拔模等命令，以及用于移动、变换等方向矢量中。

选择菜单栏中的"插入"→"基准/点"→"基准轴"命令，或单击"主页"选项卡"特征"组中的"基准轴"按钮 ，或在相关对话框中单击"矢量"按钮 ，弹出"基准轴"对话框或"矢量"对话框，部分选项说明如下。

🔸 自动判断 ：将按照选中的矢量关系来构造新矢量。

🔸 交点 ：通过选择两相交对象的交点来创建基准轴。

🔸 曲线/面轴 ：通过选择曲面和曲面上的轴创建基准轴。

🔸 曲线上矢量 ：通该曲线和该曲线上的点创建基准轴。

🔸 点和方向 ：通过选择一个点和方向矢量创建基准轴。

🔸 两点 ：通过选择两个点来创建基准轴。

🔸 XC轴 、YC轴 、ZC轴 ：可以分别选择和 XC 轴、YC 轴、ZC 轴相平行的方向构造矢量。

4. 基准 CSYS

基准坐标系工具用来创建基准 CSYS。基准坐标系与坐标系的不同点在于，基准坐标系在创建时不仅建立了 WCS，还建立了三个基准平面 XOY、YOZ、ZOX，以及三个基准轴 X、Y、Z 轴。

选择菜单栏中的"插入"→"基准/点"→"基准 CSYS"命令，或单击"主页"选项卡

"特征"组中的"基准 CSYS"按钮，或在相关对话框中单击"CSYS 对话框"按钮，弹出"基准 CSYS"对话框或"CSYS"对话框，部分选项说明如下。

　　动态：可以手动移动 CSYS 到任何想要的位置或方位。

　　自动判断：通过选择的对象或输入沿 X、Y 和 Z 坐标轴方向的偏置值来定义一个坐标系。

　　原点、X 点、Y 点：该方法利用点创建功能先后指定 3 个点来定义一个坐标系。这 3 点应分别是原点、X 轴上的点和 Y 轴上的点。定义的第 1 点为原点，第 1 点指向第 2 点的方向为 X 轴的正向，从第 2 点至第 3 点按右手法则来确定 Z 轴正向。

　　X 轴、Y 轴、原点：该方法线利用点创建功能指定一个点作为坐标系原点，再利用矢量创建功能先后选择或定义两个矢量，这样就创建了基准 CSYS。坐标系 X 轴的正向平行于第一矢量的方向，XOY 平面平行于第一矢量及第二矢量所在的平面，Z 轴正向由第一矢量在 XOY 平面上的投影矢量至第二矢量在 XOY 平面上的投影矢量按右手法则确定。

　　平面、X 轴、点：该方法利用指定 Z 轴平面、平面上的 X 轴和点定义一个坐标系。

　　三平面：该方法通过先后选择 3 个平面来定义一个坐标系。3 个平面的交点为坐标系的原点，第 1 个面的法向为 X 轴，第 1 个面与第 2 个面的交线方向为 Z 轴。

　　绝对 CSYS：该方法在绝对坐标系的（0，0，0）点处定义一个新的坐标系。

　　当前视图的 CSYS：该方法用当前视图定义一个新的坐标系，XOY 平面为当前视图所在平面。

　　偏置 CSYS：该方法通过输入沿 X、Y 和 Z 坐标轴方向，相对于所选择坐标系的偏距来定义一个新的坐标系。

1.3.7　对象选择方法

要对一个对象元素进行操作必须选中该对象，UG NX 中提供了多种选择方式和工具。

1. 预选加亮

当鼠标指针移动任何一个可供选择的特征时，这个特征就会被加亮，单击加亮特征，即可实现选取。

2. 快速拾取

在设计工作时，当多个特征重叠在一起时，就很难选择所需的对象。将鼠标指针置于选择对象上保持不动，待鼠标右下角出现 3 个小点的时候单击鼠标，系统弹出"快速拾取"对话框，从该列表中选取需要的特征，对象就会高亮显示，然后单击选择。

3. 鼠标直接选择

当系统提示选择对象时，鼠标指针会在绘图区变成球状，当选中对象时，所选对象颜色会被加亮显示，当选择多个对象时，框选整个对象完成操作。

4. 类选择器对象

类选择器是一个对象选择器，该选择器可以通过某些限定条件来选择类型的对象，从而提高工作效率，特别是创建大型装配实体时该工具的应用最为广泛。选择"菜单"→"编辑"→"选择"→"类选择"选项，打开"类选择"对话框，如图 1.29 所示。在该对话框中的对象选项里，单击"全选"按钮，在"过滤器"选项中单击"类型过滤器"按钮，打开"按类型选择"对话框，选择需要的选项，单击"确定"按钮，返回"类选择"对话框，再单击"确定"按钮完成操作。

可以通过选择上边框条左侧的 没有选择过滤器 ▾ 整个装配 ▾ 选项来快速实现"类选择"操作。在第一个下拉列表中选择要选择的类型，在第二个列表中指定选择的区域范围。

5. 优先选择对象

对象选择还可以通过指定优先级选择对象。选择"菜单"→"编辑"→"选择"子菜单中的选项，即可进行相应的选择，如图 1.30 所示。

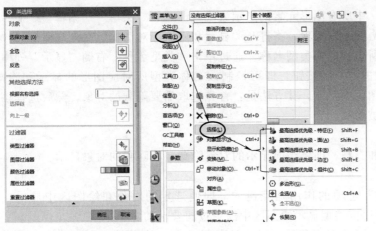

图 1.29 "类选择"对话框　　图 1.30 "选择"子菜单　　图 1.31 编辑对象显示

1.3.8 编辑对象外观

在创建复杂的模型时，一个文件中往往存在多个实体模型，造成各实体之间的位置关系互相交错，在大多数观察角度上将无法看到被遮挡的实体，或是各个部件不容易分辨。此时，将当前不操作的对象隐藏起来，或者将每个部分用不同的颜色、线性等表示，改变部件的外观，即可对模型进行方便的操作。

1. 编辑对象显示

通过对象显示方式的编辑，可以修改对象的颜色、线型、透明度等属性，特别适用于创建复杂的实体模型时，对各部分的观察、选取，以及分析、修改等操作。

选择"菜单"→"编辑"→"对象显示"选项，打开"类选择"对话框，从工作区中选取所需对象并单击"确定"按钮，打开如图 1.31 所示的"编辑对象显示"对话框。

该对话框包括两个选项卡，在"分析"选项卡中可以设置所选对象各类特征的颜色和线型，通常情况下不必修改，"常规"选项卡中的各参数选项含义参照表 1.1。

表 1.1 "常规"选项卡各参数项含义

选项	选项含义
图层	该文本框用于指定对象所属的图层，一般情况下为了便于管理,常将同一类对象放置在同一个图层中
颜色	该选项用于设置对象的颜色,对不同的对象设置不同的颜色将有助于图形的观察,以及对各部分的选取、操作
线型和宽度	通过这两个选项,可以根据需要设置实体模型边框、曲线、曲面边缘的线型和宽度
透明度	通过拖曳透明度滑块调整实体模型的透明度,默认情况下为 0,即不透明,向右拖曳滑块透明度将随之增加

选项	选项含义
局部着色	该复选框可以用来控制模型是否进行局部着色。启用时可以进行局部着色,此时为了增加模型的层次感,可以为模型实体的各个表面设置不同的颜色
面分析	该复选框可以用来控制是否进行面分析,启用该复选框表示进行面分析
线框显示	该面板用于曲面的网络化显示,当选择的对象为曲面时,该选项将被激活,此时可以启用"显示点"和"显示结点"复选框,控制曲面极点和终点的显示状态
继承	将所选对象的属性赋予正在编辑的对象。选择该选项,将打开"继承"对话框,并在工作区中选取一个对象,单击"确定"按钮,系统将把所选对象的属性赋予正在编辑的对象

2. 显示或隐藏

该选项用于控制工作区中所有图形元素的显示或隐藏。选择 "菜单"→"编辑"→"显示和隐藏(H)"→"显示和隐藏(O)"选项,将打开"显示和隐藏"对话框。在该对话框的"类型"中列出了当前图形中所包含的各类型名称,通过单击"类型名称"右侧"显示"列中的"+"按钮或"隐藏"列中的"一"按钮,即可控制该名称类型所对应图形的显示和隐藏。也可以使选定的对象在绘图区中隐藏,其方法是:首先选取需要隐藏的对象,然后选择该选项,此时被选取的对象将被隐藏。

3. 颠倒显示或隐藏

该选项可以互换显示和隐藏,即将当前显示的对象隐藏,将隐藏的对象显示。

4. 显示所有此类型

"显示"选项与"隐藏"选项的作用是互逆的,即使选定的对象在绘图区中显示。而"显示所有此类型"选项可以按类型显示绘图区中满足过滤要求的对象。

当不需要某个对象时,可将对象删除。其方法是:选择 "编辑"→"删除"选项,弹出"类选择"对话框,选取该对象单击"确定"按钮确认操作。

1.3.9 视图布局

1. 视图布局设置

在进行三维产品设计时,有时可能为了多角度观察一个对象而需要同时用到一个对象的多个视图如图 1.32 所示。这就要用到视图布局设置功能。用户创建视图布局后,可以对视图进行打开视图布局、保存视图布局、修改视图布局、删除视图布局等操作。系统提供 6 种格式,最多可以布置 9 个视图来观察模型。

选择"视图"选项卡→"方位"→"更多"选项,在此选项组中可以看到视图布局设置的主要命令,如图 1.33 所示,该选项组中的命令功能说明参见表 1.2。

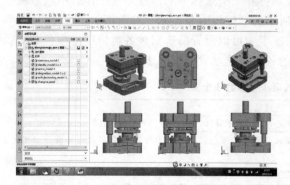

图 1.32　同时显示多个视图

图 1.33　视图布局命令组

表 1.2　视图布局设置的相关命令

命　令	命令含义
新建布局 ⊞	以 6 种布局模式之一，创建包含至多 9 个视图布局
打开布局 ⊞	调用 5 个默认布局中的任何一个，或任何先前创建的布局
更新显示 ⊞	更新显示以反映旋转和比例更改
替换视图 ⊞	替换布局中的视图
删除布局 ⊞	删除用户定义的任何不活动的布局
保存布局 ⊞	保存当前的布局设置
另存布局 ⊞	用其他名称保存当前布局
适合所有视图 ⊞	调整所有视图的中心和比例，以在每个视图的边界内显示所有对象

2. 实例：视图布局操作

本实例通过新建一个四窗口的视图布局，并对其中的单个视图进行调整和替换，最后将得到的视图布局另存为新的布局，从而熟悉视图布局的相关知识。

（1）打开模型文件 zhengtaomuju _ asm. prt。

（2）新建视图布局。单击选项卡"视图"→"方位"→"更多"→"新建布局"按钮 ⊞（或者按快捷键 Ctrl＋Shift＋N），打开"新建布局"对话框，此时系统提示选择新布局中的视图，在"名称"文本框内输入新建视图布局的名称，或者接受系统默认的新视图布局名称。默认的视图布局名称以"LAY♯"形式命名，♯为从 1 开始的序号，后面的序号依次加 1，如图 1.34 所示。

（3）选择视图布局模式。在"布置"下拉列表中可供选择的默认布局模式有 6 种，从"布置"下拉列表中选择所需的一种布局模式，选择 L4 布局模式，结果如图 1.35 所示。

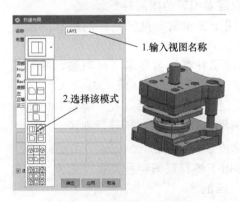

图 1.34　"新建布局"对话框

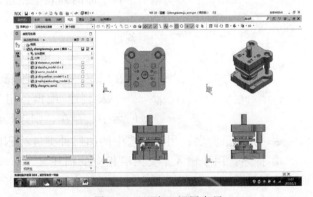

图 1.35　四窗口视图布局

（4）替换视图。单击选项卡"视图"→"方位"→"更多"→"替换布局"按钮 ⊞，系统弹出"要替换的视图"对话框，选择要替换的视图名称，单击"确定"按钮，弹出"视图替换为…"对话框，选择替换视图名称，单击"确定"按钮，完成视图的替换。

（5）存为新的布局。单击选项卡"视图"→"方位"→"更多"→"另存布局"按钮 ⊞，打开"另存布局"对话框，在"名称"文本框中输入要保存的布局名称。

（6）删除多余布局。单击选项卡"视图"→"方位"→"更多"→"删除布局"按钮 ⊞，将多余的布局删除。

1.3.10　工作图层设置

在 UG NX10.0 建模过程中，图层可以很好地将不同的几何元素和成形特征分类，不同的内容放置在不同的图层，便于对设计的产品进行分类查找和编辑。熟练运用该工具不仅能提高设计效率，而且还提高了模型组件的质量，减少了出错概率。

所谓图层，就是在空间中使用不同的层次来放置几何体。UG 中的图层功能类似于设计工程师在透明覆盖层上建立模型的方法，一个图层类似于一个透明的覆盖层。图层的最主要功能是在复杂建模时可以控制对象的显示、编辑和状态。

UG 有 256 个图层，每层上可以包含任意数量的对象，因此一个图层可以含有部件上所有的对象，一个对象上的部件也可以分布在多个层，但是当前工作层只允许有一个当前层。当前层总处于激活状态，所有的操作都是相对于当前激活的工作层，所有操作也只能在工作层上进行，其他非工作层可以通过可见性、可选择性等设置进行辅助设计操作。

1. 图层的分类

对相应图层进行分类管理，可以很方便地通过层类来实现对其中各层的操作，可以提高操作效率。例如，可以设置 model、draft、sketch 等图层种类，model 包括 1～10 层，draft 包括 11～20 层，sketch 包括 21～30 层等。用户可以根据自身需要来设置图层的类别。

图 1.36　"图层类别"对话框

选择"菜单"→"格式"→"图层类别"命令或单击"视图"选项卡→"可见性"→"更多"→"图层类别"按钮 ，打开如图 1.36 所示的"图层类别"对话框，可以对图层进行分类设置。"图层类别"对话框中的选项说明如下。

◆ 过滤器：用于输入已存在的图层种类的名称来进行筛选，当输入"＊"时则会显示所有的图层种类。用户可以直接在其下面的列表框中选取需要编辑的图层种类。

◆ 图层类列表框：用于显示满足过滤条件的所有图层类条目。

◆ 类别：用于输入图层种类的名称来新建图层，或对已存在图层种类进行编辑。

◆ 创建/编辑：用于创建和编辑图层，若"类别"中输入的名字已存在，则进行编辑，若不存在，则进行创建。

◆ 删除/重命名：用于对选中的图层种类进行删除或重命名操作。

◆ 描述：用于输入某类图层相应的描述文字，即用于解释该图层种类含义的文字，当输入的描述文字超过规定长度时，系统会自动进行长度匹配。

◆ 加入描述：新建图层类时，若在"描述"文本框中输入了该图层类的描述信息，则需该按钮才能使描述信息有效。

2. 图层的设置

用户可以在任何一个或一组图层中设置该图层是否显示和是否变换工作图层等。

选择"菜单"→"格式"→"图层设置"命令或单击"视图"选项卡→"可见性"→"图层设置"按钮 ，或快捷键 Ctrl＋L，打开如图 1.37 所示的"图层设置"对话框，利用该对话框可以对组件中所有图层或任意一个图层进行工作层、可选取性、可见性等设置，并且可以查阅图层的信息，同时也可以对图层所属种类进行编辑。

"图层设置"对话框中的部分选项说明如下。

图 1.37 "图层设置"对话框

■ 工作图层：用于输入需要设置为当前工作图层的图层号。当输入图层号后，系统会自动将其设置为工作图层。

■ 按范围/类别选择图层：用于输入范围或按图层种类的名称进行筛选操作，在文本框中输入种类名称并确定后，系统会自动选取所有属于该种类的图层，并改变其状态。

■ 类别过滤器：在文本框中输入"＊"，表示结束所有图层种类。

■ 名称：能够显示此零件文件所有图层和所属种类的相关信息，如图层编号、状态、种类等，可以利用 Ctrl＋Shift 快捷键进行多项选择。此外，在列表框中双击需要更改状态的图层，系统会自动切换其显示状态。

■ 仅可见：用于将指定的图层设置为仅可见状态。当图层处于仅可见状态时，该图层的所有对象可见，但不能被选取和编辑。

■ 显示：用于控制在图层状态列表框中图层的显示情况。该下拉列表框中包括所有图层、含有对象的图层、所有可选图层和所有可见图层 4 个选项。

■ 显示前全部适合：用于在更新显示前，适合所有的视图，使对象充满显示区域，或在工作区利用 Ctrl＋F 快捷键实现该功能。

3. 图层的其他操作

（1）图层的可见性设置　选择"菜单"→"格式"→"视图中可见图层"命令，打开"视图中可见图层"对话框。在"图层"列表框中直接选中目标图层，系统就会将所选对象放置在目的图层中。先选中要操作的视图，然后选择可见性图层，并设置可见/不可见选项。

（2）图层中对象的移动　选择"菜单"→"格式"→"移动至图层"命令，选择要移动的对象后，打开"图层移动"对话框。在"图层"列表框中直接选中目标图层，系统就会将所选对象放置在目的图层中。

（3）图层中对象的复制　选择"菜单"→"格式"→"复制至图层"命令，选择要复制的对象后，打开"图层复制"对话框，操作过程与图层中对象的移动基本相同。

1.3.11 视图的基本操作

可以使用鼠标和键盘，快速进行一些视图操作，如表 1.3 所示。

表 1.3　鼠标和键盘进行的一些视图操作

视图操作	具体操作方法和说明
平移模型视图	按住鼠标左键并拖动鼠标可以平移视图。 在图形窗口中，按住鼠标中键和右键的同时拖曳鼠标，可以对模型视图进行平移操作
旋转模型视图	按住鼠标左键并拖动鼠标可以旋转视图。 在图形窗口中，按住鼠标中键的同时拖曳鼠标，可以对模型视图进行旋转操作。如果要围绕模型的某一位置旋转，那么可以在该位置按住鼠标中键，片刻后开始拖曳模型
缩放模型视图	通过按住鼠标左键画出一个矩形后松开，放大视图中的特定区域。 在图形窗口中，按住鼠标左键和中键的同时拖曳鼠标，可以对模型视图进行缩放操作。也可以直接滚动鼠标滚轮，或者通过 Ctrl＋鼠标中键来实现

视图操作的基本命令位于"视图"选项卡的"方位"选项组中，它们的功能含义如表 1.4 所示。

表 1.4　视图操作的有关命令和其功能含义

选项	选项命令含义
刷新	重绘图形窗口中的所有视图，例如擦除临时显示的对象
适合窗口	调整工作视图的中心和比例以显示所有的对象
缩放	放大或缩小工作视图
原点	更改工作视图的中心
平移	执行此命令时，单击拖曳可平移视图
旋转	使用鼠标绕特定的轴旋转视图，或将其旋转至特定的视图方位
定向	将工作视图定向到指定的坐标系
透视	将工作视图从平行投影更改为透视投影
透视图选项	主要控制透视图中从摄像机到目标的距离
恢复	将工作视图恢复为上次视图操作之前的方位和比例
小平面设置	调整用于生成小平面，以显示在图形窗口中的公差
重新生成工作视图	重新生成工作视图以移除临时显示的对象，并更新任何已修改的几何体的显示

　　此外还可以用工程上的标注视图方位来观察模型。可以在图形窗口的空白区域中单击鼠标右键，从弹出的快捷菜单中打开"定向视图"级联菜单，如图 1.38 所示，从中选择一个视图选项。也可以通过单击上边框条中的 按钮来完成。

　　为了更全面地了解模型结构，在观察视图时，往往需要改变视图的显示方式，如实体显示、线框显示等。要更改渲染样式，可以在图形窗口的空白区域单击鼠标右键，从弹出的快捷菜单中打开"渲染样式"级联菜单，如图 1.39 所示，从中选择一个渲染样式选项，如"带边着色""着色""带有淡化边的线框""带有隐藏边的线框""静态线框""艺术外观"或"局部着色"等，各选项的功能含义如下。也可以单击上边框条的 按钮来完成。

图 1.38　"定向视图"级联菜单

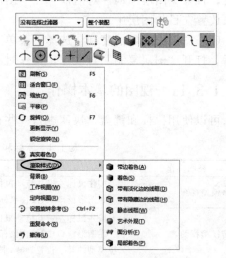

图 1.39　"渲染样式"级联菜单

　　带边着色：是指用光顺着色并辅以自然光渲染，且显示模型面的边。

　　着色：是指用光顺着色并辅以自然光渲染，且不显示模型面的边。

　　带有淡化边的线框：是指旋转视图时，用边缘几何体（只有边的渲染面）渲染（渲染成黄色）光标指向的视图中的面，使模型的隐藏边淡化并动态更新面。

- 带有隐藏边的线框：是指仅以渲染面边缘且不带有隐藏边的模型显示。
- 静态线框：是指用边缘几何体渲染模型是的所有面。
- 艺术外观：是指根据指派的材质、纹理和光源，实际渲染视图中的模型及屏幕背景。
- 面分析：是用曲面分析数据，并渲染视图中的面，用边缘几何体来渲染剩余的面。
- 局部着色：是指通过选择装配体或多个实体模型中的单个体，使其单独着色显示。

同理，要想使模型局部着色，需要先使用上边框条"实用工具组"上的"对象显示"工具选择单个体，以取消其局部着色显示，接着关闭"编辑对象显示"对话框，最后使用"局部着色"工具来显示局部着色的模型。每一个着色显示的模型同时也是局部着色显示的模型。

第 2 章

草绘设计

1. 草图绘制功能

草图绘制（简称"草绘"）功能是 UG NX10.0 为用户提供的一种十分方便的二维绘图工具，在 UG 中，有两种方式可以绘制二维图，一种是利用基本画图工具，另一种就是利用草图绘制功能，两者都具有十分强大的曲线绘制功能。草图绘制功能还具有以下三个显著特点。

（1）草图绘制环境中，修改曲线更加方便、快捷。

（2）草图绘制完成的轮廓曲线与拉伸或旋转等扫描特征生成的实体造型相关联，当草图对象被编辑以后，实体造型随即发生相应的变化，即具有参数设计的特点。

（3）在草图绘制过程中，可以对曲线进行尺寸约束和几何约束，从而精确确定草图对象的尺寸、形状和相互位置，满足用户的设计要求。

2. 草图绘制作用

（1）利用草图，用户可以快速勾画出零件的二维轮廓曲线，再通过施加尺寸约束和几何约束，即可精确确定轮廓曲线的尺寸、形状和位置等。

（2）草图绘制完成后，可以用来拉伸、旋转和扫掠生成实体造型。

（3）草图绘制具有参数化的设计特点，这对于在设计某一个需要进行反复修改的零件时非常有用。因为只需要在草图绘制环境中修改二维轮廓曲线即可，而不用去修改实体造型，这样就节省了很多修改时间，提高了工作效率。

（4）草图可以最大限度地满足用户的设计要求，这是因为所有的草图对象都必须在某一指定的平面上进行绘制，而该指定平面可以是任意一个平面，既可以是坐标平面和基准平面，也可以是某一个实体的表面，还可以是某一片体或碎片。

2.1 ➲ 草图基本环境

草图（Sketch）是位于指定平面上的曲线和点的集合，设计者按照自己的思路可以任意绘制曲线的大概轮廓，再通过用户给定的条件约束来精确定义图形的几何形状。草图由草图平面、草图坐标系、草图曲线和草图约束等组成。草图平面是草图曲线所在的平面，草图坐标系的 XY 平面即为草图平面，草图坐标系由用户在建立草图时确定。一个模型中可以包含多个草图，每个草图都有一个名称，系统通过草图名称对草图及其对象进行引用。

2.1.1 草图首选项

在草图的工作环境中，为了更准确、更有效地绘制草图，需要进行草图样式、小数位数和默认前缀名称等基本参数的设置。选择菜单按钮中的"首选项"→"草图"选项，打开"草图首选项"对话框，各选项卡主要用途如下。

1. "草图设置"选项卡

主要用于设置草图尺寸标签和文本高度的确定方式，如图 2.1 所示。"草图设置"对话框中各选项的含义如表 2.1 所示。

表 2.1 "草图设置"对话框

选项	选项含义
尺寸标签	可以对草图的尺寸标注的形式进行设置,有"表达式""名称""值"三个选项
屏幕上固定文本高度	勾选后可以在下面的"文本高度"和"约束符号大小"文本框中输入字体高度
创建自动判断约束	勾选后可以在绘制草图时添加系统自动判断的约束
连续自动标注尺寸	勾选后在绘制草图标注时,系统自动启用连续标注
显示对象颜色	勾选后在绘制草图时系统显示对象的颜色,对象的颜色取决于用户在"对象"首选项中的设置

图 2.1 "草图设置"对话框

图 2.2 "会话设置"对话框

2. "会话设置"选项卡

主要用于控制视图方位、捕捉误差范围等，如图 2.2 所示。"会话设置"对话框中各选项的含义如表 2.2 所示。

表 2.2 "会话设置"对话框

选项	选项含义
捕捉角	用来控制捕捉误差允许的角度范围,该选项组中可以通过勾选和禁用其他的复选框来调整相应的设置
显示自由度箭头	用来控制是否显示草图的自由度箭头
动态草图显示	用来控制当几何元素的尺寸较小时,是否显示约束标志
显示约束符号	用来控制约束符号在所有草图中的显示
更改视图方位	用来控制在完成草图后切换到建模界面时,视图方位是否更改
维持隐藏状态 保持图层状态 显示截面映射警告	分别用来控制相应的设置,在切换到草图环境中时是否改变
背景	设置背景显示不同的方法
名称前缀	通过对该选项组中的具体文本框内容的更改,可以改变草图各元素名称的前缀

3. "部件设置"选项卡

主要设置草图中各几何元素及尺寸的颜色，单击各元素右侧的颜色图标，打开"颜色"对话框，可以对各种元素颜色进行设置。单击"继承自用户默认设置"按钮，将恢复系统默认颜色，然后才能选择新的颜色，如图 2.3 所示。

图 2.3 "部件设置"对话框

2.1.2 进入草图环境

草图的基本环境是绘制草图的基础，进入草图的方式：

🔲 单击选项卡"主页"→"直接草图"→"草图"按钮 或选择"菜单"按钮→"插入"→"草图"命令，进入草图绘制环境。该方式用于在当前应用模块中直接创建草图，可以使用直接草图工具来添加曲线、尺寸、约束等。

🔲 选择"菜单"按钮→"插入"→"在任务环境中绘制草图"命令，进入草绘环境。该方式用于创建草图并进入草图绘制环境，在导航区中每一个草图都有一个名称对应存在。

🔲 在建模模式下，打开一个现有零件的草图模式，双击导航器中的相应的草图名，直接进入相应的草图绘制环境。

很多时候，直接草图等同于曲线，而直接草图的绘制要比创建曲线快得多，方便得多。由于直接草图中所能使用的草图编辑命令较少，想要获得更多的编辑命令，最好选择"在草图任务环境中打开"方式。

设置好草图控制的各个选项后，便可以进入到草图环境中绘制草图。绘制完成后，在草图环境内单击鼠标右键，在打开的快捷菜单中选择"完成草图"命令，或者直接单击功能区中的"完成草图"按钮 ，退出草图环境。

2.2 ◗ 草图工作平面

要绘制草图对象，首先需要指定草图平面（用于附着草图对象的平面），这就好比绘画之前需要准备好图纸一样。

2.2.1 指定草图平面

在绘制草图之前，首先要根据绘制需要选择草图工作平面（简称"草图平面"）。草图平面是指用来附着草图对象的平面，它可以是坐标平面，如 XC-YC 平面，也可以是实体上的某一个平面，还可以是基准平面。因此草图可以附着在任意平面上，也可以在创建草图对象时使用默认的草图平面，然后重新附着草图平面，给设计者带来极大的设计空间和创造自由。

进入草图绘制，打开"创建草图"对话框，如图 2.4 所示。在该对话框中定义草图类型、草图方向和草图原点等。其中在"类型"下拉列表中可以选择草图类型选项。用户可以选择"在平面上"和"基于路径"来定义草图类型，系统默认的草图类型选项为"在平面上"。

1. 在平面上

当选择"在平面上"作为新建草图的类型时，需要分别定义草图平面、草图方向和草图原点等。

（1）"草图平面"选项组 在"草图平面"的"平面方法"下拉列表中，可以选择"自动判断""现有平面""创建平面"或者"创建基准坐标系"选项，其中初始默认的选项为"自动判断"。

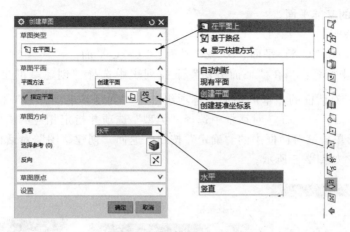

图 2.4 "创建草图"对话框

＋ 自动判断：将由系统根据选择的有效对象来自动判断草图平面。

＋ 创建平面：当在"平面方法"下拉列表中选择"创建平面"选项时，用户可以在"指定平面"下拉列表中选择所需的选项，各平面选项含义如表 2.3 所示。

表 2.3　各平面选项的含义

平面类型	选项含义
自动判断	工具选择对象的构造属性，系统智能筛选可能的构造方法，当达到平面构造器的唯一性要求时，系统将自动产生一个新的平面
成一角度	用以确定通过轴和参考平面成一角度形成新的平面，该角度可通过"角度"文本框设置
按某一距离	用以确定参考平面按某一距离形成新的平面，该距离可以通过"偏置"文本框设置
二等分	创建到两个指定平行平面的距离相等的平面或者两个指定相交平面的角平分面
曲线和点	以一个点、两个点、三个点、点和曲线或者点和平面为参考来创建新的平面
两直线	以两条指定直线为参考创建新的平面。如果两条指定的直线在同一平面内，则创建的平面与两条指定直线组成的面重合；如果两条指定的直线不在同一平面内，则创建的平面过第一条指定直线和第二条指定直线垂直
相切	指以点、线和平面为参考来创建新的平面
通过对象	指以指定的对象作为参考来创建平面。如果指定的对象是直线，则创建的平面与直线垂直；如果指定的对象是平面，则创建的平面与平面重合
点和方向	以指定点和指定方向为参考来创建平面，创建的平面过指定点且法向为指定的方向
曲线上	指以某一指定曲线为参考来创建平面，这个平面通过曲线上的一个指定点，法向可以沿曲线切线方向或垂直于切线方向，也可以另外指定一个矢量方向
YC-ZC 平面	指创建的平面与 YC-ZC 平面平行且重合或相隔一定的距离
XC-ZC 平面	指创建的平面与 XC-ZC 平面平行且重合或相隔一定的距离
XC-YC 平面	指创建的平面与 XC-YC 平面平行且重合或相隔一定的距离
视图平面	指创建的平面与视图平面平行且重合或相隔一定的距离

＋ 现有平面：当在"平面方法"下拉列表中选择"现有平面"选项时，用户可以选择以下现有平面作为草图平面。

- 已经存在的基准平面。
- 实体平整表面。
- 坐标平面，如 XC-YC 平面、XC-ZC 平面、YC-ZC 平面。

创建基准坐标系：当在"平面方法"下拉列表中选择"创建基准坐标系"选项时，可在"创建草图"对话框的"草图平面"选项组单击"创建基准坐标系"按钮，系统弹出"基准 CSYS"对话框。在该对话框中选择"类型"选项并指定相应的参照等来创建一个基准 CSYS，然后单击该对话框中的"确定"按钮，返回"创建草图"对话框，"选择平面"来指定草图平面，如图 2.5 所示。

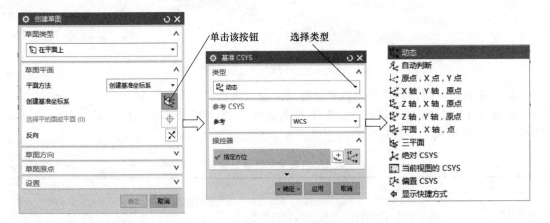

图 2.5 创建基准坐标系

其中各 CSYS 类型选项含义如表 2.4 所示。

表 2.4 各 CSYS 类型选项含义

坐标系类型	选项含义
动态	用于对现有的坐标系进行任意的移动和旋转，选择该类型坐标系将处于激活状态。此时拖动方块形手柄可任意移动，拖曳极轴圆锥手柄可沿轴移动，拖曳球形手柄可旋转坐标系
自动判断	根据选择对象的构造属性，系统智能地筛选可能的构造方法，当达到坐标系构造器的唯一性要求时，系统将自动产生一个新的坐标系
原点、X 点、Y 点	用于在视图区中确定 3 个点来定义一个坐标系。第一点为原点，第一点指向第二点的方向为 X 轴的正向，从第二点到第三点按右手定则来确定 Y 轴正方向
X 轴、Y 轴、原点	用于在视图区中确定 3 个点来定义一个坐标系。第一点为 X 轴的正向，第一点指向第二点的方向为 Y 轴的正向，从第二点到第三点按右手定则来确定原点
Z 轴、X 轴、原点	方法同上
Z 轴、Y 轴、原点	方法同上
平面、X 轴、点	用于在视图区中选定一个平面和该面上的一条轴和一个点来定义一个坐标系
三平面	通过指定的 3 个平面来定义一个坐标系，第一个面的法向为 X 轴，第一个面与第二个面的交线为 Z 轴，三个平面的交点为坐标系的原点
绝对 CSYS	可以在绝对坐标(0,0,0)处定义一个新的工作坐标系
当前视图的 CSYS	利用当前视图的方位定义一个新的工作坐标系。其中 XOY 平面为当前视图所在的平面，X 轴为水平方向向右，Y 轴为垂直方向向上，Z 轴为视图的法向方向向外
偏置 CSYS	通过输入 X、Y、Z 坐标轴方向相对于原坐标系的偏置距离和旋转角度来定义坐标系

（2）"草图方向"选项组　在"创建草图"对话框中可以根据设计情况来更改草图的方向。如果要重新设定草图坐标轴的方向，可以通过鼠标左键双击相应的坐标系即可。

（3）"草图原点"选项组　在"创建草图"对话框的"草图原点"选项组中，可以定义草图的原点。定义草图原点可以使用"点构造器"按钮 ⟦ ⟧，也可以使用"点构造器"右侧的下拉列表中的快捷方法选项。

2. 基于路径

选择"基于路径"作为新建草图的类型时，需要分别定义轨迹（路径）、平面位置、平面方位和草图方向。

（1）"路径"选项组　激活"曲线"按钮 ⟦ ⟧ 时，可以选择所需的路径。

（2）"平面位置"选项组　该选项组的"位置"下拉列表中提供了 3 个选项，即"弧长百分比""弧长""通过点"，各选项命令含义如下。

⟦ ⟧ 通过点：在"指定点"下拉列表中选择其中一个选项，然后选择相应参照以定义平面通过的点。

"指定点"下拉列表中各选项含义，如表 2.5 所示。

表 2.5　各"点"的类型和含义

点类型	创建点的方法
自动判断的点 ⟋	根据光标所在的位置，系统自动捕捉对象上现有的关键点（如端点、交点和控制点等），它包含了所有点的选择方式
光标位置 ⟦ ⟧	该捕捉方式通过定位光标的当前位置来构造一个点，该点即为 XY 面上的点
现有点 十	在某个已存在的点上创建新的点，或通过某个已存在的点来规定新点的位置
端点 ⟋	在鼠标选择的特征上的端点处创建点，如果选择的特征为圆，那么端点为零象限点
控制点 ⟦ ⟧	以所有存在的直线的中点和端点、二次曲线的端点、圆弧的中点、端点和圆心或者样条曲线的端点极点为基点，创建新的点或指定新点的位置
交点 ⟦ ⟧	以曲线与曲线或者线与面的交点为基点，创建一个点或指定新点的位置
圆弧/椭圆/球中心 ⊙	该捕捉方式是在选取圆弧、椭圆或球的中心创建一个点或规定新点的位置
圆弧/椭圆上的角度 △	在与坐标轴 XC 正向成一定角度的圆弧或椭圆上构造一个点或指定新点的位置
象限点 ◯	在圆或椭圆的四分点处创建点或者指定新点的位置
点在曲线/边上 ⟋	通过在特征曲线或边缘上设置 U 参数来创建点
点在面上 ⟦ ⟧	通过在特征面上设置 U 参数和 V 参数来创建点
两点之间 ⟋	先确定两点，再通过位置百分比来确定新建点的位置
按表达式 =	通过表达式来确定点的位置

在存在多种结果可能的情况下，可以单击"备选解"按钮来选择所需的解，也可以单击"点构造器"按钮 ⟦ ⟧，来定义所需的点。

⟦ ⟧ 弧长：输入弧长数值，在曲线上位于离起始点该长度的点即为草图原点。

⟦ ⟧ 弧长百分比：输入曲线长度百分比数值，在曲线上位于该百分比长度的点即为草图原点。

（3）"平面方位"选项组　在该选项组的"方向"下拉列表中，可以根据情况选择"垂直于路径""垂直于矢量""平行于矢量"或者"通过轴"选项，并且可以反向平面方向。

（4）"草图方向"选项组　该选项组用于定义草图方向，设置内容包括：设置草图方向方法选项（"自动""相对于面""使用曲线参数"），选择水平参考及反向草图方位。

2.2.2　重新附着草图平面

用户可以根据实际情况来修改草图的附着平面，也就是重新进行附着草图操作。通过该操作可以将草图附着到另一个平面、基准平面或路径，或者更改草图方位。

在创建草图对象之后，需要进入草图绘制环境后才能单击"重新附着"按钮，或者在菜单按钮中选择"工具"→"重新附着草图"选项，打开"重新附着草图"对话框，在该对话框中重新指定一个草图平面及草图方向，然后单击"确定"按钮，便可以使草图重新附着到新的平面上。

2.3 ⤵ 绘制图形

草图绘制命令包含常见的轮廓、直线、圆弧、圆、圆角、矩形、多边形、椭圆、样条曲线、二次曲线等。

2.3.1　轮廓

利用"轮廓"命令可以以线串的模式创建一系列连接的直线和圆弧（包括直线和圆弧的结合），上一段曲线的终点变为下一段曲线的起点，在绘制轮廓线的直线段和圆弧段时，可以在"坐标模式"和"参数模式"之间自由切换。

⬛ "直线"　：在视图区选择两点绘制直线。

⬛ "圆弧"　：在视图区选择一点，输入半径，然后在视图区选择另一点，或者根据相应约束和扫描角度绘制圆弧。当从直线连接圆弧时，将创建一个两点圆弧。如果在线串模式下绘制的第一点是圆弧，则可以创建一个三点圆弧。

⬛ "坐标模式" **XY**：使用 X 坐标值和 Y 坐标值，创建曲线点。

⬛ "参数模式"　：使用与直线或者圆弧曲线类型相对应的参数创建曲线点，如长度、角度和半径。

2.3.2　矩形

⬛ "按 2 点"　：通过矩形的两个对角点创建矩形，此方法创建的矩形只能和草图的方向垂直。

⬛ "按 3 点"　：该方法通过 3 点来定义矩形的形状和大小，第一点为起始点，第二点确定矩形的宽度和角度，第三点确定矩形的高度。该方法可以绘制与草图的水平方向成一定倾斜角度的矩形。

⬛ "从中心"　：此方法也是通过 3 点来创建矩形，第一点为矩形的中心，第二点为矩形的宽度和角度，它和第一点的距离为所创建矩形宽度的一半，第三点确定矩形的高度，它与第二点的距离等于矩形高度的一半。

- "坐标模式" **XY**：通过输入 X 坐标值、Y 坐标值来指定矩形上的点。
- "参数模式" ⊡：输入与矩形类型相对应的参数创建矩形上的点，如宽度、高度、角度。

2.3.3 直线

- "坐标模式" **XY**：使用 XC 和 YC 坐标创建直线起点或终点。
- "参数模式" ⊡：使用长度和角度参数创建直线起点或终点。

2.3.4 圆弧

- "三点定圆弧" ⌒：该方法用 3 个点分别作为圆弧的起点、终点和圆弧上一点来创建圆弧，也可以选取两个点和输入半径来创建圆弧。
- "中心和端点定圆弧" ⌒：该方法以圆心和端点的方式创建圆弧，还可以通过在文本框中输入半径数值来确定圆弧的大小。
- "坐标模式" **XY**：允许通过输入坐标值来指定圆弧上的点。
- "参数模式" ⊡：用于指定圆弧的半径、扫掠角度等参数。

2.3.5 圆

- "圆心和直径定圆" ⊙：通过指定圆心和直径绘制圆。
- "三点定圆" ○：通过指定三点绘制圆。
- "坐标模式" **XY**：允许通过输入坐标值来指定圆上的点。
- "参数模式" ⊡：用于指定圆的直径参数。

2.3.6 圆角

- "修剪" ⌐：在创建圆角的同时进行修剪圆角边的操作。
- "取消修剪" ⌐：在创建圆角的同时不进行任何修剪操作。
- "删除第三条曲线" ✗：删除选定的第三条曲线。
- "备选解" ↻：预览互补的圆角。

另外可以利用画链快速倒圆角，但圆角半径的大小由系统根据所画的链与第一元素的交点自动判断。单击"创建圆角"对话框中的"修剪"按钮 ⌐，然后按住鼠标左键从需要倒圆角的曲线上划过即可完成创建圆角操作。

2.3.7 倒斜角

- 选择直线：依次选取要倒角的直线或者按住鼠标左键划过要倒角直线的交叉处，即自动进行倒角。
- 修剪输入的曲线：勾选此复选框，即可在创建倒角的同时进行修剪倒角边。

🔩 倒斜角：

- 对称：指定倒斜角与交点有一定距离，且垂直于等分线。
- 非对称：指定沿选定的两条直线分别测量的距离值。
- 偏置和角度：指定倒斜角的角度和距离值。

🔩 距离：指定从交点到第一条直线的倒斜角的距离。

🔩 距离 1/距离 2：设置从交点到第 1 条/第 2 条直线的倒斜角的距离。

🔩 角度：设置从第一条直线到倒斜角的角度。

🔩 指定点：指定倒斜角的位置。

2.3.8 多边形

🔩 中心点：在适当的位置单击或通过"点"对话框确定中心点。

🔩 边：输入多边形的边数。

🔩 大小：指定多边形的外形尺寸类型，包括内切圆半径、外接圆半径和边长。

- 内切圆半径：采用以多边形中心为中心，通过内切于多边形的边的圆来定义多边形。
- 外接圆半径：采用以多边形中心为中心，通过外接于多边形顶点的圆来定义多边形。
- 边长：采用多边形边长来定义多边形大小。

🔩 半径：指定内切圆半径值或外接圆半径值。

🔩 旋转：指定旋转角度。

2.3.9 椭圆

🔩 中心：在适当位置单击或通过"点"对话框确定椭圆中心点。

🔩 大半径：直接输入长半轴长度，也可以通过"点"对话框来确定长轴长度。

🔩 小半径：直接输入短半轴长度，也可以通过"点"对话框来确定短轴长度。

🔩 限制：勾选"封闭"复选框，创建整圆；取消则需输入起始角和终止角，创建椭圆弧。

🔩 旋转：椭圆的旋转角度是主轴相对于 XC 轴，沿逆时针方向倾斜的角度。

2.3.10 样条曲线

(1) 类型　指定创建样条曲线的方式，通过点和根据极点的方式创建。

🔩 通过点：创建通过选取的点创建样条曲线。

🔩 根据极点：创建通过选取控制点，拟合生成样条曲线。

(2) 点/极点位置　定义样条点或极点位置。

(3) 参数化

🔩 次数：指定样条的阶次，样条的极点数不得少于次数。

🔩 匹配的结点位置：定义点所在的位置放置极点。

🔩 封闭：用于指定样条的起点和终点在同一个点，形成闭环。

(4) 移动：在指定的方向上或沿指定的平面移动样条点和极点。

🔩 WCS：工作坐标系指定 X、Y 或 Z 方向上或沿 WCS 的一个主平面移动点或极点。

🔩 视图：相对于视图平面移动极点或点。

🔩 矢量：用于定义所选极点或多段线的移动方向。

🔩 平面（刨）：选择一个基准平面、基准 CSYS 或使用指定平面来定义一个平面，以在其中移动选定的极点或多段线。

⬛ 法向：沿曲线的法向移动点或极点。

（5）延伸

⬛ 对称：勾选该复选框，在所选样条曲线的指定开始和结束位置上展开对称延伸。

⬛ 起点/结束：无——不创建延伸；按值——用于指定延伸的值；按点——用于定义延伸的延展位置。

（6）设置

⬛ 等参数：将约束限制为曲面的 U 和 V 向。

⬛ 截面：允许约束同任何方向对齐。

⬛ 法向：根据曲线或曲面的正常法向自动判断约束。

⬛ 垂直于曲线或边：从点附着对象的父级自动判断 G1、G2 或 G3 约束。

⬛ 固定相切方位：勾选此复选框，与邻近点相对的约束点的移动就不会影响方位，并且方向保留为静态。

在执行"艺术样条"命令的时候，可以在当前绘制的样条曲线上添加中间控制点，将鼠标指针移动到样条曲线上的合适位置处单击即可。创建完艺术样条曲线后，还可以使用鼠标拖曳控制点的方式来调整样条曲线的形状。

2.3.11 二次曲线

⬛ 起点：指定二次曲线的起点。

⬛ 终点：指定二次曲线的终点。

⬛ 控制点：指定二次曲线的控制点，是起点的切线和终点的切线相互延伸后的交点。

⬛ Rho：表示曲线的锐度。Rho 值在 0～1：当 0<Rho<0.5 时，二次曲线为椭圆；当 0.5<Rho<1 时，二次曲线为双曲线；当 Rho=0.5 时，二次曲线为抛物线。

2.4 编辑图形

草图的优势在于快速绘制大致轮廓，在草图轮廓绘制完毕后，草图并不是用户想要的结果，必须经过编辑和约束后才能得到相应的结果，其中包括镜像、拖动、修剪、延伸、偏置等操作。

2.4.1 快速修剪

该命令可以将曲线修剪至任何方向最近的实际交点或虚拟交点。在单条曲线上修剪多余部分，或者拖动光标划过曲线，划过的曲线都被修剪。

⬛ 边界曲线：选择位于当前草图中或者出现在该草图前面的曲线、边、基本平面等。

⬛ 要修剪的曲线：选择一条或多条要修剪的曲线。

⬛ 设置：勾选"修剪至延伸线"复选框，指定修剪至一条或多条边界曲线的虚拟延伸线。

2.4.2 快速延伸

该命令可以将曲线延伸至其与另一条曲线的实际交点或虚拟交点。

⬛ 边界曲线：选择位于当前草图中或者出现该草图前面的任何曲线、边、基本平面等。

⬛ 要延伸的曲线：选择要延伸的曲线。

⬛ 设置：勾选"延伸至延伸线"复选框，指定延伸到边界曲线的虚拟延伸线。

2.4.3 制作拐点

使用此命令可通过将两条输入曲线延伸和/或修剪到一个公共交点来创建拐角。如果创建自动判断的约束选项处于打开状态，则会在交点处创建一个重合约束。

2.4.4 交点

使用"交点"命令可以在指定几何体通过草图平面的位置创建一个交点。如果所选曲线和草图平面有一个以上的交点或者曲线路径为开环，不与草图平面相交时，可以单击"循环解"按钮来备选。

2.4.5 修剪配方曲线

使用修剪配方曲线命令可以相关地修剪配方（投影/相交）曲线到选定的边界。投影到草图或相交到草图的多条曲线称为"配方链"。

2.4.6 镜像曲线

该命令通过草图中现有的任一条直线来镜像草图几何体。

🔸 选择曲线：指定一条或多条要进行镜像的草图直线。

🔸 选择中心线：选择一条已有直线作为镜像操作的中心线（在镜像操作过程中，该直线将成为参考直线）。

🔸 中心线转换为参考：将活动中心线转换为参考。

🔸 显示终点：显示端点约束以便移除或添加端点。如果移除端点约束，然后编辑原先的曲线，则未约束的镜像曲线将不会更新。

2.4.7 偏置曲线

将选择的曲线链、投影曲线或曲线进行偏置。

🔸 选择曲线：选择要偏置的曲线或曲线链。曲线链可以是开放的、封闭的或者一段开放、一段封闭。

🔸 添加新集：在当前的偏置链中创建一个新的偏置链。

🔸 距离：指定偏置距离。

🔸 反向：使偏置链的方向反向。

🔸 对称偏置：在基本链的两端各创建一个偏置链。

🔸 副本数：指定要生成的偏置链的副本数。

🔸 端盖选项：

• 延伸端盖：通过沿着曲线的自然方向将其延伸到实际交点来封闭偏置链。

• 圆弧帽形体：通过为偏置链曲线创建圆角来封闭偏置链。

🔸 显示拐点：选中该复选框，在链的每个角上都显示角的手柄。

🔸 显示终点：选中该复选框，在链的每一端都显示一个端约束手柄。

🔸 输入曲线转换为参考：将输入曲线转换为参考曲线。

🔸 阶次：在偏置艺术样条时指定阶次。

2.4.8 阵列曲线

利用该命令可将草图曲线进行阵列。

（1）线性阵列　使用一个或两个方向定义布局。

🔸 数量和节距：在指定方向上，设置阵列的副本数量和每一个阵列之间的距离来生成阵列。

🔸 数量和跨距：在指定方向上，设置阵列的副本数量和第一个阵列到最后一个阵列之间的距离来生成阵列。

🔸 节距和跨距：在指定方向上，设置阵列之间的单独距离和第一个阵列到最后一个阵列之间总的距离来均布生成阵列。

（2）圆形阵列　使用旋转点和可选径向间距参数定义布局。

🔸 数量和节距：按指定旋转方向，设置阵列的副本数量和每一个阵列之间的角度来生成阵列。

🔸 数量和跨距：按指定旋转方向，设置阵列的副本数量和第一个阵列到最后一个阵列之间的跨度角度来生成阵列。

🔸 节距和跨距：按指定旋转方向，设置阵列之间的角度和第一个阵列到最后一个阵列之间总的跨度角来均布生成阵列。

（3）常规阵列　使用一个或多个目标点或坐标系定义的位置来定义布局。

🔸 出发点：设定阵列的相对起始点。

🔸 指定点：设定阵列的相对终止点。

🔸 锁定方位：设置锁定旋转角度，使其跟随原始曲线。如果取消勾选该复选框，可以更改整个图样的旋转角度。

2.4.9　派生直线

使用该命令可以根据选取的曲线为参考来生成新的直线。选择一条直线，那么将对该直线进行偏置；依次选择两条平行直线，将生成两条直线的中心线；依次选择两条不平行的直线，将以两条直线的交点作为起始点创建夹角平分线。

2.4.10　添加现有曲线

该命令用于将大多数已有的曲线和点，以及椭圆、抛物线和双曲线等二次曲线添加到当前草图。该命令只是简单地将曲线添加到草图中，而不会将约束应用于添加的曲线，几何体之间的间隙没有闭合。要使其应用某些几何约束，可使用"自动约束"功能。

2.4.11　投影曲线

该命令用于将选中的对象沿草图平面的法向投影到草图的平面上。通过选择草图外部的对象，可以生成抽取的曲线或线串。能够抽取的对象包括曲线（关联或非关联的）、边、面、其他草图或草图内的曲线、点。

🔸 要投影的对象：选择要投影的曲线或点。

🔸 关联：选中该复选框，如果原始几何体发生更改，则投影曲线也发生改变。

🔸 输入曲线类型：

• 原始：使用其原始几何体类型创建抽取曲线。

• 样条段：使用单个样条表示抽取曲线。

2.4.12　相交曲线

该命令用于创建一个平滑的曲线链，其中的一组切向连续面与草图平面相交。

🔸 要相交的面：选择要在其上创建相交曲线的面。

🔩 设置：

- 忽略孔：选中该复选框，在该面中创建通过任意修剪孔的相交曲线。
- 连接曲线：选中该复选框，将多个面上的曲线合并成单个样条曲线。

2.5 ⊘ 草图约束与定位

约束能够精确控制草图中的对象，草图约束有两种类型，分别是尺寸约束（也称之为草图尺寸）和几何约束。

尺寸约束建立草图对象的大小（如直线的长度、圆弧的半径等）或两个对象之间的关系（如两点之间的距离）。尺寸约束看上去更像是图纸上的尺寸。

几何约束建立草图对象的几何特性（如要求某一直线具有固定长度）、两个或更多草图对象的关系类型（如要求两条直线垂直或平行，或是几个弧具有相同的半径）。在图形区无法看到几何约束，但是用户可以使用"显示/删除约束"显示有关信息，并显示代表这些约束的直观标记。

定位能够用于调整整个草图在具体模型中的位置，对于单独的草图对象不起作用。

2.5.1 尺寸约束

建立草图尺寸约束是限制草图几何对象的大小和形状，也就是在草图上标注草图尺寸，并设置尺寸标注线，与此同时再建立相应的表达式，以便在后续的编辑工作中实现尺寸的参数化驱动。

选择"菜单"→"插入"→"尺寸"命令或单击"主页"选项卡"约束"组中的"快速尺寸"按钮⊬┥，选择一种尺寸命令，打开相应的尺寸对话框。选择要标注的对象，将尺寸放置到适当位置。

🔩 快速尺寸⊬┥：在选择几何体后，由系统自动根据所选择的对象搜寻合适的尺寸类型进行匹配。

🔩 线性尺寸⊬⊔：用于指定与约束两对象或两点间距离。

🔩 径向尺寸⊼：用于为草图的弧/圆指定直径或半径尺寸。一般整圆用直径标注，圆弧用半径标注。

🔩 角度尺寸∠：用于指定两条线之间的角度尺寸，相对于工作坐标系按逆时针方向测量角度。

🔩 周长尺寸⌐ΣΙ：用于将所选的草图轮廓曲线的总长度限制为一个需要的值。可以选择周长约束的曲线是直线和弧，选中该选项后，打开"周长尺寸"对话框，在图形中选择曲线，该曲线的周长便显示在距离文本框中，可以累计选择多条直线，得到最后的周长总长。"周长尺寸"命令可用于约束开放或者封闭轮廓中选定的直线和圆弧的总长度，但是不能选择椭圆、二次曲线或者样条曲线，而且"周长尺寸"会创建表达式，但是不在图形窗口中显示。

1. 各尺寸约束选项的命令含义

🔩 自动判断：是系统默认的尺寸类型。可通过基于选定的对象和光标的位置自动判断尺寸类型来创建尺寸约束，是最为常用的尺寸标注命令，可以创建各种尺寸。

🔩 水平：用于指定与约束两点间距离与 XC 轴平行的尺寸（也就是草图的水平参考）。

竖直：用于指定与约束两点间距离与 YC 轴平行的尺寸（也就是草图的竖直参考）。

点到点：即以前的"平行"命令，该选项用于指定平行于两个端点的尺寸，点到点尺寸限制两点之间的最短距离，通常用来为倾斜的直线标注平行尺寸。

垂直：用于指定直线和所选草图对象端点之间的垂直距离，测量到该直线的垂直距离。

直径：用于为草图中的圆弧或者圆指定直径尺寸。

2. 连续自动标注尺寸

可以在曲线构造过程中启用"连续自动标注尺寸"选项，每在草图中增加一个对象，系统便会自动定义出相应的标注尺寸，大大提高了绘图的效率和准确性。

在初始默认状态时，系统是启用"连续自动标注尺寸"的。如果要在草图环境中启用"连续自动标注尺寸"功能，那么可以单击选项卡"主页"→"草图"→"约束"→"连续自动标注尺寸"按钮，同时草图中也会自动增加缺少标注的尺寸。同样，可以在导航区中选择对应的草图，单击右键，在打开的快捷菜单中选择"设置"选项，打开"草图设置"对话框，在其中勾选"连续自动标注尺寸"复选框。

2.5.2 几何约束

使用几何约束可以指定草图对象必须遵守的条件或草图对象之间必须维持的关系。

1. 各几何约束选项的命令含义

与"几何约束"有关的命令按钮，它们的选项含义如表 2.6 所示。

打开"几何约束"对话框，在其中可以指定并维持草图几何图形（或草图几何图形之间）的条件，如平行、竖直、重合、固定、同心、共线、水平、垂直、相切、等长、等半径和点在曲线上等。该对话框中的各主要选项含义如表 2.7 所示。

表 2.6　与"几何约束"有关的命令按钮

选项	选项含义
几何约束	将几何约束添加到草图几何图形之中
自动约束	设置自动应用到草图的几何约束类型
显示草图约束	显示应用到草图的全部几何约束，显示时再单击则为隐藏
显示/移除约束	显示与选定的草图几何图形关联的几何约束，并移除所有约束或列出信息
转换至/自参考对象	将草图曲线或草图尺寸从活动转换为引用，或者反过来
备选解	提供备选尺寸或几何约束解算方案
自动判断约束和尺寸	控制哪些约束或尺寸在曲线构造过程中被自动判断
创建自动判断约束	在曲线构造过程中启用自动判断约束
设为对称	将两个点或曲线约束为相对于草图上对称线对称

表 2.7　"几何约束"选项类型和含义

选项	选项含义
重合	约束多点重合
点在曲线上	约束所选点在曲线上
相切	约束所选的两个对象相切

续表

选项	选项含义
平行 ∥	约束两条直线互相平行
垂直 ⊥	约束两条直线互相垂直
水平 ▬	约束直线为水平直线，即平行于草图中的 XC 轴
竖直 ▮	约束直线为竖直直线，即平行于草图中的 YC 轴
中点 ✝	约束所选对象位于另一对象的中点处，不一定与中心重合，也可能位于中点的法向延长线上
共线 ⫴	约束多条直线对象位于或通过同一条直线
同心 ◎	约束多个圆弧或者椭圆弧的中心点重合
等长 ＝	约束多条直线为同一长度
等半径 ⊒	约束多个弧具有相同的半径

2. 添加几何约束

在草图任务环境下，添加几何约束主要有两种方法，手动添加几何约束和自动产生几何约束。一般在添加几何约束之前，要先单击"显示几何约束"按钮▶️，让草图中的几何约束显示在图形窗口中。

（1）手动添加几何约束　打开"几何约束"对话框，在"约束"选项组中选择要添加的几何约束类型，如果没有，可以通过勾选"设置"选项组中约束类型复选框将其添加上来。按系统提示选择要创建几何约束的曲线，在该提示下选择一条或多条曲线，即可对选择的曲线创建指定的几何约束。

对两个草图对象进行几何约束时，第一个选中的对象为主对象（要约束的对象），第二个选中的对象为从对象（要约束到的对象），系统会调整从对象来配合主对象。在进行几何约束时要注意选择的先后顺序。

例如，为两个大小不同的圆添加等半径约束。先选小圆，后选大圆，后选的大圆半径变小配合小圆，而不是小圆半径变为大圆。

此外还可以在草图任务环境中直接通过鼠标左键选择多个草图对象，系统会自动弹出"快捷约束"对话框，然后在其中选择要约束的类型，同样可以达到对草图对象进行几何约束的目的。

在选择草图对象时，会因为所选择的草图对象不同，而弹出不一样的"快捷约束"对话框，该对话框中显示的可以创建的几何约束按钮也不同。

（2）自动约束　即自动添加几何约束，是指用户先设置一些要应用的几何约束后，系统根据所选草图对象自动施加其中合适的几何约束。选择"自动约束"按钮⬇️，弹出"自动约束"对话框，在"要应用的约束"选项组中选择可能要应用的约束，如勾选"水平""竖直""相切""平行""垂直""等半径"复选框等，并在"设置"选项组中设置距离公差和角度公差等。选择要约束的曲线后，单击"应用"按钮或"确定"按钮，系统将分析活动草图中选定的曲线，自动在草图对象的适当位置应用施加约束。

"自动约束"对话框中各选项的具体含义如下。

⬇️ 全部设置：设置打开所有的约束类型。

⬇️ 全部清除：设置关闭所有的约束类型。

应用远程约束：指定 NX 自动在两条不接触的曲线（但二者之间的距离小于当前距离公差）之间创建约束。

距离公差：设置对象端点的距离必须小于一定值才能重合。

角度公差：控制为了应用水平、竖直、平行或垂直约束，直线必须达到的接近程度。

2.5.3 编辑草图约束

编辑草图约束主要是指利用"草图工具"选择组中的"显示/移除约束""备选解""动画尺寸"和"转换至/自参考对象"按钮来进行草图约束的管理，也可以对已经约束好的尺寸约束进行修改，达到编辑草图的目的。

1. 显示/移除约束

"显示/移除约束"主要是用来查看现有的几何约束，设置查看的范围、查看的类型和列表方式，以及移除不需要的几何约束。该对话框中各选项具体含义如下。

选定的对象（第一个）：允许每次仅选择一个对象。选择其他对象将自动取消选择以前选定的对象。该列表窗口显示了与选定对象相关的约束，是默认设置。

选定的对象（第二个）：可以选择多个对象，选择其他对象不会取消选择以前选定的对象，它允许用户选取多个草图对象，在约束列表中显示它们所包含的几何约束。

活动草图中的所有对象：在约束列表中列出当前草图对象中的所有约束。

约束类型：可以过滤下拉列表中显示的约束类型。系统会列出可选的约束类型，用户可从中选择要显示的约束类型名称即可。在其下方的包含、排除两个复选框中只能选中一个，通常会勾选包含复选框。

显示约束：控制显示约束列表窗口中显示指定类型的约束，还是显示指定类型以外的所有其他约束。该下拉列表中用于显示当前选定的草图几何对象的几何约束。当在该下拉列表中选择某约束时，约束对应的草图对象在图形区中会高亮显示，并显示出草图对象的名称。

显示：显示所有由用户显示或者非显示创建的约束，包括所有非自动判断的重合约束，但不包括所有系统在曲线创建期间自动判断的重合约束。

自动判断：显示所有自动判断的重合约束，它们是在曲线创建时由系统自动创建的。

两者皆是：包括"显示"和"自动判断"两种类型的约束。

移除高亮显示的：用于移除一个或者多个约束，方法是约束列表窗口中选择需要移除的约束，然后单击此按钮。

移除所列的：应用移除显示在约束列表窗口中的所有约束。

信息：在"信息"窗口中显示有关活动草图的所有几何约束信息。如果要保存或者打印出约束信息，该选项很有用。

2. 约束的备选解

当用户在对一个草图对象进行几何约束操作时，同一约束条件可能存在多种满足约束的情况。"备选解"命令正是针对这种情况的，它可以从约束的一种解读方法转化为另一种解读方法。可以通过多次单击切换不同的表现形式，当出现合适的情况后单击"关闭"按钮便可以完成"备选解"操作。

3. 动画演示尺寸

动画尺寸就是使草图中指定的尺寸在规定的范围内变化，从而观察其他相应的几何约束的变化情形，以此来判断草图设计的合理性，并及时发现错误。需要注意的是，在进行动画模拟操作之前，必须在草图对象上进行尺寸的标注，并添加必要的几何约束。

单击"动画尺寸"按钮 ，打开"动画尺寸"对话框，根据系统提示选择要进行动画模拟的尺寸，然后在"上限"和"下限"文本框中输入数值，即尺寸的变化范围。然后在"步数/循环"文本框中输入步数，其中输入的步数数值越大，动画模拟时尺寸的变化就越慢，反之亦然。最后单击新打开的"动画"对话框中的"停止"按钮，草图便可以恢复到原来的状态，完成动画模拟。草图动画模拟尺寸显示并不改变草图对象的尺寸，当动画模拟显示结束时，草图又恢复原来的显示状态。

4. 转换至/自参考对象

在为草图对象添加几何约束和尺寸约束的过程中，有些草图对象是作为基准、定位来使用的，或者有些草图对象在创建尺寸时可能引起约束冲突，此时即可利用"转换至/自参考对象"命令将部分草图对象转换为参考线。同样的，也可以选择参考线同样用该命令将其激活，转换为活动的草图对象。

单击"转换至/自参考对象"按钮 ，打开"转换至/自参考对象"对话框。根据提示选择要转换的曲线，通过选中"参考曲线或尺寸"或"活动曲线或驱动尺寸"选项来选择要将所选对象转换为参考线，还是活动的草图曲线。

如果选择的对象是曲线，它转换为参考对象后，会用浅色的双点画线显示，在对草图曲线进行后续的拉伸或者选择操作时，它将不再起作用；如果选择的对象是一个尺寸，在它转换为参考对象后，它仍然在草图中显示，并可以更新，但其尺寸表达式在表达式列表中将消失，它不再对原来的几何对象产生尺寸约束效应。

此外还可以在草图任务环境中直接通过单击鼠标左键选择草图对象，在系统弹出的"快捷命令"对话框中单击"转换至/自参考对象"按钮 ，或者选中后单击鼠标右键，在弹出的菜单中选择"转换至/自参考对象"选项，都可以快速地将草图对象转换为参考对象，同样能达到效果。

5. 修改尺寸

（1）修改单一尺寸值 在对草图对象进行尺寸约束后，不一定能达到预期的设计效果，还需要对草图进行必要的编辑和修改。修改尺寸值的方法有两种：

直接双击要修改的尺寸，打开动态文本框，在动态文本框中输入新的尺寸值，单击鼠标中键即可完成对尺寸的修改。

将鼠标移至要修改的尺寸处单击右键，在弹出的快捷菜单中选择"编辑"命令，然后在打开的动态输入框中输入新的尺寸值，单击鼠标中键便可完成更改。

（2）修改多个尺寸值 在UG NX10.0中，不仅可以对单个尺寸进行修改，也可以对多个尺寸进行一次性修改。在菜单按钮中选择"编辑"→"草图参数"选项，或者在导航区中选中正在编辑的草图，然后单击右键，在打开的快捷菜单中单击"草图参数"按钮，打开"草图参数"对话框，此时所有的尺寸值和尺寸参数，以及尺寸代号都将在"尺寸"选项组中列表出现。在该列表中选择要修改的尺寸，或者在工作区双击要编辑的尺寸，在"当前表达式"文本框中输入新的尺寸值，便可以对尺寸一一进行修改，最后单击"确定"按钮，完成对尺寸的修改。

每输入一个数值之后都要按回车键进行确定，也可以单击并拖曳尺寸滑块来修改选之后的尺寸。要增加尺寸值，可以向右滑移；如果要减少尺寸值，则向左滑移。在拖曳滑块的时候，系统会自动更新图形。

6. 延迟评估与评估草图

一般来说，对应草图对象的约束修改和编辑都是即时生效的，在相应的对话框中进行修改时可以预览到草图对象在图形空间中的变化。但也可以使用延迟草图约束的评估（即创建曲线时，系统不显示约束；指定约束时，系统不会更新几何体），在草图任务环境中单击选项卡"主页"→"草图"→"延迟评估"按钮 ，便可以延迟草图约束的评估，直到再次单击"评估"按钮 后才可以查看草图自动更新的情况。

2.5.4　草图定位

在草图绘制过程中，可能会由于操作不当造成视图旋转导致草图平面和屏幕不平行，影响草图绘制的操作；而在草图绘制完成后，可能在后续的设计过程中需要对整个草图对象进行修改，要将草图在模型上的相对位置进行移动等。这些操作都可以通过草图的定向和定位来完成。

1. 定向视图到草图

"定向到草图"命令就是将视图调整为草图的俯视视图，当视图在创建草图过程中发生了变化，不便于对象的观察时，可通过此功能将视图调整为俯视视图。

2. 定向视图到模型

"定向到模型"命令就是将视图调整为草图环境之前的视图，这也是为了便于观察绘制的草图与模型间的关系。

3. 定位尺寸

可以通过创建定位尺寸对绘制好的草图在模型上面进行定位。"定位尺寸"工具是用来定义、编辑草图曲线与目标对象之间的定位尺寸的。它包括创建定位尺寸、编辑定位尺寸、删除定位尺寸、重新定义定位尺寸 4 种工具。

（1）创建定位尺寸　是指相对于现有的几何体来定位草图。

单击"菜单"→"工具"→"定位尺寸（S）"→"创建（C）"命令，弹出"定位"对话框，如图 2.6 所示。

要创建定位尺寸，在定义草图平面时，务必取消勾选"关联原点"复选框，并且不要创建自动约束（包括尺寸约束和几何约束），否则会弹出警告对话框，如图 2.7 所示。

图 2.6　"定位"对话框

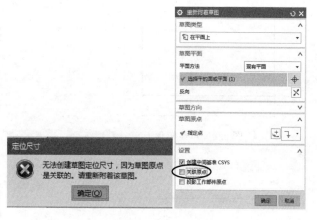

图 2.7　错误提示

 水平 ：利用该按钮可以进行 XC 轴方向几何元素的定位。

 竖直 ：利用该按钮可以进行 YC 轴方向几何元素的定位。

 平行 ：利用该按钮可以对目标参数对象的基准点与草图元素的参考点进行准确的定位。

🜲 **垂直** ⚓：该方法用于目标对象上的边与草图元素上的参考点之间的定位。

🜲 **按一定距离平行** ⚒：主要用于目标对象上的边与草图元素上的边之间的定位。

🜲 **成一定角度** ⟁：使用该方法可以使目标对象与草图元素的边成一定角度进行定位。

🜲 **点落在点上** ✕：该按钮可以对目标对象上的点与草图元素上的点进行共点定位。

🜲 **点落在线上** ⊥：该按钮用于目标对象上的边与草图元素上的点的重合定位。

🜲 **线落在线上** ⊤：该按钮用于目标对象上的边与草图元素上的边之间的定位。

在草图环境中，单击"菜单"→"任务"→"草图设置"命令，弹出"草图设置"对话框，在该对话框中取消勾选"连续自动标注尺寸"复选框，即可完成移除外部对象的草图约束，在随后的草图绘制过程中将不会自动生成尺寸标注。

（2）编辑定位尺寸　就是对已创建的定位尺寸进行编辑，使草图移动。

（3）删除定位尺寸　就是删除已创建的定位尺寸。

（4）重新定义定位尺寸　就是更改定位尺寸中的原目标对象。

2.6 ⟳ 设计实例

2.6.1　简单曲线的绘制

（1）草图 XC-YC 平面，绘制长为 42，宽为 25 的矩形，如图 2.8 所示。

（2）倒四个圆角，半径为 8，如图 2.9 所示。

（3）绘制 4 个小圆，选择"圆心和直径定圆"，分别捕捉 4 个圆角处的圆心为小圆的圆心，单击后输入半径为 5，效果如图 2.10 所示。

（4）添加尺寸，单击"自动判断的尺寸"按钮，添加如图 2.11 所示的尺寸，完成草图的创建。

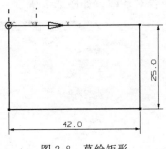

图 2.8　草绘矩形

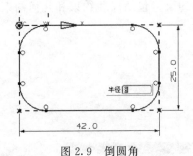

图 2.9　倒圆角

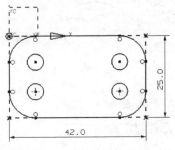

图 2.10　绘制 4 个小圆

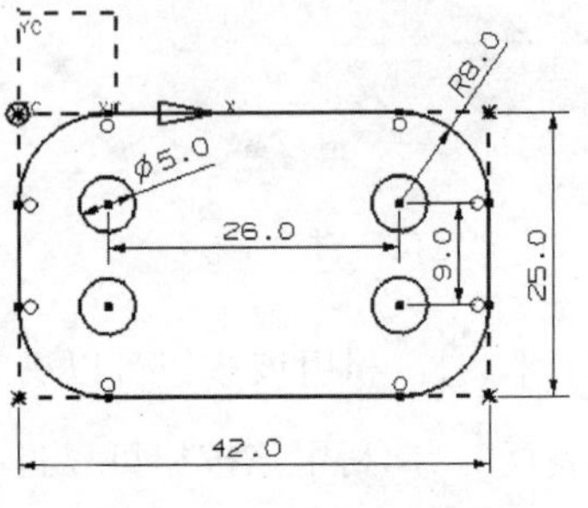

图 2.11　添加尺寸

2.6.2 绘制简单定位板草图

（1）草图 XC-YC 平面，绘制圆心为（0，0），直径分别为 100 和 200 的圆，效果如图 2.12 所示。

（2）绘制线段。单击"直线"按钮，输入 XC＝－110，YC＝0，作为线段的起点；输入长度为 220，角度为 0，效果如图 2.13 所示。

（3）绘制矩形。选择两点创建矩形，输入两点的坐标为 XC＝－110，YC＝35；宽度为 220，高度为 70，效果如图 2.14 所示。

（4）绘制四个小圆，半径分别为 25 和 12，效果如图 2.15 所示。

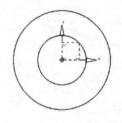 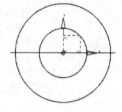 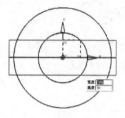 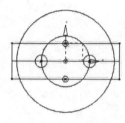

图 2.12　绘制两个圆　　　图 2.13　绘制线段　　　图 2.14　绘制矩形　　　图 2.15　绘制 4 个小圆

（5）将直线"转化至/自参考对象"，后快速修剪，分别单击要修剪掉的线段，修剪结果如图 2.16 所示。

（6）绘制两条切线，设置选择象限点，绘制两条切线，效果如图 2.17 所示。

（7）修剪对象。单击"快速修剪"按钮，分别单击要修剪的线段，如图 2.18 所示。

（8）标注相关的尺寸，最终效果如图 2.19 所示。

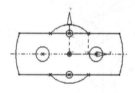 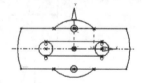 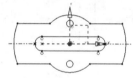 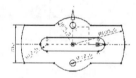

图 2.16　快速修剪　　　图 2.17　绘制切线　　　图 2.18　快速修剪　　　图 2.19　标注尺寸

2.6.3 绘制纺锤垫片形零件草图

垫片在机械工程中起到密封和减震等作用，纺锤形垫片主要由外部圆弧轮廓和内部圆孔组成。分析该草图可知其主要由椭圆、圆弧和圆等几何图形组成，在绘制圆和椭圆时可以利用输入坐标的方式确定圆心，在绘制两条切线时可以利用对象捕捉选取两个切点。

（1）草图 XC-YC 平面，绘制外部圆轮廓线，如图 2.20 所示。

（2）创建切线和添加圆角，如图 2.21 所示。

（3）修剪对象，"快速修剪"，效果如图 2.22 所示。

（4）绘制内部圆和椭圆。内部圆直径为 12，与右侧圆弧同心；椭圆大半径为 4，小半径为 10，中心为坐标原点，绘制的圆和椭圆效果如图 2.23 所示。

2.6.4 绘制定位片草图

（1）草图 XC-YC 平面，绘制外轮廓：绘制图 2.24 所示草图，只要大致轮廓相似即可，标注尺寸约束。

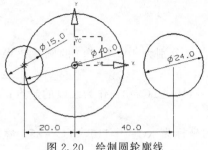

图 2.20   绘制圆轮廓线

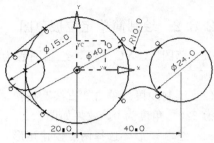

图 2.21   创建切线和添加圆角

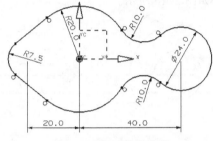

图 2.22   快速修剪曲线

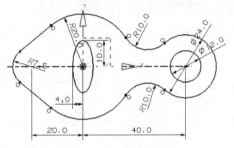

图 2.23   绘制内部圆和椭圆

（2）绘制定位板草图：绘制两圆，并给出相应的尺寸约束，如图 2.25 所示。

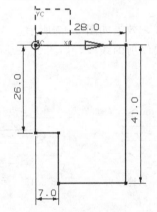

图 2.24   绘制外轮廓和尺寸约束

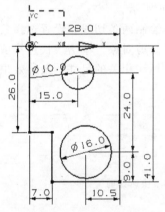

图 2.25   定位板约束草图

2.6.5   绘制连杆草图

（1）草图 XC-YC 平面绘制圆轮廓线，尺寸如图 2.26 所示

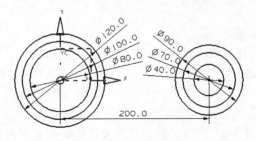

图 2.26   绘制圆轮廓线

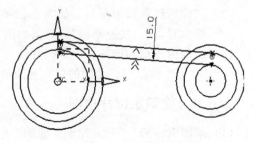

图 2.27   绘制并偏置切线

（2）绘制并偏置切线，绘制直径为 100 和直径为 70 的两圆的切线，然后单击"偏置曲线"，偏置距离 15，如图 2.27 所示。

（3）镜像直线，选择 X 轴为镜像中心线，并选两条直线为镜像对象，镜像后效果如图 2.28 所示。

（4）修剪草图，利用"快速修剪"工具，依次选取多余线段（包括圆和直线部分）对其进行修剪操作，如图 2.29 所示。

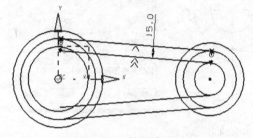

图 2.28　镜像直线

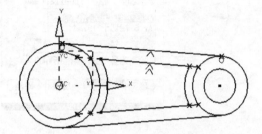

图 2.29　修剪多余线段

（5）添加同心约束，单击"约束"按钮，并依次选择左侧 3 个圆，然后在弹出的"约束"对话框中单击"同心"按钮，并拾取左侧圆心。重复上述步骤，对右侧 3 个圆添加同心约束，如图 2.30 所示。

（6）添加水平约束，单击"水平"约束按钮，并拾取两侧的圆心，然后拖动鼠标至适当位置放置水平约束，效果如图 2.31 所示，此约束显示尺寸值。

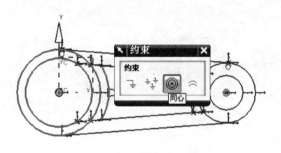

图 2.30　添加同心约束

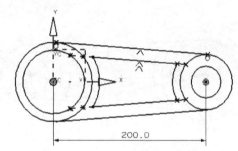

图 2.31　添加水平约束

（7）添加直径约束，单击"直径"按钮，依次选取各圆及圆弧，并对它们添加直径约束，效果如图 2.32 所示，此约束也全为尺寸显示。

（8）移除圆与两切线间的约束，单击"显示/移除约束"按钮，弹出"显示/移除约束"对话框，然后选取切线与圆，删除圆与切线间的所有约束（包括相切和点在曲线上等等），效果如图 2.33 和图 2.34 所示。

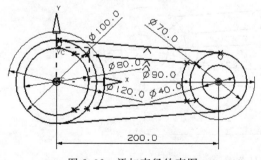

图 2.32　添加直径约束图

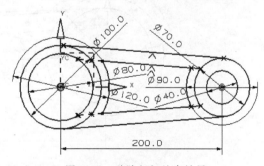

图 2.33　移除相切约束效果

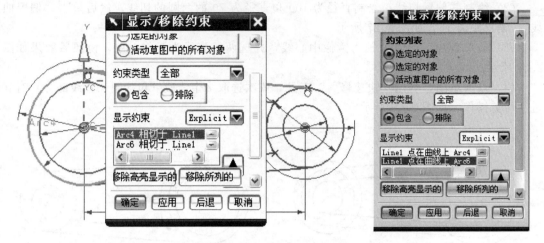

图 2.34 移除多余约束

（9）添加平行约束，单击"平行"按钮，依次选取切线与圆心并输入距离为 40，效果如图 2.35 所示，原图中的两条直线位置发生变化。

（10）添加垂直约束，单击"垂直"按钮，选择上面的两条直线并输入距离为 15，然后重复上述操作，对下面的两条直线添加垂直的约束，效果如图 2.36 所示，完成直线位置的移动。

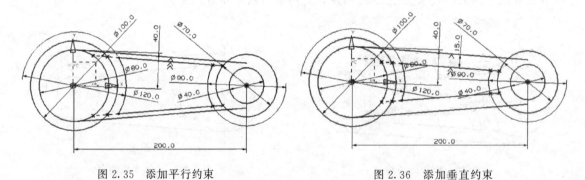

图 2.35 添加平行约束　　　　　　　　　　图 2.36 添加垂直约束

（11）修剪多余轮廓线，单击"快速修剪"按钮，依次选取多余线段对其进行修剪操作，效果如图 2.37 所示，完成最终草图的创建。

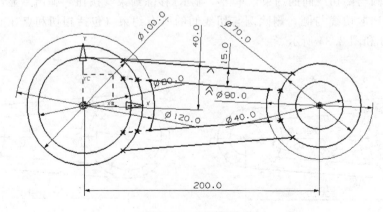

图 2.37 连杆草图

2.7 ⮞ 练习题

完成下列草图的绘制，如图 2.38～图 2.48 所示。

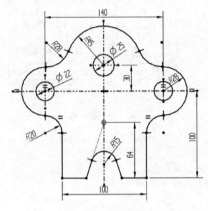

图 2.38 练习题 1

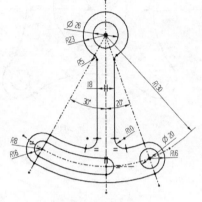

图 2.39 练习题 2

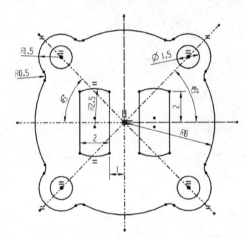

图 2.40 练习题 3

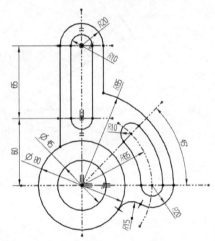

图 2.41 练习题 4

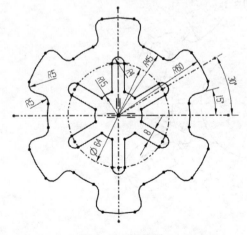

图 2.42 练习题 5

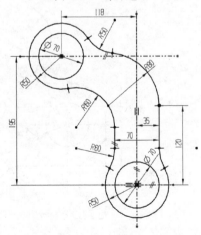

图 2.43 练习题 6

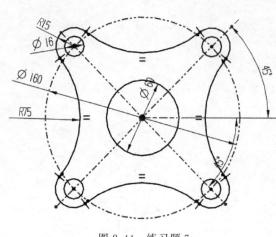

图 2.44　练习题 7

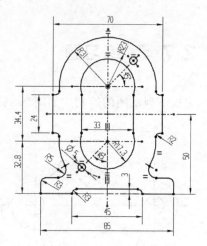

图 2.45　练习题 8

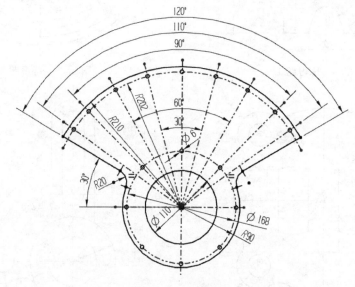

图 2.46　练习题 9

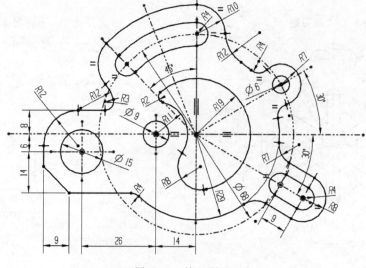

图 2.47　练习题 10

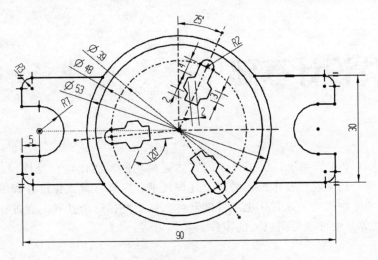

图 2.48　练习题 11

在 UG NX10.0 中，系统提供了强大的实体建模功能。实体建模是建模设计的第一步，是基于特征建模和约束建模技术的一种复合建模技术，它具有参数化设计和编辑复杂实体模型的功能。在实际生产中可以看作毛坯件的获得，然后再在这个基础上通过相应的特征加工（孔、腔体、筋等）便可以得到想要的零件。

3.1 ◐ 实体建模概述

UG NX10.0 为用户提供了极为强大的特征建模和编辑功能，使用这些功能可以高效构建复杂的产品模型。例如，利用拉伸、旋转、扫掠等工具，可以将二维截面的轮廓曲线通过相应的方式来产生实体特征，这些实体特征具有参数化设计的特点，当修改草图中的二维轮廓曲线时，相应的实体特征也会自动进行更新。对于一些具有标准设计数据库的特征，如体素特征（体素特征是一个基本解析形状的实体对象，它是本质上可分析的，属于设计特征中的一类实体特征），其创建更为方便，执行命令后只须输入相关参数，指定放置点便可以生成实体特征，建模速度快。可以对实体模型进行各种编辑和操作，如圆角、抽壳、螺纹、缩放、分割等，以获得更细致的模型结构。可以对实体模型进行渲染和修饰，从实体特征中提取几何特征和物理特性，进行几何计算和物理特性分析。

3.1.1 实体建模的特点

一般而言，基于 CAD 的建模方式主要有四种。

1. 显示建模

显示建模对象是相对于模型空间而不是相对彼此建立的，属于非参数化建模方式。对某一个对象所做的改变不影响其他对象或者最终模型，例如，过两个存在点建立一条线，或者过三个存在点创建一个圆，若移动其中一个点，已建立的线或者圆，不会发生改变。

2. 参数化建模

为了进一步编辑一个参数模型，应将定义模型的参数值随模型一起存储，且参数可以彼此引用，以建立模型各个特征间的关系。例如，一个孔的直径或者深度，一个矩形凸台的长度、宽度和高度，设计者的意图是孔的深度和凸台的高度总是相等，将这些参数链接在一起便可以获得设计值需要的结果。

3. 基于约束的建模

在基于约束的建模中，模型的几何体是从作用到定义模型几何体的一组设计规则，这组规则称之为"约束"，用于驱动或求解。这些约束可以是尺寸约束（如草图尺寸或定位尺寸），也可以是几何约束（如平行约束或相切约束）。

4. 复合建模

复合建模是上述建模技术的发展和选择性组合。UG NX10.0 复合建模支持传统的显示几何建模、基于约束的建模和参数化特征建模，将所有工具无缝地集中在单一的建模环境内，设计者在建模技术上有更多的灵活性。复合建模也包括新的直接建模技术，允许设计者在非参数化的视图模型表面上施加约束。

而 UG NX10.0 中所采用的同步建模技术是在复合建模基础之上更进一步的发展，是第一个能够借助新的决策推理引擎，同时进行同步建模技术实时检查产品模型的解决方案。同步建模技术实时检查产品模型当前的几何条件，并且将它们与设计人员添加的参数和几何约束并在一起，以便评估、构建新的几何模型并且编辑模型，无须重复全部的历史记录。同步建模技术加快了快速捕捉设计意图、快速进行设计变更、提高多 CAD 环境下的数据重用率和简化 CAD，使三维设计变得与二维设计一样简单易用，这是关键领域创新的步伐。

3.1.2 特征命令

在 UG NX10.0 中，由于命令面板进行了调整，相关的工具也不再以工具栏的形式出现，而是融入了功能区的选项卡中，让命令按钮更为紧凑，外观更为简洁，设计也更为得心应手。与视图设计相关的命令在选项卡"主页"→"特征"选项组中，如图 3.1 所示。

图 3.1 "主页"选项卡下"特征"选项组

通常为了便于设计工作，还需要在当前的工具栏中添加更多的常用工具按钮。其方法是单击选项卡最右侧下方的"▾"按钮，找到相应的选项组名称，打开对应的右侧命令面板，勾选要添加的命令按钮。如果添加体素特征按钮到"特征"选项组中，可勾选右下角"▾"符号→"特征"→"设计特征下拉菜单"中的体素特征选项，如图 3.2 所示。

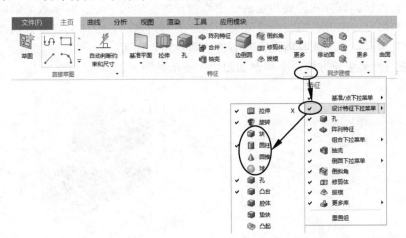

图 3.2 添加体素特征到特征选项组下

同样也能选择菜单按钮"插入"→"设计特征"选项来访问相应的实体设计命令。

3.2 🔾 基本体素

在进行实体建模时，有很多的基础特征经常会用到，而且是基本的实体模型——实体特征，如长方体、圆柱体、圆锥体、球体等。这些模型是最初几何研究的对象，也是最原始的基础实体，UG 为这些实体专门开发成工具，无须用户绘制截面，只需要给定定位点和确定外形的相关参数即可建模。这些体素特征作为零件模型的基础特征使用，相当于生产实际中的毛坯，然后在基础特征之上通过添加新的特征得到所需的模型。

3.2.1　长方体

长方体即创建基本块实体，是几何上的六面体。"块"对话框用来设置长方体定位方式和长宽高等参数，如图 3.3 所示。长方体的定位方式有三种，分别是原点和边长、两点和高度、两个对角点。在"布尔"选项组中可以根据设计要求设置布尔选项，如"无""求和""求差"和"求交"等。

图 3.3　"块"对话框

- 原点和边长：该方式需要指定底面中心和长方体的长、宽、高参数来创建块。
- 两点和高度：该方式需要指定底面上矩形的对角点和长方体的高度来创建块。
- 两个对角点：该方式只需定义长方体的两对角点即可。

创建实例 1：采用长方体命令绘制如图 3.4 所示的图形。

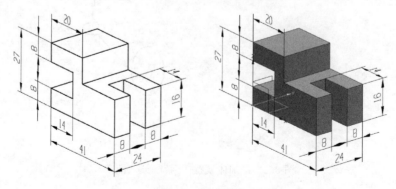

图 3.4　长方体

(1) 绘制长方体 1：在菜单栏中选择"插入"→"设计特征"→"长方体"命令，系统弹出"块"对话框，指定原点为系统坐标系原点，输入长为 41，宽为 24，高为 27，单击"确定"按钮，完成长方体 1 的绘制，如图 3.5 所示。

(2) 绘制长方体 2：指定原点为（0，0，8），输入长为 14，宽为 30，高为 11，"布尔"选项组的"布尔"方式选择"求差"，单击"确定"按钮，完成长方体 2 的绘制，如图 3.6 所示。

 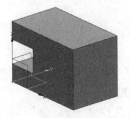 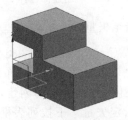 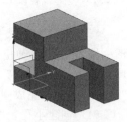

图 3.5 绘制长方体 1 　　图 3.6 绘制长方体 2 　　图 3.7 绘制长方体 3 　　图 3.8 绘制长方体 4

(3) 绘制长方体 3：指定原点为（20，0，16），输入长为 21，宽为 30，高为 11，"布尔"选项组的"布尔"方式选择"求差"，单击"确定"按钮，完成长方体 3 的绘制，如图 3.7 所示。

(4) 绘制长方体 4：指定原点为（27，8，0），输入长为 14，宽为 8，高为 16，"布尔"选项组的"布尔"方式选择"求差"，单击"确定"按钮，完成长方体 4 的绘制，如图 3.8 所示。

3.2.2　圆柱体

圆柱体特征是最为常见的基本体素，也是实际生产中最为常见的毛坯材料，在相关的轴、杆和套筒类零件设计中经常需要用到。圆柱体可看成是矩形绕其一条边旋转而成的实体，也可以看成圆形拉伸成的实体。打开"圆柱体"对话框，在"类型"下拉列表中提供了两种创建类型选项，即"轴、直径和高度"和"圆弧和高度"。

⬇ 轴、直径和高度：通过指定圆柱底面中心并输入直径、高度值来定义圆柱体。

⬇ 圆弧和高度：通过选取一段圆弧，将圆弧的直径继承到圆柱中，并输入圆柱的高度，从而创建圆柱体，创建的圆柱体和圆弧没有关联性，只是将获得圆弧的直径提供给圆柱体。

创建实例 2：采用圆柱体命令创建轴衬套，如图 3.9 所示。

(1) 创建圆柱体 1，在菜单栏中选择"插入"→"设计特征"→"圆柱体"命令，系统弹出"圆柱"对话框，在"类型"下拉列表框中选择"轴、直径和高度"；"轴"选项组的"指定矢量"下拉列表框中选择"YC 轴"，"指定点"右侧"点对话框按钮" ⬈···，弹出"点"对话框，将原点坐标设置为（0，0，0），单击"确定"按钮；"尺寸"选项组的"直径"为 60，"高度"为 80，单击"确定"按钮，完成圆柱体 1 的创建，如图 3.10 所示。

图 3.9　轴衬套

(2) 创建圆柱体 2，"指定矢量"下拉列表框中选择"YC轴"，单击"指定点"设置为原点坐标（0，0，0），"直径"为 70，高度为 7.5，"布尔"选项组的"布尔"方式选择"求和"，单击"确定"按钮，完成圆柱体 2 的创建。在另一侧坐标（0，80，0）处，创建相同参数的圆柱体，如图 3.11 所示。

图 3.10　创建圆柱体 1　　图 3.11　创建圆柱体 2　　图 3.12　创建大孔　　图 3.13　创建小孔

（3）创建大孔，"指定矢量"下拉列表框中选择"YC 轴"，单击"指定点"右侧"点对话框按钮" ，弹出"点"对话框，在"类型"下拉列表框中选择"圆心" ，选取圆柱体 2 的边线，"直径"为 50，高度为 80，"布尔"选项组的"布尔"方式选择"求差"，单击"确定"按钮，完成圆柱体 3（大孔）的创建，如图 3.12 所示。

（4）创建小孔，"指定矢量"下拉列表框中选择"－ZC 轴"，单击"指定点"右侧"点对话框按钮" ，弹出"点"对话框，将原点坐标设置为（0，40，40），单击"确定"按钮，"直径"为 10，高度为 20，"布尔"选项组的"布尔"方式选择"求差"，单击"确定"按钮，完成圆柱体 4（小孔）的创建，如图 3.13 所示。

3.2.3　圆锥体

圆锥体是一条倾斜的母线绕竖直的轴线一周形成的实体。打开"圆锥体"对话框，在"类型"下拉列表中提供了 5 种创建类型选项，包括"直径和高度""直径和半角""底部直径、高度和半角""顶部直径、高度和半角""两个共轴的圆弧"，从中选择一种类型选项，接着选择相应的参数及设置相应的参数，然后单击"确定"按钮即可创建一个圆锥体。

直径和高度：通过定义定位点和底部直径、顶部直径，以及高度生成圆锥体。

直径和半角：通过定义定位点和圆锥底面直径、顶面直径，以及母线和轴线的角度来定义圆锥体。

底部直径、高度和半角：通过定位点、底面直径、高度，以及母线和轴线的角度定义圆锥体。

顶部直径、高度和半角：通过定位点、顶面直径、高度，以及母线和轴线的角度定义圆锥体。

两个共轴的圆弧：选取两个圆弧生成圆锥体，两条弧不一定要平行，圆心不一定在一条竖直线上。

创建实例 3：创建拉料杆，如图 3.14 所示。

（1）创建圆柱体 1，选择"圆柱体"命令，在"类型"下拉列表框中选择"轴、直径和高度"，"指定矢量"为 XC 轴，"指定点"为原点（0，0，0），"直径"为 9，"高度"为 4，单击"确定"按钮，完成圆柱体 1 的创建，如图 3.15 所示。

图 3.14　拉料杆

（2）创建圆柱体 2，选择"圆柱体"命令，在"类型"下拉列表框中选择"轴、直径和高度"，"指定矢量"为 XC 轴，"指定点"为原点（0，0，0），"直径"为 5，"高度"为 20，"布尔"为"求和"，单击"确定"按钮，完成圆柱体 2 的创建，如图 3.16 所示。

（3）创建圆锥体，选择"圆锥体"命令，在"类型"下拉列表框中选择"底部直径、高度和半角"，"指定矢量"为 XC 轴，"指定点"为选择圆柱体 2 的顶面圆心，"底部直径"为 2，"高度"为 3，"半角"为 −10°，"布尔"为"求和"，单击"确定"按钮，完成圆锥体的创建，如图 3.17 所示。

（4）创建倒圆角，选择"边倒圆"命令，选取要倒圆角的边，输入倒圆角半径值为 0.5，如图 3.18 所示，单击"确定"按钮，完成倒圆角的创建。

 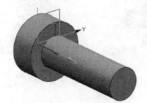 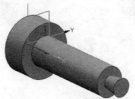 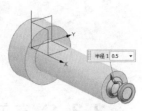

图 3.15　创建圆柱体 1　　图 3.16　创建圆柱体 2　　图 3.17　创建圆锥体　　图 3.18　创建边倒圆

3.2.4　球体

球体是半圆母线绕其直径轴旋转一周形成的实体。在创建滚珠轴承和一些曲面造型时，需要利用到球形体素。打开"球体"对话框，该对话框用来设置球体的定位方式和外形参数，在"类型"下拉列表中提供了"中心点和直径"和"圆弧"两种创建类型选项。

✦ 中心点直径：通过球心和球直径来创建球体。

✦ 圆弧：通过选取圆弧来创建球体。球直径等于圆弧直径，球中心在圆弧圆心上。创建的球体并不与选取圆弧产生关联性。

创建实例 4：创建简单球摆，如图 3.19 所示。

本实例通过创建一个简单球摆，首先利用"圆柱体"命令创建球摆的杆，然后利用"球"命令创建下方的球，再利用"圆锥"命令创建杆顶部的末端，在利用"长方体"和"圆柱体"命令创建上方的固定孔，即可完成球摆。

（1）创建球摆杆，选择"圆柱体"命令，"指定矢量"为 ZC 轴，"指定点"为原点（0，0，0），"直径"为 20，"高度"为 200，完成球摆杆的创建，如图 3.20 所示。

（2）创建球体，选择"球体"命令，在"类型"选择"中心点和直径"，"中心点"为原点（0，0，0），"直径"为 60，"布尔"为"求和"，创建的球体如图 3.21 所示。

图 3.19　简单球摆

（3）创建端部锥体，选择"圆锥体"命令，在"类型"选择"直径和高度"，"指定矢量"为 ZC 轴，"指定点"为选择球摆杆的顶面圆心，"底部直径"为 20，"顶部直径"为 15，"高度"为 30，"布尔"为"求和"，单击"确定"按钮，创建的圆锥体，如图 3.22 所示。

（4）创建连接块，选择"长方体"命令，设置"类型"为"原点和边长"，"指定点"为（−3.5，−6.5，230），输入长为 7，宽为 13，高为 25，"布尔"为"求和"，创建的连接块，如图 3.23 所示。

（5）创建固定圆孔，选择"圆柱体"命令，设置"类型"为"轴、直径和高度"，"指定矢量"为 XC 轴，"指定点"为（−3.5，0，242.5），"直径"为 7，"高度"为 7，"布尔"为"求差"，完成固定圆孔的创建，如图 3.24 所示。

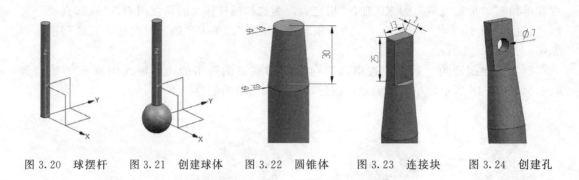

图 3.20　球摆杆　　图 3.21　创建球体　　图 3.22　圆锥体　　图 3.23　连接块　　图 3.24　创建孔

3.3 ➡ 布尔运算

零件模型通常由单个实体组成，但在建模过程中，实体通常是由多个实体或特征组合而成，于是要求把多个实体或特征组合成一个实体，该操作称为"布尔运算"（或布尔操作）。

布尔运算贯穿 UG 的整个实体建模，使用非常频繁，不仅在操作过程中单独使用，而且布尔运算命令还镶嵌在其他命令的对话框中，随其他命令的完成自动完成布尔运算操作。其镶嵌在其他工具中通常是实体创建工具，在创建的同时可以选择是否使用布尔运算，以及选取何种布尔运算。

进行布尔运算时，首先选择目标体（即被直线布尔运算的实体，只能选择一个），然后选择工具体（即在目标体上执行操作的实体，可以选择多个），运算完成后，工具体即成为目标体的一部分。而且如果目标体和工具体具有不同的图层、颜色、线型等特征，产生的新实体将与目标体具有相同的特性。如果部件文件中已有实体，当建立新特征时（如拉伸、旋转），新特征可以作为工具体，已存在的实体作为目标体，进行布尔运算。

3.3.1　布尔求和

"求和"是指将两个或者更多实体的体积合并为单个体。可以将实体和实体进行布尔求和运算，也可以将片体和片体进行求和运算（具有近似公共边缘线），但不能将片体和实体、实体和片体进行求和运算。各选项含义如下。

　⬇ 目标：选取求和运算的目标实体，此实体将作为母体，被工具体叠加求和。

　⬇ 工具：选取求和运算的工具实体，此实体是用来叠加到目标体中的工具。

　⬇ 选取体：选取目标体或工具体，并显示是否选取和选取的数目。

　⬇ 保存目标：在进行布尔求和运算生成新的求和实体的同时，将原始的目标体保留，此操作是非参数化的。

　⬇ 保存工具：在进行布尔求和运算生成新的求和实体的同时，将原始的工具体保留，此操作是非参数化的。

　⬇ 公差：进行布尔运算采用的计算公差，此公差对比较小的特征有影响。

　⬇ 预览：可视化预览求和后的结果，可以随时了解求和结果是否满足用户的意图。

3.3.2　布尔求差

"求差"是指从一个实体的体积中减去另一个实体的体积，留下一个空体。各选项含义如下。

目标：选取求差运算的目标实体，此实体将作为母体，被工具体修剪切割。

工具：选取求差运算的工具实体，此实体是用来切割目标体，可以选取多个。

保存目标：在进行布尔求差运算生成新的求差实体的同时，将原始的目标体保留，此操作是非参数化的。

保存工具：在进行布尔求差运算生成新的求差实体的同时，将原始的工具体保留，此操作是非参数化的。

"求差"操作和"求和"操作中的一致，但关于"求差"操作还有需要注意的地方。

（1）若目标体和工具体不相交或者相接，那么，运算结果保持为目标体不变。

（2）实体与实体、片体与实体、实体与片体之间都可以进行求差运算，但片体和片体之间不能进行求差运算。实体与片体的差，其结果为非参数化实体。

（3）布尔求差运算时，若目标体进行差运算后的结果为两个或者多个实体，则目标体将丢失数据，也不能将一个片体变成两个或者多个片体。

（4）差运算的结果不允许产生 0 厚度，即不允许目标实体和工具体的表面刚好相切。

（5）在"设置"选项组中勾选"保存目标"和"保存工具"复选框可以在求差的同时，保留原有的目标体和工具体，将工具体和目标体隐藏之后可以看到求差的效果。

3.3.3 布尔求交

"求交"是一种在多个实体之间进行求取公共部分的拓扑逻辑运算，运算后的结果是将所有的实体全部叠加在一起，取其公共部分后的效果。布尔求交运算过程为采用工具实体添加到目标实体中进行求交，最先选取的实体即为目标体，其后选取的实体即是工具体，目标体只能是一个，而工具体可以选择多个，其后选取的所有工具体和目标体计算其相交部分。

3.4 ⊙ 拉伸体

拉伸体是由"拉伸"命令所创建的特征建模，可以将截面曲线沿着指定方向拉伸一段距离来创建拉伸实体。它是最常用的零件建模方法，必须熟练掌握并理解拉伸命令的使用。

要创建拉伸特征，可以单击选项卡"主页"→"特征"→"拉伸"按钮 ⊞，或者选择菜单按钮"插入"→"设计特征"→"拉伸"选项，打开"拉伸"对话框，如图 3.25 所示，各选项含义如下。

1. 截面

"截面"选项组中的"曲线"按钮 ⊠ 处于被激活状态时，系统会提示"选择要草绘的平面，或选择截面几何图形"，此时便可以在图形窗口中选择要拉伸的截面曲线。

若没有存在所需的截面，则可以在"截面"选项组中单击"绘制截面"按钮 ⊠，打开"创建草图"对话框，接着定义草图平面和草图方向等，然后单击"确定"按钮，从而进入内部草图任务环境来绘制所需的截面曲线。

2. 方向

可以采用自动判断的矢量或其他方式定义的矢量，也可以根据实际设计情况单击"矢量对话框"按钮 ⊠（也称为"矢量构造器"），打开"矢量"对话框来定义矢量，各矢量选项的含义如表 3.1 所示。

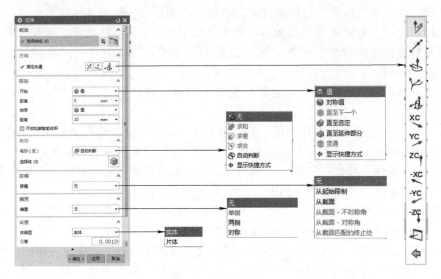

图 3.25 "拉伸"对话框

表 3.1 各矢量选项的具体含义

矢量类型	指定矢量的方法
自动判断的矢量	系统根据选取对象的类型和选取的位置自动确定矢量的方向
两点	通过两个点构成一个矢量。矢量的方向是从第一点指向第二点。这两个点可以通过被激活的"通过点"选项组中的"点构造器"或"自动判断点"工具确定
与 XC 成一角度	用以确定在 XC-YC 平面内与 XC 轴指定角度的矢量,该角度可以通过激活的"角度"文本框设置
曲线/轴矢量	根据现有的对象确定矢量的方向。如果对象为直线或曲线,矢量方向将从一个端点指向另一个端点。如果对象为圆或圆弧,矢量方向为通过圆心的圆或圆弧所在平面的方向
曲线上矢量	用以确定曲线上任意指定点的切向矢量、法向矢量和面法向矢量的方向
面/平面法向	以平面的法向或者圆柱面的轴向构成矢量
正向矢量 XC YC ZC	分别指定 X、Y、Z 正方向矢量方向
负向矢量 -XC -YC -ZC	分别指定 X、Y、Z 负方向矢量方向
视图方向	根据当前视图的方向,可以设置向里或向外的矢量
按表达式	可以创建一个数学表达式构造一个矢量
按系数	该选项可以通过"笛卡儿"和"球坐标系"两种类型设置矢量的分量确定矢量方向

如果在"方向"选项组中单击"反向"按钮 ✕ ,那么可以更改拉伸的矢量方向,拉伸体也会自动更新,以实现匹配。显示的默认方向矢量指向选中几何体平面的法向,如果选择了面或者片体,那么默认的反向是沿着选中面端点的面法向;如果选中的曲线构成了封闭环,在选中曲线的质心处显示方向矢量;如果选中的曲线没有构成封闭环,开放环的端点将以系统颜色显示为星号。

3. 限制

在"开始"和"结束"文本框中,可以输入沿着方向矢量生成几何体的起始位置和结束位置,也可以通过拖动动态箭头来调整。在下拉列表框中有 6 个命令选项,具体含义如下。

↧ 值:由用户输入拉伸的起始和结束距离的数值。

↧ 对称值:用于约束生成的几何体关于选取的对象对称。

🡓 直至下一个：沿矢量方向拉伸至下一个对象。

🡓 直至选定：拉伸至选定的表面、基准面或实体。

🡓 直至延伸部分：允许用户裁剪扫掠体至选中表面。

🡓 贯通：允许用户沿拉伸矢量完全通过所有可选实体生成拉伸体。

4. 布尔

该选项用于指定生成的几何体与其他对象的布尔运算，包括无、求交、求和、求差等几种方式。

🡓 无：创建独立的拉伸实体。

🡓 求和：将拉伸体与目标体合并为单个体。

🡓 求差：从目标体移除拉伸体。

🡓 求交：创建包含拉伸特征和与它相交的现有体共享的体积。

🡓 自动判断：根据拉伸的方向矢量及拉伸的对象位置来确定概率最高的布尔运算。

5. 拔模

该选项用于设置在拉伸时进行拔模处理。拔模的角度可以设置为正、也可以为负，正值使特征的侧面向内拔模（朝向选中曲线的中心），负值使特征的侧面向外拔模（背离选中曲线的中心）。

🡓 无：此选项是默认选项，即不生成拔模。

🡓 从起始限制：从拉伸的起始面开始生成拔模，需要指定拔模角度。

🡓 从截面：从所有的截面开始生成拔模，选择此项的下拉列表，在角度选项中可以选择"单个"或"多个"角度，单个角度是为所有的侧面设置统一的拔模角度，多个角度是为每一个侧面设置不同的拔模角度。选择"多个"，该下拉列表将出现角度列表，选中要修改的角度，然后在文本框中输入角度值，按 Enter 键完成修改。

🡓 从截面-不对称角：只有在截面两侧同时拉伸时，此选项才可用。此选项用于设置两个拉伸方向上不同的拔模角度，前角是指拉伸正向那一侧的拔模角度，靠背角度是背向拉伸方向那一侧的拔模角度。

🡓 从截面-对称角：只有在截面两侧同时拉伸时，此选项才可用。此选项用于设置两个拉伸方向上相同的拔模角度，只需要输入一个拔模角度。

🡓 从截面匹配的终止处：只有在截面两侧同时拉伸时，此选项才可用。选择此项，只须输入拉伸正向那一侧的拔模角度（前角），系统自动将起始截面调整到与终止截面对齐，从而调整背向拉伸方向那一侧的拔模角度（靠背角），两端面处的锥面保持一致。

6. 偏置

该选项可以生成特征，特征由曲线或边的基本设置偏置一个常数值。

🡓 无：不进行偏置操作，将完全按截面曲线轮廓进行拉伸。

🡓 单侧：用以生成以单侧形式偏置实体。

🡓 双侧：用以生成以双侧形式偏置实体。

🡓 对称：用于生成以对称形式偏置实体。

7. 设置

"设置"选项组中可以设置体类型和公差，有两种类型选项可选择"实体"和"片体"。当选择"实体"类型选项时，拉伸将创建实体特征；而当选择"片体"类型选项时，拉伸将创建曲面片体特征。

创建实例 5：创建支撑类零件，如图 3.26 所示。

支撑类零件在各种机械设计中都会出现，应用比较广泛，主要用于各个零件之间的支持

图 3.26　支撑类零件

和定位。

（1）以 XC-YC 平面为草图平面，绘制草图 1，尺寸如图 3.27 所示。

（2）拉伸草图 1，沿 ZC 轴方向，距离为 25 拉伸草图 1，效果如图 3.28 所示。

（3）以 YC-ZC 平面为草图平面，绘制草图 2，尺寸如图 3.29 所示。

（4）拉伸草图 2，沿 XC 方向，距离为 20 拉伸草图 2，"布尔"为"求和"，效果如图 3.30 所示。

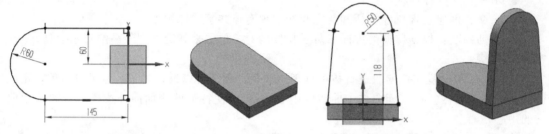

图 3.27　绘制草图 1　　　图 3.28　拉伸草图 1　　图 3.29　绘制草图 2　　图 3.30　拉伸草图 2

（5）以 XC-YC 平面为草图平面，绘制草图 3，尺寸如图 3.31 所示。

（6）拉伸草图 3，沿−ZC 方向，距离为 35 拉伸草图 3，"布尔"为"求和"，效果如图 3.32 所示。

（7）以 YC-ZC 平面为草图平面，绘制草图 4，尺寸如图 3.33 所示。

（8）拉伸草图 4，沿 XC 方向，距离为 70 拉伸草图 4，"布尔"为"求和"，效果如图 3.34 所示。

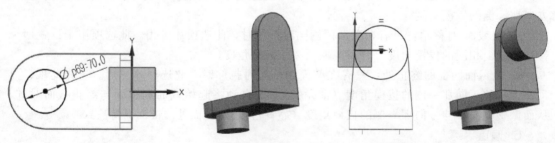

图 3.31　绘制草图 3　　　图 3.32　拉伸草图 3　　图 3.33　绘制草图 4　　图 3.34　拉伸草图 4

（9）创建基准平面 1，平行与 XOZ 平面，距离为 48，效果如图 3.35 所示。

（10）以基准平面 1 为草图 5 的放置平面，绘制草图 5，尺寸如图 3.36 所示。

（11）拉伸草图 5，沿 YC 方向，"开始"值为−7.5，"结束"值为 7.5，（或者"开始"为"对称值"，"距离"为 7.5），"布尔"为"求和"，效果如图 3.37 所示。

（12）以基准平面 1 为草图 6 的放置平面，绘制草图 6，尺寸如图 3.38 所示。

（13）拉伸草图 6，沿 YC 方向，"开始"值为−12，"结束"值为 12，（或者"开始"为"对称值"，"距离"为 12），"布尔"为"求和"，效果如图 3.39 所示。

（14）创建简单孔 1，以基准平面 1 为草图放置面，绘制直径为 30 的圆，圆心与绘制草图 6 中圆的圆心相同，然后选择拉伸命令，"开始"为"贯通"，"布尔"为"求差"，创建简单孔 1 如图 3.40 所示。

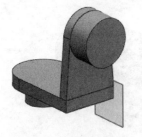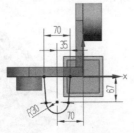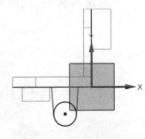

图 3.35　创建基准平面 1　　图 3.36　绘制草图 5　　图 3.37　拉伸草图 5　　图 3.38　绘制草图 6

（15）镜像特征，单击"主页"选项卡→"特征"选项组→"更多"→"关联复制"→"镜像特征"或者选择"菜单"→"插入"→"关联复制"→"镜像特征"命令，"特征"选择 3 个特征：拉伸草图 5、拉伸草图 6 和简单孔 1，"镜像平面"为 XOZ 面，单击"确定"按钮，完成镜像特征如图 3.41 所示。

（16）创建简单孔 2，参照简单孔 1 的方法创建简单孔 2（或者参照步骤 6，拉伸草图 3 的方法，"布尔"为"求差"），直径为 40，创建的简单孔 2 如图 3.42 所示。

图 3.39　拉伸草图 6　　图 3.40　创建简单孔 1　　图 3.41　镜像特征　　图 3.42　创建简单孔 2

（17）创建简单孔 3，参照简单孔 1 的方法创建简单孔 3［或者参照步骤（8），拉伸草绘 4 的方法，"布尔"为"求差"］，直径为 68，创建的简单孔 3 如图 3.43 所示。

（18）创建三角形加强筋，单击"主页"选项卡→"特征"选项组→"拉伸"→"三角形加强筋"或者选择"菜单"→"插入"→"设计特征"→"三角形加强筋"命令，选择如图 3.44 中的 1 为第一组面，2 为第二组面，"修剪选项"为""修剪与缝合，"方法"为"沿曲线"，选择"弧长百分比"为 50，"角度（A）"为 1，"深度（D）"为 31，"半径（R）"为 5，单击"确定"按钮，完成三角形加强筋的创建如图 3.45 所示。

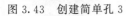

图 3.43　创建简单孔 3　　　　图 3.44　选择面　　　　图 3.45　三角形加强筋

（19）边倒圆，半径为 2，选择如图 3.46 所示的边。

（20）隐藏辅助平面、草绘曲线，选择辅助平面、草绘曲线后按快捷键 Ctrl＋B 即可完成隐藏。

创建实例 6：创建支撑座零件，如图 3.47 所示。

图 3.46　倒圆角

图 3.47　支撑座零件

（1）以 XC-YC 平面为草图平面，绘制草图 1，尺寸如图 3.48 所示。

（2）拉伸草图 1，沿 ZC 轴方向，距离为 15 拉伸草图 1，效果如图 3.49 所示。

（3）创建边倒圆，选择如图 3.50 所示的边，"形状"为"圆形"，半径分别为 5 和 10。

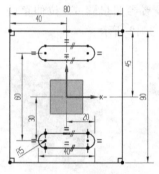

图 3.48　绘制草图 1

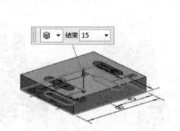

图 3.49　拉伸草图 1

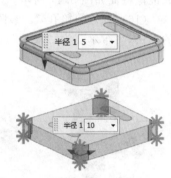

图 3.50　边倒圆

（4）以 XC-ZC 平面为草图平面，绘制草图 2，尺寸如图 3.51 所示。

（5）拉伸草图 2，沿 YC 轴方向，"开始"选择为"对称值"，距离为 30，截面曲线选择如图 3.52 所示的两个圆，完成圆柱体的拉伸。

（6）继续拉伸草图 2，沿 YC 轴方向，"开始"选择为"对称值"，距离为 5，截面曲线选择如图 3.53 所示的曲线。

（7）布尔求和，将拉伸的 3 个实体合并成一个实体。

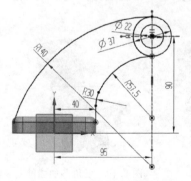

图 3.51　绘制草图 2

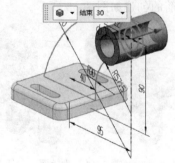

图 3.52　圆柱体拉伸

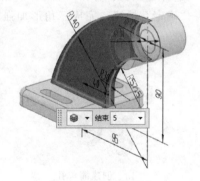

图 3.53　拉伸草图 2

（8）以 XC-ZC 平面为草图平面，绘制草图 3，尺寸如图 3.54 所示。

（9）拉伸草图 3，沿 YC 轴方向，"开始"选择为"对称值"，距离为 20.5，拉伸草图 3，如图 3.55 所示。

（10）以 YC-ZC 平面为草图平面，绘制草图 4，尺寸如图 3.56 所示。

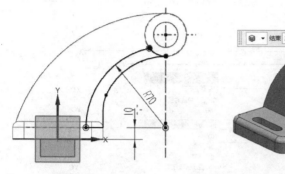

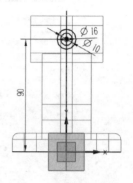

图 3.54　绘制草图 3　　　　　　　图 3.55　拉伸草图 3　　　　　　　图 3.56　绘制草图 4

（11）拉伸草图 4，曲线选择草图 4 中的大圆，"指定矢量"为 XC，"开始"选择为"值"，距离为 117，"结束"选择为"直至延伸部分"，"布尔"为"求和"，单击"确定"按钮，完成圆柱体的拉伸。曲线选择草图 4 中的小圆，"指定矢量"为 XC，"开始"选择为"值"，距离为 117，"结束"选择为"直至延伸部分"，"布尔"为"求差"，单击"确定"按钮，完成孔的拉伸，两次拉伸后效果如图 3.57 所示。

（12）边倒圆，选择如图 3.58 所示的边，"形状"选择为"圆形"，"半径 1"为 10。

（13）倒斜角，选择如图 3.59 所示的边，"横截面"选择为"对称"，"距离"为 1。

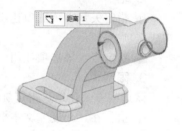

图 3.57　拉伸草图 4　　　　　　　图 3.58　边倒圆　　　　　　　　图 3.59　倒斜角

3.5 旋转体

旋转体是由"旋转"命令所创建的特征建模，旋转特征是将截面曲线绕一根轴线旋转一定角度来创建的旋转实体。它是极为常用的零件建模命令，必须熟练掌握并理解它的使用方法。

要创建旋转特征，可以单击选项卡"主页"→"特征"→"旋转"按钮 🔧，或者选择菜单按钮"插入"→"设计特征"→"旋转"选项，打开"旋转"对话框，如图 3.60 所示，然后选择要旋转的截面曲线，再按提示指定旋转轴和旋转的起始点，接着可以通过直接拖动起点自由手柄来更改旋转特征的角度，也可以在"限制"选项组下输入开始和结束的角度值得到精确的旋转特征，最后单击"确定"按钮，便可创建旋转体。

创建旋转实体时截面曲线或者截面草图必须在选取的轴一侧。如果旋转轴经过截面，则旋转的实体面将产生自交性，造成问题实体或无法产生实体。

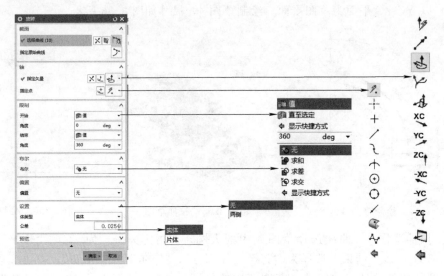

图 3.60 "旋转"对话框

1. 截面

🔹 曲线：用于选择旋转的曲线，如果选择的是面，则自动进入草图绘制模式。

🔹 绘制截面：用户可以通过该选项首先绘制旋转的轮廓，然后进行旋转。

2. 轴

🔹 指定矢量：该选项让用户指定旋转轴的矢量方向，也可以通过下拉列表框调出矢量构成选项。

🔹 指定点：该选项让用户通过指定旋转轴上的一点，来确定旋转轴的具体位置。

3. 限制

该选项方式让用户指定旋转的角度。其中，"开始"和"结束"选项的参数说明如下。

🔹 值：在"角度"文本框中指定旋转的开始/结束角度（可以为负值），"开始"和"结束"之间的数值之和不能超过 $360°$。如果结束角度大于开始角度，旋转方向为正方向，否则为反方向。

🔹 直至选定：该选项让用户把截面几何体旋转到目标实体上的选定面或基准平面上。

4. 布尔

该选项用于指定生成的几何体与其他对象的布尔运算，包括无、求和、求差、求交。

5. 偏置

该选项方式让用户指定偏置形式，分为无和两侧。

🔹 无：直接以截面曲线生成旋转特征。

🔹 两侧：指在截面曲线两侧生成旋转特征，以结束值和起始值之差为实体的厚度，可以用来生成薄壁旋转特征。

图 3.61 刀盘零件

创建实例 7：创建刀盘零件，如图 3.61 所示。

（1）以 XC-YC 平面为草图平面，绘制草图，尺寸如图 3.62 所示。

（2）创建旋转体，选择"旋转"命令，"截面曲线"选择绘制的草图，"指定矢量"选择 YC 轴，"指定点"选择原点（0，0，0），"开始"选择"值"，"角度"为 0，"结束"选择"值"，"角度"

为 360，单击"确定"按钮，完成旋转体的创建，如图 3.63 所示。

（3）倒斜角，选择如图 3.64 所示的边，"横截面"选择"对称"，"距离"输入 3。

（4）边倒圆，选择如图 3.65 所示的边，"形状"选择"圆形"，"半径 1"输入 2。

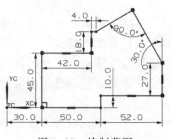

图 3.62　绘制草图

图 3.63　创建旋转体

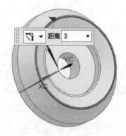

图 3.64　倒斜角

创建实例 8：创建阶梯轴零件，如图 3.66 所示。

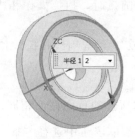

图 3.65　边倒圆

图 3.66　阶梯轴零件

（1）以 XC-YC 平面为草图平面，绘制草图，尺寸如图 3.67 所示。

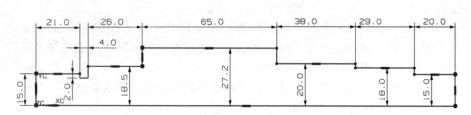

图 3.67　绘制草图

（2）创建旋转体，选择"旋转"命令，"截面曲线"选择绘制的草图，"指定矢量"选择 XC 轴，"指定点"选择原点（0，0，0），"开始"选择"值"，"角度"为 0，"结束"选择"值"，"角度"为 360，单击"确定"按钮，完成旋转体的创建，如图 3.68 所示。

（3）倒斜角，选择如图 3.69 所示的边，"横截面"选择"对称"，"距离"输入 1.3。

（4）键槽的创建将在第四章的特征设计中详细介绍。

图 3.68　创建旋转体

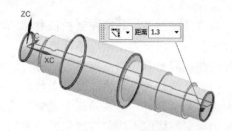

图 3.69　倒斜角

3.6 ➲ 扫掠体

扫掠操作是将一个截面图形沿指定的引导线运动，从而创建出三维实体或片体，其引导线可以是直线、圆弧、样条等曲线。在创建具有相同截面轮廓形状并具有曲线特征的实体模型时，可以先在两个互相垂直或成一定角度的基准平面内分别创建具有实体截面形状特征的草图轮廓线和具有实体曲率特征的扫掠路径曲线，然后利用"扫掠"工具即可创建出所需的实体。在特征建模中，拉伸和旋转特征都是扫掠特征。

扫掠操作与拉伸既有相似之处，也有差别。利用"扫掠"和"拉伸"工具拉伸对象的结果完全相同，只不过扫掠的轨迹线可以是任意的空间链接曲线，而拉伸轴只能是直线；而且拉伸既可以从截面处开始，也可以从起始距离处开始，而扫掠只能从截面处开始。因此，在轨迹线为直线时，最好采用拉伸方式。另外，当轨迹线为圆弧时，扫掠操作相当于旋转操作，旋转轴为圆弧所在轴线，从截面开始，到圆弧结束。

"扫掠"选项组中 4 中常用的扫掠有"扫掠""变化扫掠""沿导引线扫掠"和"管道"。

3.6.1 扫掠

"扫掠"命令用于创建常规的扫掠体，扫掠体的截面与所选的草图截面相同。单击选项卡"主页"→"特征"→"更多"→"扫掠"按钮 🧽 ，或者在菜单按钮中选择"插入"→"扫掠（W）"→"扫掠（S）"选项，打开"扫掠"对话框，按系统提示选择截面曲线和引导线便可以创建扫掠体。

1. 截面

该选项组用于选择扫掠的截面。截面线可以由单段或多段曲线组成，截面线可以是曲线，也可以是实（片）体的边或面，但必须是单一开环或单一闭环。组成的每条截面线的所有曲线段之间不一定是相切过渡（一阶倒数连续 G1），但必须是 G0 连续。截面线控制着 U 方向的方位和尺寸变化。截面线不必光顺，而且每条截面线内的曲线数量可以不同，一般最多可以选择 150 条，具体包括闭口和开口两种类型。

如果要使用多个轮廓作为扫掠截面，单击"添加新集"按钮 ➕，然后选择其他的轮廓。

2. 引导线

该选项组用于选择扫掠的引导线，引导线必须是首尾相连且相切的曲线，可以选取样条曲线，实体边缘和面的边缘等。单击"添加新集"按钮 ➕，可以在引导线列表中添加一个引导线集，这样可以使用多条引导线控制扫掠形状，但最多添加三条引导线，并且需要 G1 连续。

3. 脊线

只有使用多条引导线控制扫掠时，"脊线"选项组才可用。使用脊线可以进一步控制截面线的扫掠方向。当使用一条截面线时，脊线会影响扫掠的长度。该方式多用于两条不均匀参数的曲线间的直纹曲面创建，当脊柱线垂直于每条截面线时，使用的效果最好。

沿着脊线扫掠可以消除引导参数的影响，更好地定义曲面。通常构造脊线是在某个平行方向流动来引导，在脊线的每个点处构造的平面为截面平面，它垂直于该点处脊线的切线。一般由于引导线的不均匀参数化而导致扫掠体形状不理想时才使用脊线。脊线用于控制曲面的变化情况。

4. 截面选项

截面选项是指截面线在扫掠过程中相对引导线的位置，这将影响扫掠曲面的起始位置。

（1）截面位置　用于控制扫掠的方向，在下拉列表中有"沿引导线任何位置"和"引导线末端"两个选项。选择"沿引导线任何位置"选项，截面线的位置对扫掠的轨迹不产生影响，即扫掠过程中只根据引导线的轨迹来生成扫掠曲面；选择"引导线末端"选项，在扫掠过程中，扫掠曲面从引导线的末端开始，即引导线的末端是扫掠曲线的起始端。

（2）保留形状　在扫掠过程中，系统可能会自动去掉截面的尖锐角。勾选"保留形状"复选框可以强制按截面形状扫掠。

（3）对齐　设置轮廓的对齐方法，避免轮廓不均匀时生成扭曲。对齐方法是指截面线串上连续点的分布规律和截面线串的对齐方式。当指定截面线串后，系统将在截面线串上产生一些连接点，然后把这些连接点按照一定的方式对齐。选择"参数"选项，系统将在用户指定的截面线串上等参数分布连接点。等参数的原则是：如果截面线串是直线，则等距离分布连接点；如果截面线串是曲线，则等弧长在曲线上分布点。"参数"对齐方式是系统默认的对齐方式。选择"弧长"选项，系统将在用户指定的截面线串上等弧长分布连接点。

（4）方向　用于控制各中间截面相对于初始截面的旋转。如果在创建扫掠特征时只选择了一条引导线，则可以通过"扫掠"对话框"定位方法"选项组的"方位"下拉列表选择不同的定位方法对扫掠过程中截面的方位进行控制。

（5）缩放方法　用于控制截面沿引导线的变化。如果在创建扫掠曲面时选择了一条引导线，则可以通过"扫掠"对话框"缩放方法"选项组的"缩放"下拉列表选择不同的缩放方法来控制扫掠曲面的生成。

5. 设置

该选项组用于设置扫掠的类型和引导线，以及截面的公差。

- 体类型：可选择扫掠生成实体或片体。
- 沿引导线拆分输出：勾选此复选框，扫掠体将根据引导线的段数分为多段。
- 引导线：该选项卡用于重新构建引导线，使用重新构建只是引导线效果的一种修正，不改变引导线本身的形状。
- 截面：只有在"截面选项"选项组下的"对齐"设置为"参数"时，才会出现该"截面"选项卡，使用重新构建选项，可以用曲线来重新构建扫掠截面。
- 公差：该文本框用于设置引导线的公差，包括位置连续（G0）的公差和相切连续（G1）的公差，在此范围内的引导线，即使某些位置不是相连或相切的，系统仍将其视为相连或相切。

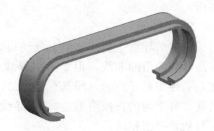

图 3.70　安装卡键零件

创建实例 9：创建安装卡键零件，如图 3.70 所示。

（1）以 XC-ZC 平面为草图平面，绘制截面草图，尺寸如图 3.71 所示。

（2）以 YC-ZC 平面为草图平面，绘制引导线草图，尺寸如图 3.72 所示。

（3）创建扫掠特征，选择"扫掠"命令，"截面"和"引导线"分别选择如图 3.73 所示的曲线，单击"确定"按钮，完成安装卡键的创建。

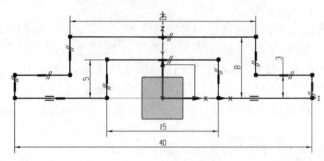

图 3.71　绘制截面草图

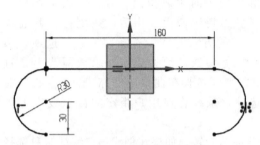

图 3.72　绘制引导线草图

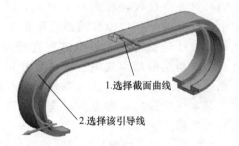

图 3.73　创建扫掠特征

3.6.2　沿引导线扫掠

"沿引导线扫掠"是沿着一定的引导线进行扫描拉伸，将实体表面、实体边缘、曲线或链接曲线，生成实体或片体。该方式与"扫掠"命令创建方法类似，不同之处在于该方式可以设置截面图形的偏置参数，从而创建管形的扫掠体，并且扫掠生成的实体截面形状与引导线相应位置法向平面的截面曲线形状相同。

单击选项卡"主页"→"特征"→"更多"→"沿引导线扫掠"按钮🗔，或者在菜单按钮中选择"插入"→"扫掠（W）"→"沿引导线扫掠（G）"选项，打开"沿引导线扫掠"对话框，按系统提示选择截面曲线和引导线便可以创建扫掠体。

1. 截面

用于选择扫掠的截面。截面线可以由单段或多段曲线组成，截面线可以是曲线，也可以是实（片）体的边或面，但必须是单一开环或单一闭环。"沿引导线扫掠"只能选择一个截面。

2. 引导线

指定引导线是创建"沿引导线扫掠"特征的关键，它可以是多段光滑连接的曲线，也可以是具有尖角的曲线，但如果引导线具有过小尖角（如某些锐角），可能会导致扫掠失败。如果引导线是开放的，即具有开口的，那么最好将截面曲线绘制在引导线的开口端，以防止出现预料不到的扫掠结果。"沿引导线扫掠"只能选择一条引导线，且沿引导线的各中间截面与初始截面相同。

3. 偏置

在"第一偏置"和"第二偏置"文本框中可以设置轮廓的偏置数值，正值向轮廓内部偏移。轮廓按两个偏置距离偏置之后，形成一定厚度的管形扫掠，管的厚度即两个偏置的差值。

创建实例 10：创建异形管模型，如图 3.74 所示。

（1）以 XC-ZC 平面为草图平面，绘制截面草图，尺寸如图 3.75 所示。

（2）以 XC-YC 平面为草图平面，绘制引导线草图，尺寸如图 3.76 所示。

（3）创建扫掠特征，选择"沿引导线扫掠"命令，"截面"和"引导线"分别选择如图 3.77 所示的曲线，在"偏置"选项组中，"第一偏置"文本框中输入 0，"第二偏置"文本框中输入 2，在"设置"选项组中"体类型"下拉列表中选择"实体"选项，接受默认的尺寸链公差和距离公差，单击"确定"按钮，完成异形管的创建。

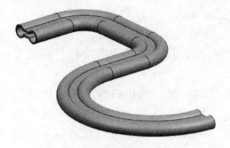

图 3.74　异形管模型

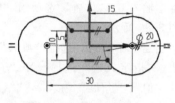

图 3.75　绘制截面草图

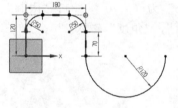

图 3.76　绘制引导线

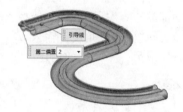

图 3.77　创建扫掠特征

3.6.3　管道

管道是一种特殊类型的扫掠，相当于以两个同心圆轮廓作为扫掠截面，因此使用管道扫掠，只能创建圆形管道。

单击选项卡"主页"→"特征"→"更多"→"管道"按钮 ，或者在菜单按钮中选择"插入"→"扫掠（W）"→"管道（T）"选项，打开"管道"对话框，在该对话框中选择路径曲线，无需扫掠截面，只须定义"外径"和"内径"两个参数，系统以路径曲线为中心生成圆形管道。

1. 路径

指定管道的中心线路径，可以选择多条曲线或边，必须是光顺并且相切连续。

2. 横截面

外径：该文本框用于输入管道的外直径，不能为 0。

内径：该文本框用于输入管道的内直径，可以为 0，如果为 0 则生成实心的实体。

3. 设置

单段：只具有一个或两个侧面，此侧面为 B 曲面，如果内直径为 0，则管只具有一个侧面。

多段：沿着引导线串扫成一系列侧面，这些侧面可以是柱面或者环面。

创建实例 11：创建弹簧零件，如图 3.78 所示。

（1）创建螺旋线，选择菜单"插入"→"曲线"→"螺旋线"，设置参数"类型"选择"沿矢量"，"方向"选择 ZC 方向（XOY 面），"角度"为 0；"大小"选项组中选择"半径"，

图 3.78　弹簧零件

"规律类型"选择"恒定","值"文本框输入 10；"螺距"选项组中"规律类型"选择"恒定","值"文本框输入 4；"长度"选项组中"方法"选择"圈数",文本框输入 10.5；"设置"选项组中"螺旋方向"选择"右手",其他默认,单击"确定"按钮,完成螺旋线的创建,如图 3.79 所示。

（2）创建管道,选择"管道"命令,"路径"选项组"选择曲线"选择创建的螺旋线；"横截面"选项组中"外径"文本框输入 2,"内径"文本框输入 0；"设置"选项组"输出"选择"单段",单击"确定"按钮,完成管道创建,如图 3.80 所示。

（3）创建一个吊钩。选择"旋转"命令,"截面"选项组"选择曲线"选择创建的管道端部的边；"指定矢量"选择－XC 方向,"指定点"为（0, 0, 51）；"限制"选项组"开始"选择"值","角度"输入 0,"结束"选择"值","角度"输入 270；"布尔"选择"求和",创建一个吊钩如图 3.81 所示。

（4）同理创建另一个吊钩。选择"旋转"命令,"截面"选项组"选择曲线"选择创建的管道端部的边；"指定矢量"选择 XC 方向,"指定点"为（0, 0, －9）；"限制"选项组"开始"选择"值","角度"输入 0,"结束"选择"值","角度"输入 270；"布尔"选择"求和",完成另一个吊钩的创建。

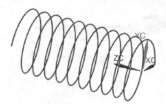

图 3.79　创建螺旋线

图 3.80　创建管道

图 3.81　创建一个吊钩

3.6.4　变化扫掠

变化扫掠是在扫掠引导线上定义多个截面,可以通过修改每个截面的尺寸参数,从而产生截面沿引导线变化的效果。

单击选项卡"主页"→"特征"→"更多"→"变化扫掠"按钮 ,或者在菜单按钮中选择"插入"→"扫掠（W）"→"变化扫掠（V）"选项,打开"变化扫掠"对话框。与扫掠不同,变化扫掠需要先选择引导线,选择引导线后,弹出"创建草图"对话框,在引导线的某个位置定义草图平面,单击"确定"按钮,即进入草图模式。

绘制并退出草图之后,系统返回"变化扫掠"对话框,并且按照绘制的截面生成了扫掠体的预览,此时创建的扫掠体没有变化的截面,如果要定义变化截面,需要在"辅助截面"选项组中添加新集,添加的截面在列表中列出。选中某一截面,然后在"定位方法"中设置截面的位置,在"设置"选项组中勾选"显示草图尺寸"复选框,双击显示的尺寸,可以修改该截面的参数,从而创建变化的扫掠。

创建实例 12：变化扫掠创建花瓶模型,如图 3.82 所示。

（1）绘制直线,以 YC-ZC 平面为草图平面,绘制直线如图 3.83 所示。

（2）选择"变化扫掠"命令,"截面"选项组中"选择曲线"选择绘制的直线作为引导线,系统弹出"创建草图"对话框,"平面位置"选项组中"位置"选择"通过点","指定点"选择直线的端点（0，0，400）在直线的端点处定义草图平面，如图 3.84 所示；单击"确定"按钮，进入草图模式。

（3）在草图模式中以草图原点为中心，绘制一个直径为 80 的圆，如图 3.85 所示。绘制完成之后退出草图，生成扫掠的预览，如图 3.86 所示。

图 3.82　花瓶模型

（4）单击"辅助截面"选项组中的"添加新集"按钮 ✛，下方列表中自动创建了三个截面，同时在"设置"选项组中，勾选"显示草图尺寸"对话框。

（5）选择 End Section（终止截面），并在图形空间单击该截面的直径尺寸，模型上显示出浮动文本框，单击文本框右边的按钮＝，在展开的菜单中选择"设为常量"，将参数值修改为 200，再按回车键，扫掠预览如图 3.87 所示。

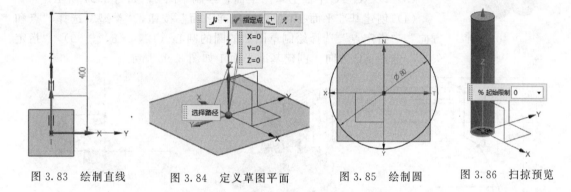

图 3.83　绘制直线　　图 3.84　定义草图平面　　图 3.85　绘制圆　　图 3.86　扫掠预览

（6）在列表中选择 Section1，将截面重新定位，定位参数设置为"定位方法"选择"弧长百分比"，文本框中输入值 30，采用步骤（5）的方法，将 Section1 的截面直径参数修改为 180，扫掠效果如图 3.88 所示。

（7）单击"辅助截面"选项组中的"添加新集"按钮 ✛，添加一个新截面 Section2，并设置其定位，"定位方法"选择"弧长百分比"，文本框中输入值 60，然后将该截面参数修改为 100，扫掠效果如图 3.89 所示。

（8）单击"确定"按钮，完成变化扫掠花瓶主体的创建如图 3.90 所示。

（9）选择"抽壳"命令，"类型"选择"移除面，然后抽壳"，"要穿透的面"选择花瓶的顶面，厚度为 5，单击"确定"按钮，完成花瓶的创建。

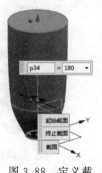

图 3.87　修改起始截面参数　　图 3.88　定义截面 1 参数　　图 3.89　定义截面 2 参数　　图 3.90　变化扫掠结果

3.7 ▶ 综合设计实例

图 3.91 节能
灯管模型

创建实例 13：创建节能灯管模型，如图 3.91 所示。

（1）以 XC-ZC 平面为草图平面，绘制草图 1（草图中先确定点的位置后用艺术样条命令完成），如图 3.92 所示。

（2）创建旋转体，选择"旋转"命令，"截面曲线"选择绘制的草图 1，"指定矢量"选择 ZC 轴，"指定点"选择原点（0，0，0），"开始"选择"值"，"角度"为 0，"结束"选择"值"，"角度"为 360，单击"确定"按钮，完成旋转体的创建，如图 3.93 所示。

（3）以 XC-YC 平面为草图平面，绘制草图 2，如图 3.94 所示。

（4）创建基准平面 1，单击"基准平面"按钮，"类型"选择"点和方向"，"指定点"选择绘制草图 2 的圆的圆心（12，-8，-30），"指定矢量"选择 XC 方向，创建基准平面 1 如图 3.95 所示。

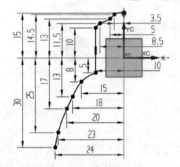

图 3.92 绘制草图 1

图 3.93 创建旋转体

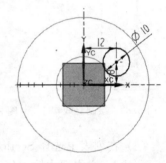

图 3.94 绘制草图 2

（5）以基准平面 1 为草图平面，绘制草图 3，尺寸如图 3.96 所示。

（6）创建扫掠特征 1，选择"沿引导线扫掠"命令，"截面"选择草图 2 绘制的曲线；"引导线"选择草图 3 绘制的曲线；其他参数采用默认设置，单击"确定"按钮完成，扫掠特征 1（灯管）的创建，如图 3.97 所示。

（7）镜像特征，选择"镜像特征"或"镜像几何体"命令，选择步骤（6）创建的灯管，镜像面为 YC-ZC 平面，镜像后的效果如图 3.98 所示。

图 3.95 创建基准平面 1

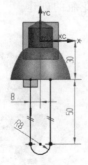

图 3.96 绘制草图 3

图 3.97 扫掠特征 1

图 3.98 镜像灯管

（8）创建螺旋线，选择菜单"插入"→"曲线"→"螺旋线"，设置参数"类型"选择"沿矢量"，"方向"选择 ZC 方向（XOY 面），"角度"为 0；"大小"选项组中选择"半径"，"规律类型"选择"恒定","值"文本框输入 10;"螺距"选项组中"规律类型"选择"恒定","值"文本框输入 2.5;"长度"选项组中"方法"选择"圈数",文本框输入 3;"设置"选项组中"螺旋方向"选择"右手",其他默认,单击"确定"按钮,完成螺旋线的创建,如图 3.99 所示。

(9) 以 XC-ZC 平面为草图平面,绘制草图 4(直径为 1 的半圆),如图 3.100 所示。

(10) 创建扫掠特征 2,选择"扫掠"命令,"截面"选择草图 4 中的半圆;"引导线"选择螺旋线,单击"确定"按钮,完成扫掠特征 2 的创建,如图 3.101 所示。

 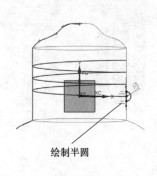  

图 3.99　创建螺旋线　　图 3.100　绘制草图 4　　图 3.101　扫掠特征 2　　图 3.102　创建基准平面

(11) 创建基准平面 2,单击"基准平面"按钮,"类型"选择"曲线和点";"子类型"选择"一点";"曲线和点子类型"选项组中"子类型"选择"一点";"参考几何体"选项组中"指定点"为在绘图区选择扫掠特征中截面圆的圆心,单击"确定"按钮,完成基准平面 2 的创建。

(12) 创建基准平面 3,参照基准平面 2 的创建方法,如图 3.102 所示。

(13) 以基准平面 2 为草图平面,绘制草图 5,尺寸如图 3.103 所示。

(14) 创建扫掠特征 3,选择"沿引导线扫掠"命令,"截面"选择扫掠特征端部的边(半圆);"引导线"选择草图 5 绘制的曲线;其他参数采用默认设置,单击"确定"按钮,完成扫掠特征 3 的创建,如图 3.104 所示。

(15) 以基准平面 3 为草图平面,绘制草图 6,尺寸如图 3.105 所示。

(16) 创建扫掠特征 4,选择"沿引导线扫掠"命令,"截面"选择草图 4 创建的曲线;"引导线"选择草图 6 绘制的曲线;其他参数采用默认设置,单击"确定"按钮,完成扫掠特征 4 的创建,如图 3.106 所示。

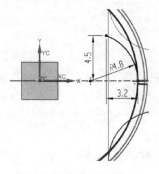  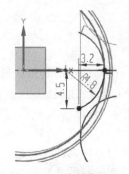

图 3.103　绘制草图 5　　图 3.104　扫掠特征 3　　图 3.105　绘制草图 6

(17) 布尔求和,将以上创建的几何体布尔求和运算为一个整体。

（18）创建面倒圆，选择"面倒圆"命令，"类型"选择"两个定义面链"，选择如图 3.107 所示的面链，"半径"为 4。

（19）创建边倒圆，选择"边倒圆"命令，选择如图 3.108 所示的两条边；"形状"选择"圆形"；"半径 1"为 1。

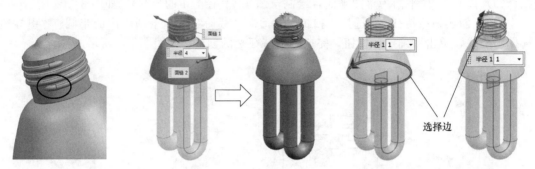

图 3.106　创建基准平面　　　　图 3.107　创建面倒圆　　　　图 3.108　创建边倒圆

（20）将辅助平面，草图平面等隐藏，并保存文件。

创建实例 14：创建丝杠模型，如图 3.109 所示。

图 3.109　丝杠模型

丝杠是机床和加工中心常用的传动部件，具有传动效率高、定位准确等特点。主要用于将旋转运动转化为直线运动或者将直线运动转化为旋转运动，而且能保证足够的精度和准确性。

丝杠零件为中心对称结构，可采用"旋转"命令构建模型主体，利用"拉伸"及"布尔求差"运算切除一段连接部分，利用"扫掠"命令完成丝杠的螺纹部分建模，利用渲染等命令完善设计，以达到最终完成模型设计的目的。

（1）以 XC-YC 平面为草图平面，绘制草图 1，尺寸如图 3.110 所示。

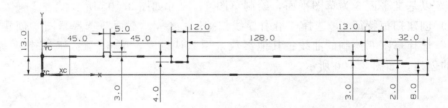

图 3.110　绘制草图 1

（2）创建旋转体，选择"旋转"命令，"截面曲线"选择绘制的草图 1，"指定矢量"选择 XC 轴，"指定点"选择原点（0，0，0），"开始"选择"值"，"角度"为 0，"结束"选择"值"，"角度"为 360，单击"确定"按钮，完成旋转体的创建，如图 3.111 所示。

（3）以 XC-YC 平面为草图平面，绘制草图 2，如图 3.112 所示。

（4）阵列几何特征，选择菜单"插入"→"关联复制（A）"→"阵列几何特征（T）"，选择草图 2 绘制的曲线；"布局"选择"圆形"；"指定矢量"为 XC 方向，"指定点"为坐标原点（0，0，0）；"角度方向"选项组中"间距"选择"数量和节距"，"数量"为 4，"节距角"为 90；单击"确定"按钮，完成草图 2 的阵列，如图 3.113 所示。

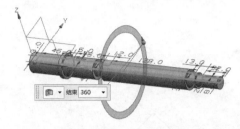

图 3.111 创建旋转体

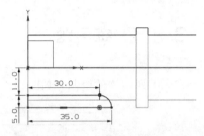

图 3.112 绘制草图 2

（5）拉伸草图 2，截面曲线选择草图 2，沿 ZC 轴方向，"开始"选择为"对称值"，距离为 20，"布尔"选择"求差"，完成草图 2 的创建。

（6）同理，创建拉伸特征，方法同步骤（5），截面曲线选择草图 2 的阵列曲线，其中拉伸方向一个沿 ZC 轴方向，另外两个沿 YC 方向，"开始"选择为"对称值"，距离为 20，"布尔"选择"求差"，完成拉伸特征的创建，效果如图 3.114 所示。

（7）创建螺旋线，选择菜单"插入"→"曲线"→"螺旋线"，设置参数"类型"选择"沿矢量"，"方向"选择 XC 方向，"指定点"为（101，0，0），"角度"为 0；"大小"选项组中选择"半径"，"规律类型"选择"恒定"，"值"文本框输入 10；"螺距"选项组中"规律类型"选择"恒定"，"值"文本框输入 6；"长度"选项组中"方法"选择"圈数"，文本框输入 23；"设置"选项组中"螺旋方向"选择"右手"，其他默认，单击"确定"按钮，完成螺旋线的创建，如图 3.115 所示。

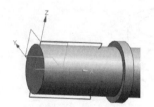

图 3.113 阵列几何特征

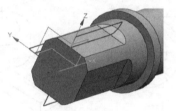

图 3.114 拉伸特征

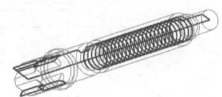

图 3.115 创建螺旋线

（8）绘制草图 3，单击"在任务环境中绘制草图"命令，"草图类型"选择"基于路径"；"路径"选择螺旋线；"平面位置"选项组中"位置"选择"通过点"，"指定点"选择螺旋线的端点；其他参数采用系统默认，单击"确定"按钮，进入草图绘制模式，绘制如图 3.116 所示的草图曲线。

（9）创建扫掠体，选择"扫掠"命令，"截面"选择草图 3 中的曲线；"引导线"选择螺旋线，单击"确定"按钮，完成扫掠体的创建，如图 3.117 所示。

（10）布尔求差，"目标体"选择旋转体，"工具体"选择扫掠体，单击"确定"按钮，完成布尔求差的创建，如图 3.118 所示。

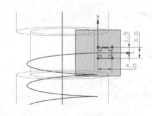

图 3.116 绘制草图 3

图 3.117 创建扫掠特征

图 3.118 求差的结果

3.8 ➲ 练习题

完成下列实体的绘制，如图 3.119～图 3.129 所示。

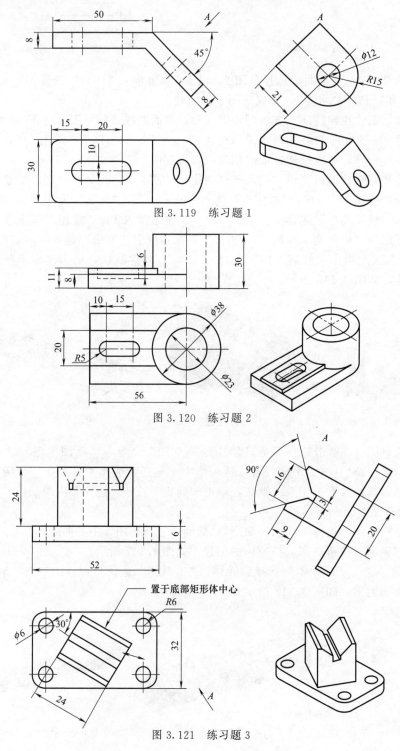

图 3.119　练习题 1

图 3.120　练习题 2

图 3.121　练习题 3

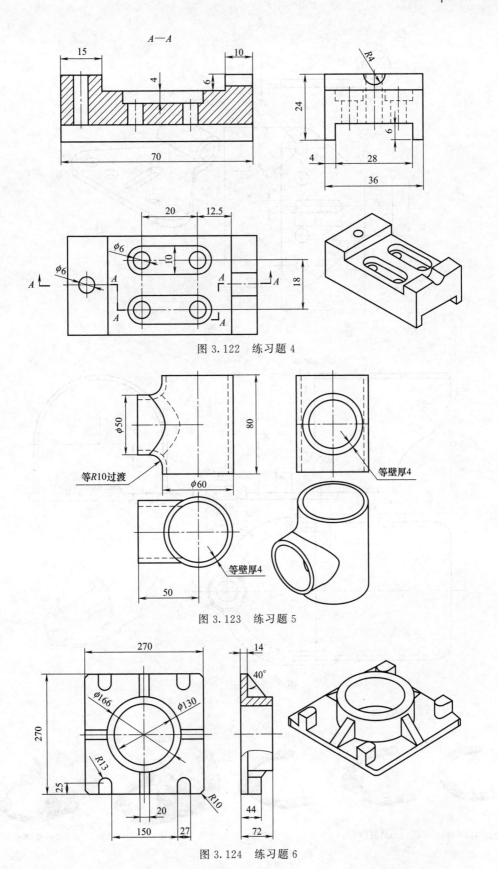

图 3.122 练习题 4

等R10过渡 等壁厚4 等壁厚4

图 3.123 练习题 5

图 3.124 练习题 6

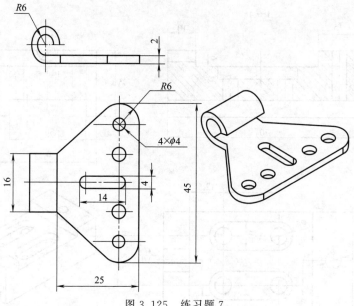

图 3.125　练习题 7

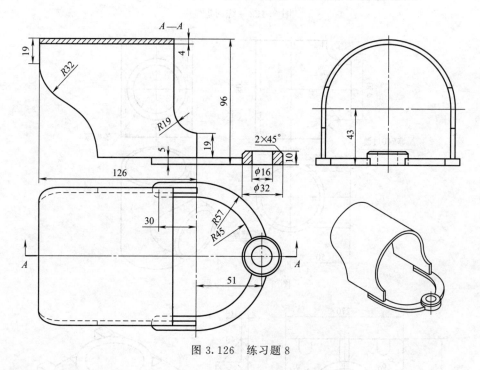

图 3.126　练习题 8

练习题 8 建模思路提示：

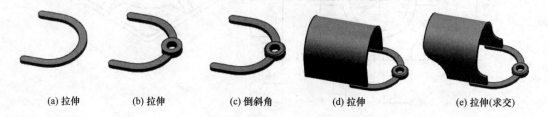

(a) 拉伸　　　(b) 拉伸　　　(c) 倒斜角　　　(d) 拉伸　　　(e) 拉伸(求交)

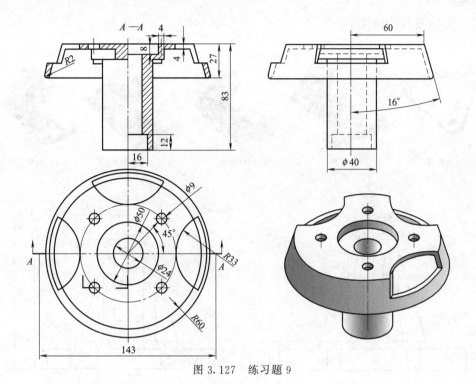

图 3.127　练习题 9

练习题 9 建模思路提示：

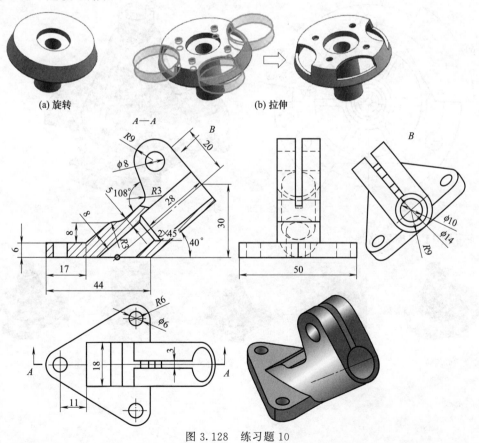

(a) 旋转　　　　　　　　　　(b) 拉伸

图 3.128　练习题 10

练习题 10 建模思路提示：

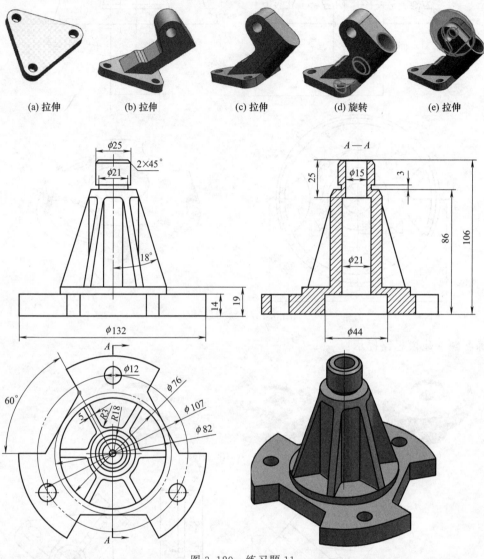

(a) 拉伸　　　(b) 拉伸　　　(c) 拉伸　　　(d) 旋转　　　(e) 拉伸

图 3.129　练习题 11

练习题 11 建模思路提示：

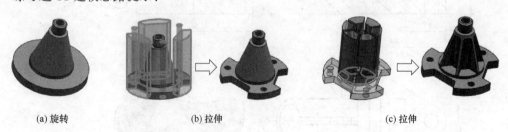

(a) 旋转　　　　　　　(b) 拉伸　　　　　　　(c) 拉伸

第 4 章

特征设计

设计特征是以现有模型为基础而创建的实体特征，利用该特征工具可以直接创建出更为细致的实体特征，如在实体上创建孔、凸台、腔体和键槽等，在实际生产中即相当于对现有毛坯进行加工。设计特征的生成方式都是参数化的，可以通过表达式设计来驱动几何体的变化，修改特征参数或者刷新模型即可获得新的特征。

4.1 ◯ 特征设计概述

"特征"是构成一个零件或者装配件的单元，虽然从几何形状上看，它也包含作为一般三维模型的点、线、面或者实体单元，但更重要的是，它具有工程制造意义，也就是说基于特征的三维模型具有常规几何模型所没有的附加的工程制造等信息。

与特征设计相关的命令均在选项卡"主页"→"特征"→"更多"→"设计特征"选项组中，包括凸台、腔体、垫块、键槽等等。

4.1.1 特征的安放表面

与实体建模不同，设计特征不能独立出现，必须在图形空间中存在模型实体时才能创建，可以理解为在生产中必须要有毛坯材料才能进行加工，不然无法生产。所以设计特征的安放表面也是建立在模型实体基础之上的，而不能凭空建立或者建立在基准平面上。

4.1.2 特征的定位

当设计特征创建依附于实体的某个表面时，就要确定特征元素相对于该实体表面的位置，即特征定位。在特征定位对话框中共包括 9 种定位方式。

1. 水平 ⌐↱

可以进行 XC 轴方向几何元素的定位。选取实体上的曲线为目标对象，然后选取需要定位的特征轮廓曲线，输入定位数值即可完成操作。

2. 竖直 ⌐↥

可以进行 YC 轴方向几何元素的定位。选取实体上的曲线为目标对象，然后选取需要定位的特征轮廓曲线，输入定位数值即可完成操作。

3. 平行 ↙↗

可以对目标参数对象的基准点与特征元素的参考点进行准确的定位。选取实体上的边与特征元素的端点，然后在打开的"创建表达式"对话框中输入距离参数。

4. 垂直 ↗↙

该方法用于目标对象上的边与特征元素上的参考点之间的定位。选取实体上的边与特征元素的端点，然后在打开的"创建表达式"对话框中输入距离参数。

5. 按一定距离平行 ⊐⊏

用于目标对象上的边与特征元素上的边之间的定位，分别选取实体与特征元素的一条边，然后输入距离参数。

6. 成一定角度 ∠

可以使目标对象与特征元素的边成一定角度进行定位。该角度以目标对象上的边为起始边，沿该边逆时针旋转，角度为正；沿该边顺时针旋转，角度为负。依次选取目标对象与特征元素的边，然后输入角度值。

7. 点落在点上 ╱•

可以对表面对象上的点与特征元素上的点进行共点定位（多用于凸台或者圆形腔体），依次选择目标对象与特征元素的点。

8. 点到线 ↥

用于目标对象上的边与特征元素上的点的重合定位，依次选择表面对象的边与特征元素的点。

9. 线到线 ⊥

用于目标对象上的边与特征元素上的边之间的定位，依次选取目标对象的边与特征元素的边。

4.2 ⊙ 孔特征

孔主要是指圆柱形的内表面，也包括非圆柱形的内表面（由平行平面或切面形成的包容面）。而孔特征是指实体模型中去除圆柱、圆锥或同时存在的两种特征的实体而形成的实体特征，主要用于零件的配合、固定。孔的类型包括常规孔、钻形孔、螺纹间隙孔、螺纹孔和孔系列，这些孔类型又包括多种成形形状，如简单孔、沉头、埋头、锥形等。

要创建孔特征，可以单击选项卡"主页"→"特征"→"孔"按钮 ◙ ，或者选择菜单"插入"→"设计特征"→"孔"命令，打开"孔"对话框，然后根据提示确定孔的位置和尺寸参数完成创建。该对话框中包含以下几个选项组。

⬇ 类型：该选项组用于选择不同的孔类型。

⬇ 位置：该选项组用于指定孔的定位点，首先单击选择一个模型平面表面，系统以该平面作为草图平面，然后单击绘制草图点，可以为草图点添加尺寸和几何约束以精确定位，该草图点将作为孔的中心位置。可以绘制多和点从而一次性创建多个孔。

⬇ 方向：该选项组用于设置孔的方向，系统默认的方向是垂直于定位点所在的平面。如果需要创建斜孔，则可以选择"矢量"方式，然后选择一个方向参考矢量。

⬇ 形状和尺寸：该选项组用于设置孔的形状和尺寸参数，选择不同类型的孔，所对应的参数也不相同。

⬇ 布尔：该选项组用于设置孔的布尔运算，系统默认为"求差"运算，如果选择"无"选项，则只能创建具有孔形状的实体特征。

4.2.1 常规孔

常规孔是指创建指定尺寸的简单孔、沉头孔、埋头孔和锥孔特征。

- 位置：选择现有点或创建草图点来指定孔的中心。
- 方向：指定孔方向。
- 垂直于面：沿着与公差范围内每个指定点最近的面法向的反向定义孔的方向。
- 沿矢量：沿指定的矢量定义孔方向。

常规孔是孔径参数完全由用户定义的孔，选择常规孔类型时，其"形状和尺寸"选项组中，在"成形"下拉列表中可选 4 种不同的孔形状类型。选择不同的形状所需输入的参数也不相同。

（1）简单　该方式通过指定孔表面的中心点，并指定孔的生成方向，然后设置孔的参数，即可完成孔的创建。简单孔只需设置孔径、深度和顶锥角。

（2）沉头　沉头孔是指将紧固件的头部完全深入到阶梯孔。该方式通过指定孔表面的中心点，并指定孔的生成方向，然后设置孔的参数完成孔的创建。沉头孔在简单孔的基础上增加了一个沉头，因此增加了"沉头直径"和"沉头深度"两个参数。

（3）埋头　埋头孔是指将紧固间的头部不完全沉入的阶梯孔。该方式通过指定孔表面的中心点，并指定孔的生成方向，然后设置孔的参数，即可完成孔的创建。埋头孔在简单孔的基础上增加了"埋头直径"和"埋头角度"两个参数。

（4）锥形　该孔类型与简单孔相似，所不同的是该孔可以将孔的内表面进行拔模。该方式通过指定孔表面的中心点，并指定孔的生成方向，然后设置孔直径、深度和锥角参数便可完成孔的创建。锥形孔在简单孔的基准上增加了一个锥角参数。

4.2.2　钻形孔

钻形孔是钻床加工孔的类型，其孔径从一个系列列表中选择，无法手动输入。选择钻形孔时，"形状和尺寸"选项组中，在"大小"下拉列表中选择孔的规格，在"拟合"下拉列表中选择拟合方式。如果选择 Exact 选项，孔径将与所选孔规格完全形同，因此不能修改；如果选择 Custom 选项，则孔径可由用户定义。

4.2.3　螺纹间隙孔

螺纹间隙孔的形状与常规孔并没有不同，也包括简单、沉头和埋头三种类型，与常规孔不同的是，螺纹间隙孔是一种与螺钉配合的孔，因此其尺寸由要配合的螺钉规格确定，孔的尺寸总是大于螺钉的尺寸，因此称为"间隙孔"。间隙的大小由螺钉大小和配合的公差决定。选择螺纹间隙孔时，"形状和尺寸"选项组中各选项具体含义如下。

- 成形：在该列表中选择一种孔形状，有简单、沉头和埋头三种类型供选择。
- 螺钉类型：在该列表中选择螺钉类型，不同的孔形状对应不同的螺钉类型。
- 螺钉尺寸：在该列表中选择螺钉尺寸。
- 拟合：在该列表中选择孔与螺钉配合的公差，包括 Close（紧）、Normal（普通）和 Loose（松）三种配合公差，如果选择 Custom 选项，则孔的尺寸由用户定义。

4.2.4　螺纹孔

螺纹孔是表面含有螺纹的孔类型，因此其直径包含"大径"和"小径"两个参数。选择螺纹孔时，"形状和尺寸"选项组中各选项具体含义如下。

- 大小：在该列表中选择孔的规格。
- 径向进刀：在该列表中选择径向进刀量，系统给出 0.75 和 0.5 两个选项，选择不同的进刀量，孔径会有细微差别。如果选择 Custom 选项可由用户定义丝锥直径。

📥 丝锥直径：该文本框用于定义钻孔的丝锥直径，只有选择用户定义径向进刀量时，该文本框才可用。

📥 深度类型：该列表用于选择螺纹的深度定义方法，可选择用孔径的一定倍数定义螺纹深度，也可以选择"定制"选项，然后输入深度值。

📥 螺纹深度：用于输入螺纹深度，只有选择深度类型为"定制"时，才有此文本框。

📥 旋向：用于选择螺纹的旋向，指定螺纹为右手（顺时针方向）或是左手（逆时针方向），由于实际中的螺栓一般是顺时针拧紧，因此螺纹的旋向一般选择右旋。

4.2.5 孔系列

孔系列是在多个连续实体上创建的配合孔。UG NX 10.0中最多在三个相连实体上创建孔系列，创建起始、中间和端点三段孔。在"起始""中间"和"端点"三个选项卡中分别设置每段孔的参数。其中起始和中间孔将贯穿实体，因此没有深度参数设置，只有端点孔可以设置孔深。也可以在两个相连实体上创建孔系列，此时只有起始和终止两段孔。

4.3 ⊃ 凸台特征

凸台是指一个端面上有一个附着凸出的实体。利用"凸台"命令能够在指定基准面或实体面的外侧生成具有圆柱或者圆锥特征的实体。创建的凸台特征和孔特征类似，不同之处在于凸台特征的生成方式和孔特征的生成方式相反，孔是先定位，再输入尺寸参数，而凸台则是先输入尺寸再定位。

要创建凸台特征，可以单击选项卡"主页"→"特征"→"凸台"按钮📦，或者选择菜单"插入"→"设计特征"→"凸台"命令，打开"凸台"对话框，然后根据提示选择要放置凸台的表面，设置凸台的尺寸参数，单击"确定"按钮，打开"定位"对话框，选择合适的定位方法进行定位，再单击"确定"按钮即可完成凸台的创建。

凸台对话框中各选项的具体含义如下。

📥 选择步骤-放置面：用于指定一个平的面，在其上定位凸台。凸台特征可以在基准平面上创建，因此可以不需要已有实体（但模型空间中必须存在实体，且创建的凸台必须与实体相交，不然会出现错误对话框）。

📥 过滤器：通过限制可用的对象类型帮助用户选择所需要的对象，这些选项类型是"任意""面"和"基准平面"。

📥 直径：输入凸台直径的值，只能为正值。

📥 高度：输入凸台高度的值，只能为正值。

📥 锥角：输入凸台的柱面壁向内倾斜的角度。该值可正可负，如果为0则生成没有锥度的垂直圆柱壁。

📥 反侧：如果选择的放置面是实体表面时，系统默认的凸台方向是沿该面的法向指向实体外部；如果选择的放置面是基准面，则"凸台"对话框上的"反侧"按钮可用，单击此按钮可以将凸台反转到平面另一侧。

创建实例1：创建支架零件如图4.1所示。

支架类零件由空间固定表面构成的主体、光孔、螺纹孔，以及加强筋等特征结构组成。因此，可以混合采用参数化草图和拉伸的方法构建支架的实体模型，模型主体结构可以采用拉伸特征；对于空间结构要首先添加基准坐标系，再采用绘制草图和拉伸特征的方法来创建实体特征；对于各种孔特征，需采用添加孔特征来进行创建；对于圆角或者倒角可以直接采用对应的圆角或倒角特征进行创建。

图 4.1 支架零件

（1）以 XC-YC 平面为草图平面，绘制草图 1，尺寸如图 4.2 所示。

（2）拉伸草图 1，沿 ZC 轴方向，距离为 16，拉伸草图 1，效果如图 4.3 所示。

（3）创建两个点，单击"曲线"选项卡→"曲线"选项组→"点"或者选择"菜单"→"插入"→"基准/点（D）"→"点（P）"命令，创建（20，0，16）和（−20，0，16）两个点，作为孔的中心点。

（4）创建沉头孔，单击"主页"选项卡→"特征"选项组→"孔"或者选择"菜单"→"插入"→"设计特征"→"孔"命令，"类型"选择"常规孔"；"位置"选项组"指定点"选择刚刚创建的两个点；"孔方向"选择"垂直于面"；"形状"选择"沉头孔"；"沉头直径"为 28，"沉头深度"为 3，"直径"为 15，"深度限制"选择"值"，"深度"为 16，"顶锥角"为 0；"布尔"为"求差"；单击"确定"按钮，完成沉头孔的创建如图 4.4 所示。

（5）以 XC-YC 平面为草图平面，绘制草图 2，尺寸如图 4.5 所示。

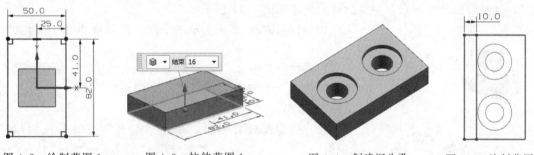

图 4.2 绘制草图 1　　　图 4.3 拉伸草图 1　　　图 4.4 创建沉头孔　　　图 4.5 绘制草图 2

（6）拉伸草图 2，沿 ZC 轴方向，距离为 −8 拉伸草图 2（或者沿 −ZC 方向，距离为 8），"布尔"为"求和"，如图 4.6 所示。

（7）以 XC-ZC 平面为草图平面，绘制草图 3，尺寸如图 4.7 所示。

（8）拉伸草图 3，沿 YC 轴方向，"开始"选择"对称值"，"距离"为 25，拉伸草图 3，效果如图 4.8 所示。

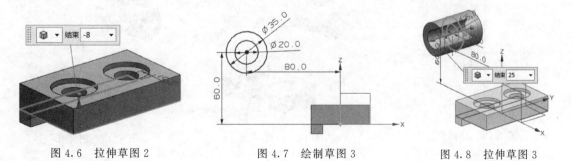

图 4.6 拉伸草图 2　　　　图 4.7 绘制草图 3　　　　图 4.8 拉伸草图 3

（9）创建基准 CSYS 坐标系，选择"菜单"→"插入"→"基准/点（D）"→"基准 CSYS"命令，以动态方式选择圆弧圆心点位置，创建如图 4.9 所示的基准 CSYS。

（10）在新创建的基准坐标系中选择 ZC-YC 平面作为草图平面，绘制草图 4，尺寸如图

4.10 所示。

（11）拉伸草图 4，沿 XC 轴方向，"开始"选择"对称值"，"距离"为 9，"布尔"为"求和"，拉伸草图 4，效果如图 4.11 所示。

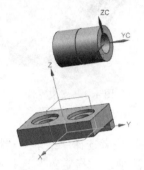
图 4.9　创建 CSYS 坐标系

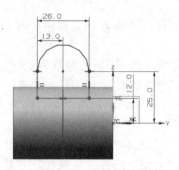
图 4.10　绘制草图 4

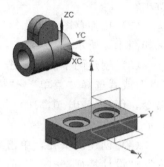
图 4.11　拉伸草图 4

（12）创建凸台，单击"主页"选项卡→"特征"选项组→"凸台"或者选择"菜单"→"插入"→"设计特征"→"凸台"命令，"直径"为 18，"高度"为 3；选择拉伸草图 4 的前边的面作为凸台的放置面；单击"应用"按钮，弹出"定位"对话框，定位方式为"点落在点上"，选择圆弧的中心点，完成凸台的创建如图 4.12 所示。

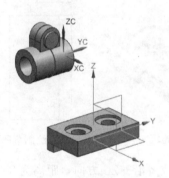
图 4.12　创建凸台

（13）以 XC-ZC 平面为草图平面，绘制草图 5，尺寸如图 4.13 所示。

（14）拉伸草图 5，沿－YC 轴方向，"开始"选择"值"，"距离"为 0，"结束"选择"值"，"距离"为 50；"布尔"为"求差"，效果如图 4.14 所示。

（15）创建螺纹孔特征，单击"主页"选项卡→"特征"选项组→"孔"或者选择"菜单"→"插入"→"设计特征"→"孔"命令，"类型"选择"螺纹孔"；"位置"选项组"指定点"选择凸台面的圆心点；"孔方向"选择"垂直于面"；参数默认，"深度限制"选择"贯通体"；"布尔"为"求差"；单击"确定"按钮，完成螺纹孔的创建如图 4.15 所示。

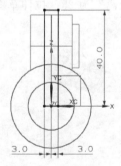
图 4.13　绘制草图 5

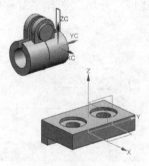
图 4.14　拉伸草图 5

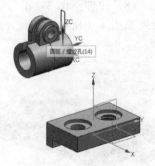
图 4.15　创建孔

（16）创建直线 1，选择"菜单"→"插入"→"曲线"→"直线"命令，"起点选项"选择选择凸台面的圆心点，"终点选项"选择"XC 沿 XC"，创建直线 1，如图 4.16 所示。

（17）阵列直线，选择"菜单"→"编辑"→"变换"命令，"对象"选择直线 1，单击"确定"按钮，系统弹出"变换"对话框，选择"矩形阵列"按钮，系统弹出"点"对话框，选择凸台面的圆心点［直线 1 的起点，坐标为（-80，25，60）］，单击"确定"按钮，在"变换"对话框中，输入"DXC"为 0，"DYC"为-25，"阵列角度"为 0，"列（X）"为 1，"行（Y）"为 3，单击"确定"按钮后，选择"复制"按钮，得到阵列直线 2 和直线 3，如图 4.17 所示。

（18）同理阵列直线，选择"菜单"→"编辑"→"变换"命令，"对象"选择拉伸体 1 的边线，单击"确定"按钮，系统弹出"变换"对话框，选择"矩形阵列"按钮，系统弹出"点"对话框，选择边线的端点，单击"确定"按钮，在"变换"对话框中，输入"DXC"为-5，"DYC"为 0，"阵列角度"为 0，"列（X）"为 2，"行（Y）"为 1，单击"确定"按钮后，选择"复制"按钮，得到阵列直线 4，如图 4.18 所示。

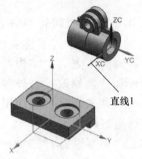

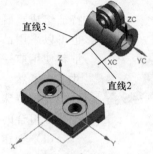
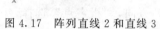
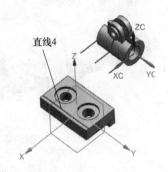

图 4.16　创建直线 1　　　图 4.17　阵列直线 2 和直线 3　　　图 4.18　阵列直线 4

（19）创建直线 5，选择直线 4 的中点，直线 2 与曲线的交点，如图 4.19 所示。

（20）创建基准平面 1，"类型"选择"两直线"，分别选择直线 5 和直线 2，创建的基准平面，如图 4.20 所示。

（21）以基准平面 1 为草图平面，绘制草图 6，尺寸如图 4.21 所示。

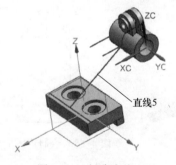
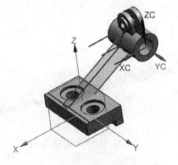
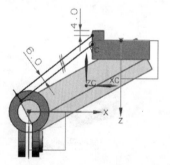

图 4.19　创建直线 5　　　图 4.20　创建基准平面　　　图 4.21　绘制草图 6

（22）拉伸草图 6，沿 YC 轴方向，"开始"选择"值"，"距离"为-20，"结束"选择"值"，"距离"为 20；"布尔"为"求和"，效果如图 4.22 所示。

（23）布尔求和，目标体选择底座，工具体选择顶部圆柱，将实体布尔求和。

（24）以基准平面 1 为草图平面，绘制草图 7，尺寸如图 4.23 所示。

（25）拉伸草图 7，沿 YC 轴方向，"开始"选择"值"，"距离"为-4，"结束"选择"值"，"距离"为 4；"布尔"为"求和"，效果如图 4.24 所示。

（26）隐藏辅助曲线和辅助平面，保存文件，完成支架零件的创建。

创建实例 2：创建曲轴零件如图 4.25 所示。

轴类零件通常由内外圆柱面、内外圆锥面、端面、台阶面、螺纹、键槽、花键和沟槽等

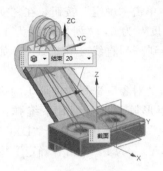

图 4.22　拉伸草图 6

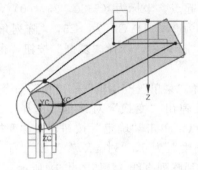

图 4.23　绘制草图 7

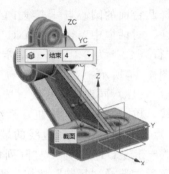

图 4.24　拉伸草图 7

图 4.25　曲轴零件

特征组成。既可以采用草图截面回转的方式，也可以采用凸台累加的方式构建其零件主体。推荐使用前一种方式，因为该方式中结构及尺寸一目了然，便于设计和后期修改。另外对于结构比较特殊的曲轴类零件来说，推荐使用凸台特征组合的方式进行造型设计。

（1）创建圆柱体，"类型"选择"轴，直径和高度"，"指定矢量"选择 XC 方向，"指定点"选择（0，0，0）；"直径"为 50，"高度"为 70，创建圆柱体，如图 4.26 所示。

（2）创建凸台 1，选择圆柱体上表面作为凸台的放置面，"直径"为 55，"高度"为 400，"锥角"为 0，单击"确定"按钮，系统弹出"定位"对话框，选择"点落在点上"，选择圆柱体上表面的边，单击"圆弧中心"按钮，完成凸台 1 的创建，如图 4.27 所示。

（3）以 YC-ZC 平面为草图平面，绘制草图 1，尺寸如图 4.28 所示。

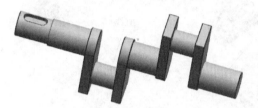

图 4.26　创建圆柱体　　　　图 4.27　创建凸台 1　　　　图 4.28　绘制草图 1

（4）拉伸草图 1，沿 XC 轴方向，"开始"选择"值"，"距离"为 150，"结束"选择"值"，"距离"为 170；"布尔"为"求和"；单击"应用"按钮。继续拉伸草图 1，沿 XC 轴方向，"开始"选择"值"，"距离"为 220，"结束"选择"值"，"距离"为 240；"布尔"为"求和"；效果如图 4.29 所示。

（5）创建凸台 2，以（4）中第一次拉伸实体的右侧面作为凸台的放置面，"直径"为 45，"高度"为 50，"锥角"为 0，单击"确定"按钮，系统弹出"定位"对话框，选择"垂直"定位，分别选择拉伸实体的侧边和底边，定位距离分别为 30

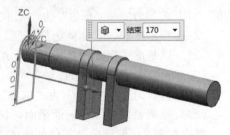

图 4.29　拉伸草图 1

和 35，创建凸台 2，如图 4.30 所示。

（6）抽取曲线 1，选择"菜单"→"插入"→"派生曲线（U）"→"抽取（E）"命令，选择"边曲线"按钮，选择如图 4.31 所示的边，单击"确定"按钮，完成边的抽取。

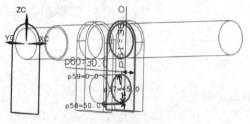

图 4.30　创建凸台 2

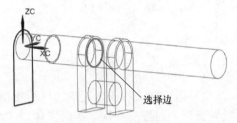

图 4.31　抽取曲线 1

（7）拉伸抽取曲线 1，沿 XC 轴方向，"开始"选择"值"，"距离"为 0，"结束"选择"值"，"距离"为 50；"布尔"为"求差"；单击"确定"按钮，效果如图 4.32 所示。

（8）以 YC-ZC 平面为草图平面，绘制草图 2，尺寸如图 4.33 所示。

图 4.32　拉伸抽取曲线 1

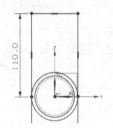

图 4.33　绘制草图 2

（9）拉伸草图 2，沿 XC 轴方向，"开始"选择"值"，"距离"为 300，"结束"选择"值"，"距离"为 320；"布尔"为"求和"；单击"应用"按钮。继续拉伸草图 1，沿 XC 轴方向，"开始"选择"值"，"距离"为 370，"结束"选择"值"，"距离"为 390；"布尔"为"求和"；效果如图 4.34 所示。

（10）创建凸台 3，以（9）中第一次拉伸实体的右侧面作为凸台的放置面，"直径"为 45，"高度"为 50，"锥角"为 0，单击"确定"按钮，系统弹出"定位"对话框，选择"垂直"定位，分别选择拉伸实体的侧边和底边，定位距离分别为 30 和 35，创建凸台 3，如图 4.35 所示。

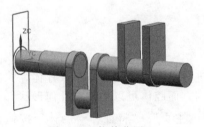

图 4.34　拉伸草图 2

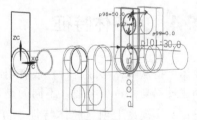

图 4.35　创建凸台 3

（11）抽取曲线 2，选择"菜单"→"插入"→"派生曲线（U）"→"抽取（E）"命令，选择"边曲线"按钮，选择如图 4.36 所示的边，单击"确定"按钮，完成边的抽取。

（12）拉伸抽取曲线 2，沿 XC 轴方向，"开始"选择"值"，"距离"为 0，"结束"选择"值"，"距离"为 50；"布尔"为"求差"；效果如图 4.37 所示，单击"确定"按钮。

（13）创建 XC-YC 基准平面 1；创建基准平面 2，与基准平面 1 平行，距离为 25；创建的基准平面如图 4.38 所示。

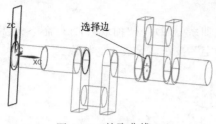

图 4.36　抽取曲线 2

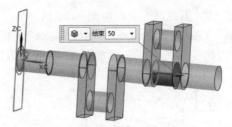

图 4.37　拉伸抽取曲线 2

（14）创建键槽特征，选择"U 形键槽"，单击"确定"按钮，选择基准平面 2 作为键槽的放置面，方向接受默认（指向实体），"水平参考"选择 XC 轴；"宽度"为 20，"深度"为 8，"拐角半径"为 1，"长度"为 50，单击"确定"按钮，弹出定位对话框。

选择"水平"定位按钮，在曲轴零件上选择最左边圆柱的端面圆边，在打开的"设置圆弧位置"对话框中单击"圆弧中心"按钮，接着选择键槽特征的竖直中心线，然后在打开的"创建表达式"对话框中输入定位尺寸为 35。

选择"竖直"定位按钮，同样在曲轴零件上选择最左边圆柱的端面圆边，在打开的"设置圆弧位置"对话框中单击"圆弧中心"按钮，接着选择键槽特征的水平中心线，然后在打开的"创建表达式"对话框中输入定位尺寸为 0。

单击"确定"按钮，完成键槽的创建，如图 4.39 所示。

（15）创建倒斜角特征，选择如图 4.40 所示的边，"偏置"选项组中"横截面"选择"对称"，"距离"为 1，单击"确定"按钮，完成倒斜角特征的创建。

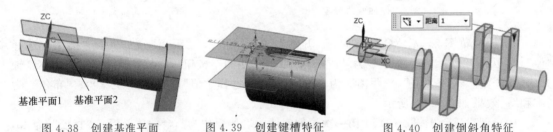

图 4.38　创建基准平面　　　　图 4.39　创建键槽特征　　　　图 4.40　创建倒斜角特征

（16）隐藏辅助曲线和辅助平面，保存文件，完成曲轴零件的创建。

4.4 ➲ 腔体特征

腔体是指从实体移除材料，或者用沿矢量对截面进行投影生成的面来修改片体。腔体特征的创建过程与孔特征类似，不同的是，孔是圆柱形的，而腔体可以是多种几何形状。

要在实体模型上创建腔体特征，可以单击选项卡"主页"→"特征"→"腔体"按钮 🔲，或者选择菜单"插入"→"设计特征"→"腔体"命令，打开"腔体"对话框，系统提供了 3 种腔体类型按钮，分别是"圆柱形""矩形"和"常规"。

4.4.1　圆柱形腔体

圆柱形腔体是相对于实体与圆柱体求差的效果。在"腔体"对话框中单击"圆柱形"按钮，弹出"圆柱形腔体"对话框，在该对话框中选择腔体的放置面，可以选择实体面或基准平面，如果单击"实体面"或"基准平面"按钮，则只能选择该类型的面。选择放置面之后，该对话框中出现腔体的参数文本框，设置参数之后单击"确定"按钮，弹出"定位"对话框，以此来精确定位腔体，接下来的操作与凸台的定位类似，添加定位尺寸之后即可完成腔体。

4.4.2 矩形腔体

矩形腔体是相对于实体与长方体的求差效果。与圆柱体腔体相比，矩形具有一定的方向，因此定位较复杂。在"腔体"对话框中单击"矩形"按钮，弹出"矩形腔体"对话框，选择腔体放置面之后，弹出"水平参考"对话框。该对话框用于选择矩形的水平方向参考，该方向将定义矩形的长度方向。各种参考类型介绍如下。

➡ 终点：可选择模型直线边线作为矩形水平参考，矩形的长度与所选直线平行，所选直线不能与放置面垂直。

➡ 实体面：可选择实体表面作为矩形的水平参考，矩形长度与所选平面平行，所选的实体面不能与放置面平行。

➡ 基准轴：可选择基准轴作为矩形的水平参考，矩形长度与所选基准轴平行，所选的基准轴不能与放置面垂直。

➡ 基准平面：可选择基准平面作为矩形的水平参考，矩形长度与所选基准面平行，所选基准面不能与放置面平行。

➡ 竖直参考：当宽度方向的参考比较容易选择时，单击此按钮，可切换到"竖直参考"对话框，用于定义矩形的宽度方向。

选择方向参考之后，弹出"矩形腔体"对话框，设置参数之后单击"确定"按钮，弹出"定位"对话框。单击选择一种定位类型，然后选择尺寸的参考对象，注意要先选择腔体外的对象，然后选择腔体上的对象。矩形腔体可使用腔体的四条边线，以及两条中心线创建尺寸，添加定位尺寸后，单击"确定"按钮，完成腔体的创建。

4.4.3 常规腔体

常规腔体也称为"一般腔体"，该腔体工具具有比圆柱形腔体和矩形腔体更大的灵活性，例如常规腔体的放置表面可以是任意形状，用户可以自定义其放置面轮廓和底面轮廓。在"腔体"对话框中单击"常规"按钮，弹出"常规腔体"对话框，该对话框将创建腔体分为多个步骤，用户单击"形状步骤"中的步骤按钮，即可设置相应步骤的参数。

1. 选择腔体的放置面

在模型上选择实体表面、片体表面或基准面，也可以选择曲面或者弧面。

2. 选择放置面的轮廓

可选择草图轮廓或模型边线，轮廓不一定在放置面上，只要该轮廓能投影到放置面上形成闭合轮廓即可（轮廓曲线必须是连续的，即不能断开）。

3. 选择底面

可以选取一个或者多个面来定义底面形状，也可以选取平面或基准平面，用于确定腔体的底部。选择底面的步骤是可选的，腔体的底面可以由放置面往下偏置一定的距离来定义。

4. 选择底面轮廓

用于选取腔体的底面上的轮廓线，选择草图轮廓或模型边线。底面上的轮廓线必须是连续的，底面的轮廓曲线可以选取截面曲线，也可以从放置面的轮廓线投影到底面上来定义。

当底面轮廓与顶面轮廓形状相同时，可不必选择底面轮廓，只需设置底面轮廓相对于顶面轮廓的锥角，锥角为 0 时，底面轮廓与顶面轮廓完全相同。

当放置面轮廓与底面轮廓的端点数量不同时，无法使用"对齐端点"的轮廓对齐方式，因此需要重新定义轮廓的对齐点，将轮廓的对齐方式设置为"指定点"，然后分别指定放置面和底面上的对齐点。如果选择的对齐点不合理，则可能无法创建腔体。

创建实例3：创建适配器模型如图4.41所示。

图4.41　适配器模型

适配器是一个接口转换器，它可以是一个独立的硬件接口设备，允许硬件或电子接口与其他硬件或电子接口相连，也可以是信息接口。适配器模型首先创建长方体，然后创建垫块、腔体、孔等。

（1）以XC-ZC平面为草图平面，绘制草图1，尺寸如图4.42所示。

（2）拉伸草图1，沿YC轴方向，距离为55拉伸草图1，效果如图4.43所示。

（3）单击"基准平面"按钮，"类型"选择"按某一距离"，选择YOZ面，"距离"为126，创建基准平面1；"类型"为"二等分"，选择拉伸实体1的左右两个平面，创建基准平面2；同理选择拉伸实体1的上下两个平面，创建基准平面3，如图4.44所示。

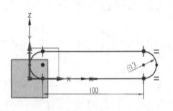

图4.42　绘制草图1

图4.43　拉伸草图1

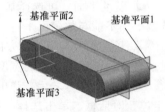

图4.44　创建基准平面

（4）创建腔体1，选择"矩形"，单击"确定"按钮，选择基准平面1作为腔体的放置面，方向接受默认（指向实体），"水平参考"选择YC轴；"长度"为34，"宽度"为15，"深度"为12，其他参数均为0，单击"确定"按钮，弹出定位对话框。

选择"垂直"定位按钮，选择基准平面2为目标边，选择腔体短中心线为工具边，在弹出的"创建表达式"对话框中输入0，单击"确定"按钮。

再选择"垂直"定位按钮，选择基准平面3为目标边，选择腔体长中心线为工具边，在弹出的"创建表达式"对话框中输入0，单击"确定"按钮，完成腔体的定位。再次单击"确定"按钮，完成腔体1的创建，如图4.45所示。

（5）同理创建腔体2，"长度"为17，"宽度"为26，"深度"为12，其他参数均为0，腔体2的创建如图4.46所示。

（6）创建简单孔1，"类型"选择"常规孔"，单击"位置"选项组中"指定点"右侧的"绘制截面"按钮🔲，弹出"创建草图"对话框，"草图类型"选择"在平面上"，"平面方法"选择"现有平面"，选择腔体的表面为草图放置面，单击"确定"按钮，进入草图绘制界面。绘制如图4.47所示草图（三个孔的定位中心），单击"完成"按钮，退出草绘模式。设置孔的"直径"为9，"深度"为20，"顶锥角"为0，单击"确定"按钮，完成简单孔的创建，如图4.48所示。

（7）同理创建腔体3，"长度"为15，"宽度"为6，"深度"为27，其他参数均为0，腔体3的创建如图4.49所示。

（8）创建凸台，选择孔底面为凸台的放置面，"直径"为1.5，"高度"为18，"锥角"为0，定位选择"点落在点上"，选择孔的圆弧中心，创建三个凸台如图4.50所示。

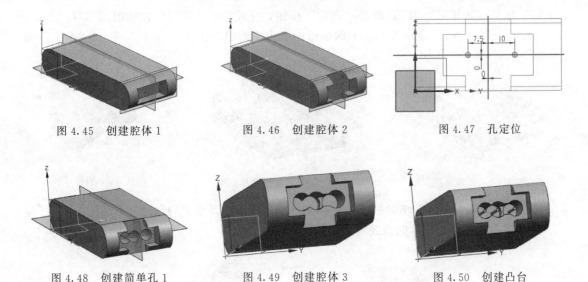

图 4.45　创建腔体 1　　　　图 4.46　创建腔体 2　　　　图 4.47　孔定位

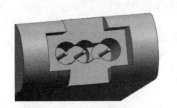 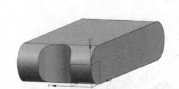 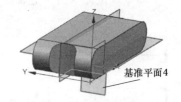

图 4.48　创建简单孔 1　　　　图 4.49　创建腔体 3　　　　图 4.50　创建凸台

（9）创建球体 1，选择凸台的上表面圆心为球的中心位置，"直径"为 1.5；"布尔"为"求和"，创建三个球体如图 4.51 所示。

（10）创建孔，选择"圆柱体"命令，"类型"选择"轴、直径和高度"，"指定矢量"为 ZC 方向，"指定点"为（0，27.5，0）；"直径"为 24，"高度"为 26；"布尔"为"求差"，单击"确定"按钮，完成孔的创建，如图 4.52 所示。

（11）创建基准平面 4，单击"基准平面"按钮，"类型"选择"按某一距离"，选择 YOZ 面，"距离"为 8，创建基准平面 4 如图 4.53 所示。

图 4.51　创建球体 1　　　　图 4.52　创建孔　　　　图 4.53　创建基准平面 4

（12）创建垫块，选择"矩形"，单击"确定"按钮，选择基准平面 1 作为腔体的放置面，方向翻转默认侧（指向实体），"水平参考"选择 YC 轴；"长度"为 24，"宽度"为 23，"高度"为 5，其他参数均为 0，单击"确定"按钮，弹出定位对话框。

选择"垂直"定位按钮，选择基准平面 2 为基准，选择腔体短中心线为工具边，在弹出的"创建表达式"对话框中输入 0，单击"确定"按钮。

再选择"垂直"定位按钮，选择基准平面 3 为基准，选择腔体长中心线为工具边，在弹出的"创建表达式"对话框中输入 0，单击"确定"按钮完成垫块的定位。再次单击"确定"按钮，完成垫块的创建，如图 4.54 所示。

（13）创建简单孔 2，选择垫块的表面为孔的放置面，孔的中心在垫块的中心位置。设置孔的"直径"为 4，"深度"为 20，"顶锥角"为 0，单击"确定"按钮，完成简单孔 2 的创建，如图 4.55 所示。

（14）创建埋头孔，选择拉伸体上表面为孔的放置面，孔的中心位置到 YOZ 面的距离为 28，到基准平面 2 的距离为 0；设置"埋头直径"为 3，"埋头角度"为 90，"直径"为 2，

"深度"为 1,"顶锥角"为 0,单击"确定"按钮,完成埋头孔的创建,如图 4.56 所示。

（15）创建球体 2,选择埋头孔上面小圆中心为球的中心位置,"直径"为 2;"布尔"为"求和",创建球体 2 如图 4.57 所示。

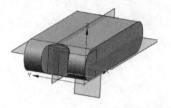

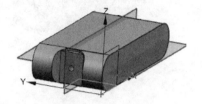

图 4.54　创建垫块　　　　　　图 4.55　创建简单孔 2　　　　　图 4.56　创建埋头孔

（16）隐藏辅助曲线和辅助平面,保存文件,完成适配器模型的创建。

创建实例 4: 创建模具的型腔零件,如图 4.58 所示。

图 4.57　创建球体 2　　　　　　　　图 4.58　模具的型腔零件

（1）以 XC-YC 平面为草图平面,绘制草图 1,尺寸如图 4.59 所示。

（2）拉伸草图 1,沿 ZC 轴方向,距离为 150 拉伸草图 1,效果如图 4.60 所示。

（3）以拉伸草图 1 上表面为草图平面,绘制草图 2,尺寸如图 4.61 所示。

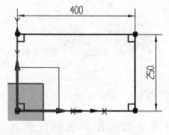

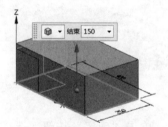

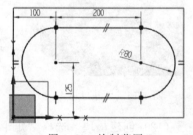

图 4.59　绘制草图 1　　　　　图 4.60　拉伸草图 1　　　　　图 4.61　绘制草图 2

（4）创建基准平面,单击"基准平面"按钮,"类型"选择"按某一距离",选择长方体上表面作为参考平面,"距离"为向内 40,创建基准平面如图 4.62 所示。

（5）以基准平面为草图平面,绘制草图 3,尺寸如图 4.63 所示。

（6）创建腔体,单击"常规"按钮,打开"常规腔体"对话框,单击"选择步骤"中的"放置面"按钮，选择长方体上表面作为放置面;单击鼠标中键确认,或者再单击"选择步骤"中的"放置面轮廓"按钮，选择上表面绘制的草图 2 作为放置面轮廓;单击"选择步骤"中的"底面"按钮，"过滤器"选择"基准平面",选择创建的基准平面作为腔体底面;单击"选择步骤"中的"底面轮廓曲线"按钮，选择草图 3 作为底面轮廓(注意底面上的箭头与放置面上的箭头方向一致);单击"确定"按钮,完成腔体的创建,如图 4.64 所示。

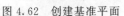

图 4.62　创建基准平面

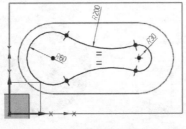

图 4.63　绘制草图 3

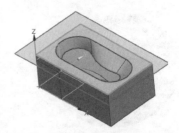

图 4.64　创建腔体

（7）隐藏辅助曲线和辅助平面，保存文件，完成模具型腔零件的创建。

创建实例 5：创建防护罩零件，如图 4.65 所示。

（1）以 XC-ZC 平面为草图平面，绘制草图 1，尺寸如图 4.66 所示。

（2）旋转草图 1，沿 ZC 轴方向，"指定点"为（0，0，0），"开始"选择"值"，"角度"为 0，"结束"选择"值"，"角度"为 360，创建旋转体如图 4.67 所示。

图 4.65　防护罩零件

（3）创建边倒圆，选取要倒圆角的边，如图 4.68 所示，输入半径为 10。

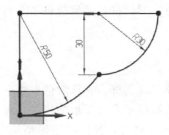

图 4.66　绘制草图 1

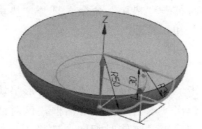

图 4.67　旋转草图 1

图 4.68　创建边倒圆

（4）创建抽壳，单击"抽壳"按钮 ，选择要移除的面（顶面），再输入抽壳厚度为 5，抽壳后效果如图 4.69 所示。

（5）以 XC-ZC 平面为草图平面，绘制草图 2，尺寸如图 4.70 所示。

（6）创建腔体，单击"常规"按钮，打开"常规腔体"对话框，单击"选择步骤"中的"放置面"按钮 ，选择旋转体侧表面作为放置面；单击"选择步骤"中的"放置面轮廓"按钮 ，选择绘制的草图 2 作为放置面轮廓；单击"选择步骤"中的"底面"按钮 ，设置"底面"选择"偏置"，"从放置面起"为 3.0；单击"选择步骤"中的"底面轮廓曲线"按钮 ，设置"从放置面轮廓曲线起"→"锥角"为 0 和"恒定"；单击"确定"按钮，完成腔体的创建，如图 4.71 所示。

（7）创建圆形阵列，选择"阵列特征"按钮，选择腔体作为要阵列的对象，"布局"选择"圆形"；"指定矢量"为 ZC 方向，"指定点"为（0，0，0）；"角度方向"选项组中"间距"选择"数量和节距"，"数量"为 16，"节距角"为 22.5；单击"确定"按钮，完成圆形阵列的创建如图 4.72 所示。

（8）隐藏辅助曲线和辅助平面，保存文件，完成防护罩零件的创建。

图 4.69　创建抽壳

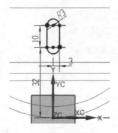

图 4.70　绘制草图 2

图 4.71　创建腔体

图 4.72　创建阵列

4.5 ● 垫块特征

垫块是指向实体添加材料，或者沿矢量对截面进行投影生成的面来修改片体，该命令可以在实体表面创建矩形和常规两种类型的实体特征。该命令与"凸台"命令的区别是，利用"凸台"只能创建圆柱形或圆锥形的实体特征，而"垫块"的截面形状可以是任意形状的曲线，所以可以通过"垫块"命令创建任意形状的实体特征；与"腔体"的区别是一个是添加，一个是切除，操作方法类似。

要在实体模型上创建垫块特征，可以单击选项卡"主页"→"特征"→"垫块"按钮 🔲，或者选择菜单"插入"→"设计特征"→"垫块"命令，打开"垫块"对话框，系统提供了 2 种垫块类型按钮，分别是"矩形"和"常规"。

4.5.1　矩形垫块

在"垫块"对话框中，单击"矩形"按钮，弹出"矩形垫块"对话框，在该对话框中形状放置垫块的平面或基准面，弹出"水平参考"对话框，该对话框用于定义矩形垫块的长度方向，各种参考类型及作用与创建矩形腔体时相同。选择方向参考之后，弹出"矩形垫块"对话框，在该对话框中设置垫块的参数，单击"确定"按钮，弹出"定位"对话框，添加定位尺寸后，即可完成垫块的创建。

4.5.2　常规垫块

常规垫块可由用户定义放置面轮廓和顶面轮廓，形状更为自由。在"垫块"对话框中单击"常规"按钮，弹出"常规垫块"对话框，该对话框与"常规腔体"对话框相似，创建一个常规垫块需要四个基本步骤：选择放置面、选择放置面轮廓、选择顶面、选择顶面轮廓。其操作方式与创建常规腔体十分相近。常规垫块的放置面和顶面不仅限于平面，还可以是曲面。

图 4.73　端盖零件上的标志

如果垫块的顶面轮廓和底面轮廓形状相同，则不必创建顶面轮廓，只需设置顶面轮廓从放置面轮廓的锥角，设置锥角则产生一定的拔模角度。同样地，也可以只创建顶面轮廓，放置面轮廓由顶面轮廓设置一定锥角即可确定。

创建实例 6：创建端盖上的标志，如图 4.73 所示。

（1）以 XC-ZC 平面为草图平面，绘制草图 1，尺寸如图 4.74 所示。

（2）旋转草图1，沿 ZC 轴方向，"指定点"为（0，0，0），"开始"选择"值"，"角度"为0，"结束"选择"值"，"角度"为360，创建旋转体如图4.75所示。

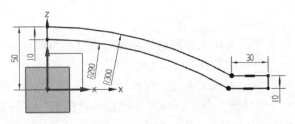

图 4.74　绘制草图1　　　　　　　　　　　　　图 4.75　旋转草图

（3）以 XC-YC 平面为草图平面，绘制草图2，尺寸如图4.76所示。

（4）创建垫块，单击"常规"按钮，打开"常规垫块"对话框，单击"选择步骤"中的"放置面"按钮，选择旋转体上弧形曲面作为放置面；单击"选择步骤"中的"放置面轮廓"按钮，选择绘制的草图2中外形曲线，作为放置面轮廓；单击"选择步骤"中的"顶面"按钮，在"过滤器"下方的选项组中设置"顶面"选择"偏置"，"从放置面起"输入3；单击"选择步骤"中的"顶面轮廓曲线"按钮，设置"从放置面轮廓曲线起"→"锥角"为15和"恒定"；单击"确定"按钮，完成垫块的创建，如图4.77所示。

（5）创建腔体，单击"常规"按钮，打开"常规腔体"对话框，单击"选择步骤"中的"放置面"按钮，选择旋转体上弧形曲面作为放置面；单击"选择步骤"中的"放置面轮廓"按钮，选择绘制的草图2中内形曲线作为放置面轮廓；单击"选择步骤"中的"底面"按钮，设置"底面"选择"偏置"，"从放置面起"为3.0；单击"选择步骤"中的"底面轮廓曲线"按钮，设置"从放置面轮廓曲线起"→"锥角"为15和"恒定"；单击"确定"按钮，完成腔体的创建，如图4.78所示。

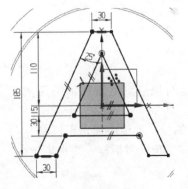

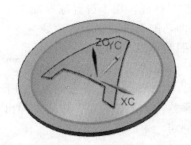

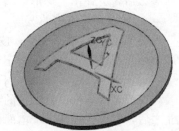

图 4.76　绘制草图2　　　　　图 4.77　创建垫块　　　　　图 4.78　创建腔体

（6）隐藏辅助曲线和辅助平面，保存文件，完成端盖零件上标志的创建。

4.6 ⊙ 键槽特征和槽特征

在机械设计中，键槽主要开在轴类或者孔类零件上，通过与对应的键连接，将轴与齿轮和带毂零件连接成一个整体；而槽是基于圆柱面上的一种环形切槽，在轴类加工中比较常见，如退刀槽、越程槽等。

4.6.1 键槽特征

用户可以使用"键槽"命令创建一个直槽穿过实体或通到实体内部，而且在当前目标实体上自动执行布尔运算，可以大致看成是一种特殊的腔体。

要在实体模型上创建键槽特征，可以单击选项卡"主页"→"特征"→"更多"→"键槽"按钮 ，或者选择菜单"插入"→"设计特征"→"键槽"命令，打开"键槽"对话框，系统提供了 5 种键槽类型选项，分别是"矩形槽""球形端槽""U 形槽""T 形槽"和"燕尾槽"，以及一个"通过槽"复选框。勾选"通过槽"复选框可以创建贯穿所选定的两个面的槽体。

由于"键槽"工具只能在平面上操作，所有在轴、齿轮、联轴器等零件的圆柱面上创建键槽之前，需要先建立好用以创建键槽的放置基准平面。

1. 矩形槽

矩形槽用于沿底部创建具有锐边的键槽。在"键槽"对话框中，选择"矩形槽"按钮，然后单击"确定"按钮，选择放置平面（只能是平面，不能是曲面），然后弹出"水平参考"对话框，用于定义键槽的长度方向，各种参考类型及作用与创建矩形腔体时相同。选择方向参考之后，弹出"矩形键槽"对话框，设置键槽的参数。

🔱 长度：键槽的长度，平行与所选的水平参考的方向进行测量，此值必须是正值。

🔱 宽度：形成键槽的刀具的宽度。

🔱 深度：键槽的深度，按照与键槽轴相反的方向测量，是指原点到键槽底面的距离，此值必须是正值。

槽两端的倒圆角特征无法被消除，且圆角直径等于键槽的宽度。因为键槽的加工是通过铣刀铣出来的，而 UG NX 系统是基于加工特性来生成特征的，所以势必会带有圆角特征。

在该对话框中设置键槽的参数，单击"确定"按钮，弹出"定位"对话框，添加定位尺寸之后，即可完成矩形槽的创建。

2. 球形端槽

球形端槽用于创建具有球体底面和拐角的键槽，与创建矩形槽的步骤一致。在选择完方向参考后，会弹出"球形端槽"对话框，用于设置球形端槽的参数。

🔱 球直径：键槽的宽度，即切削刀具的直径。

🔱 深度：键槽的深度，按照与键槽轴相反的方向测量，是指原点到键槽底面的距离，此值必须是正值，且必须大于球直径的一半，即球半径。

🔱 长度：键槽的长度，平行于所选的水平参考的方向进行测量，此值必须是正值。

在该对话框中设置键槽的参数，单击"确定"按钮，弹出"定位"对话框，添加定位尺寸之后，即可完成球形端槽的创建。

3. U 形槽

U 形槽用于创建一个 U 形键槽，此类键槽具有圆角和底面半径，创建方法与上面的键槽一致。在"U 形键槽"对话框中需要设置 U 形槽的尺寸参数。

🔱 宽度：键槽的宽度，即切削刀具的直径。

🔱 深度：键槽的深度，按照与键槽轴相反的方向测量，是指原点到键槽底面的距离，此值必须是正值，且必须大于拐角半径的一倍，即拐角直径。

🔱 拐角半径：键槽的底面半径，即切削刀具的边半径。

🔱 长度：键槽的长度，平行与所选的水平参考的方向进行测量，此值必须是正值。

在该对话框中设置键槽的参数,单击"确定"按钮,弹出"定位"对话框,添加定位尺寸之后,即可完成 U 形槽的创建。

4. T 形键槽

T 形槽用于创建一个横截面为倒转 T 形的键槽,创建方法与上面的键槽一致。在"T形键槽"对话框中需要设置 T 形槽的尺寸参数。

- 顶部宽度:狭窄部分的宽度,位于键槽的上方,且必须小于底部宽度。
- 顶部深度:键槽顶部的深度,按键槽轴的反方向测量,是指测量底部深度值时的键槽原点到顶部的距离。
- 底部宽度:较宽部分的宽度,位于键槽的下方键槽的宽度。
- 底部深度:键槽底部的深度,按刀杆的反方向测量,是指测量顶部深度值时底部到键槽底部的距离。
- 长度:底部键槽的长度,平行于所选的水平参考的方向进行测量,此值必须是正值。

在该对话框中设置键槽的参数,单击"确定"按钮,弹出"定位"对话框,添加定位尺寸之后,即可完成 T 形槽的创建。

5. 燕尾槽

燕尾槽用于创建一个"燕尾"形状的键槽,此类键槽具有尖角和斜壁,创建方法与键槽一致。在"燕尾槽"对话框中需要设置燕尾槽的尺寸参数。

- 宽度:在实体的面上,键槽的开口宽度,按垂直于键槽刀轨的方向测量,其中心位于键槽原点。
- 深度:键槽的深度,安装于刀杆的反方向测量,是指原点到键槽底面的距离。
- 角度:键槽底面和侧壁的夹角。
- 长度:键槽的长度,平行于所选的水平参考的方向进行测量,此值必须是正值。

在该对话框中设置键槽的参数,单击"确定"按钮,弹出"定位"对话框,添加定位尺寸之后,即可完成燕尾槽的创建。

4.6.2 槽特征

用户可以使用"槽"命令在实体上创建一个沟槽,类似于车削加工,将一个成形工具在旋转部件上向内(从外部定位面)或者向外(从内部定位面)移动来形成沟槽。

要在实体模型上创建槽特征,可以单击选项卡"主页"→"特征"→"更多"→"槽"按钮,或者选择菜单"插入"→"设计特征"→"槽"命令,打开"槽"对话框,系统提供了 3 种槽类型选项,分别是"矩形""球形端槽"和"U 形沟槽"。槽只能放置圆柱面或者圆锥面,如果是外表面则生成外槽,如果是内表面则生成内槽。

1. 矩形

该选项让用户生成一个周围为尖角的槽。在"槽"对话框中单击"矩形"按钮,选择要放置槽的面(只能是圆柱或圆锥面,不能是平面),然后弹出"矩形槽"对话框。

- 槽直径:生成外部槽时,指定的是槽的内径;而生成内部槽时,指定的是槽的外径。
- 宽度:槽的宽度,沿选定面的轴向测量。

在该对话框中设置槽的参数,单击"确定"按钮,弹出"定位槽"对话框,与腔体、垫块等特征的定位不同,"定位槽"对话框中没有尺寸类型选择,因为槽的定位只需一个尺寸,即槽沿圆柱轴向的定位尺寸。先选择实体目标上的边线,再选择槽特征的边线,然后在打开的"创建表达式"对话框中输入距离参数并单击"确定"按钮,即可完成槽的创建。

2. 球形端槽

球形端槽用于创建底部具有完整半径的槽，与创建矩形槽的步骤一致。

⬇ 槽直径：生成外部槽时，指定的是槽的内径；而生成内部槽时，指定的是槽的外径。

⬇ 球直径：即槽的宽度。

在该对话框中设置槽的参数，单击"确定"按钮，同创建矩形槽方法一致，创建好定位尺寸后单击"确定"按钮，即可完成球形端槽的创建。

3. U 形沟槽

U 形沟槽用于创建在拐角处有半径的槽，与创建矩形槽的步骤一致。

⬇ 槽直径：生成外部槽时，指定的是槽的内径；而生成内部槽时，指定的是槽的外径。

⬇ 宽度：槽的宽度，沿选择面的轴向测量。

图 4.79 阶梯轴零件

⬇ 拐角半径：槽的内部圆角半径。

在该对话框中设置槽的参数，单击"确定"按钮，同创建矩形槽方法一致，创建好定位尺寸后单击"确定"按钮，即可完成 U 形沟槽的创建。

创建实例 7：创建阶梯轴零件如图 4.79 所示。

(1) 以 XC-YC 平面为草图平面，绘制截面草图，尺寸如图 4.80 所示。

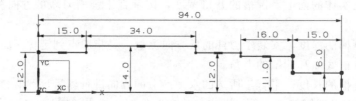

图 4.80 绘制截面草图

(2) 旋转截面草图，沿 XC 轴方向，"指定点"为（0，0，0），"开始"选择"值"，"角度"为 0，"结束"选择"值"，"角度"为 360，创建旋转体如图 4.81 所示。

(3) 创建沟槽，选择"槽"命令，选择"矩形"按钮；选择左起第三段圆柱的圆柱面作为沟槽的放置面；设置"槽直径"为 22，"宽度"为 2；单击"确定"按钮，系统弹出"定位槽"对话框，选择如图 4.82 所示的圆柱体的边为目标边，槽的边为工具边，"创建表达式"输入 0；单击"确定"按钮，完成沟槽的创建。

(4) 创建基准平面，与 XOY 面平行，距离为 14；创建的基准平面如图 4.83 所示。

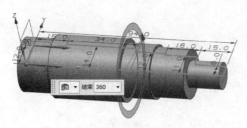

图 4.81 创建旋转体

图 4.82 定位槽

图 4.83 创建基准平面

(5) 创建键槽特征，单击"键槽"命令，选择"U 形键槽"，单击"确定"按钮，选择创建的基准平面作为键槽的放置面，方向接受默认（指向实体），"水平参考"选择 XC 轴；"宽度"为 10，"深度"为 5，"拐角半径"为 0.5，"长度"为 25，单击"确定"按钮，弹出定位对话框。

选择"水平"定位按钮，在阶梯轴零件上选择最左边圆柱的端面圆边，在打开的"设置圆弧位置"对话框中单击"圆弧中心"按钮，接着选择键槽特征的竖直中心线，然后在打开的"创建表达式"对话框中输入定位尺寸为 32。

选择"竖直"定位按钮，同样在阶梯轴零件上选择最左边圆柱的端面圆边，在打开的"设置圆弧位置"对话框中单击"圆弧中心"按钮，接着选择键槽特征的水平中心线，然后在打开的"创建表达式"对话框中输入定位尺寸为 0，如图 4.84 所示。

单击"确定"按钮，完成键槽的创建。

（6）创建倒斜角特征，选择如图 4.85 所示的边，"偏置"选项组中"横截面"选择"对称"，"距离"为 1，单击"确定"按钮，完成倒斜角特征的创建。

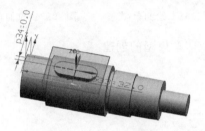

图 4.84　创建键槽

图 4.85　创建斜倒角

（7）隐藏辅助曲线和辅助平面，保存文件，完成轴零件的创建。

创建实例 8： 创建印章模型如图 4.86 所示。

（1）创建圆柱体，直径为 40，高度为 70，Z 轴为矢量方法，如图 4.87 所示。

（2）创建球形沟槽，选择"槽"命令，选取类型为"球形端槽"，选取圆柱面为槽放置面；设置球形端槽参数"槽直径"为 25，"球直径"为 15；在选取圆柱体顶面的边为定位目标边，选取球形端槽的上面的边为刀具边，"创建表达式"输入距离为 25，单击"确定"按钮，完成球形沟槽的创建，如图 4.88 所示。

图 4.86　印章模型

（3）倒圆角，选择要倒圆角的边，输入半径值为 15，创建倒圆角如图 4.89 所示。

图 4.87　创建圆柱体

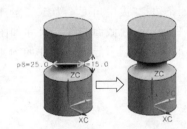

图 4.88　创建球形沟槽

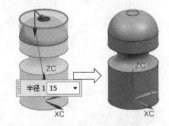

图 4.89　创建倒圆角

（4）创建文字，单击"曲线"选项卡的"文本"按钮，系统弹出"文本"对话框，"类型"选择"曲线上"；文本放置曲线选择倒圆角后顶面的圆；输入文本"大型工程软件专用章"；其他参数默认（注意文字方向）；"偏置"为 6，创建的文字如图 4.90 所示。

（5）拉伸文字，沿 ZC 轴方向，"开始"选择"值"，距离为 -70，"结束"选择"值"，"距离"为 -71，"布尔"为"求和"，拉伸文字如图 4.91 所示。

（6）以 XC-YC 平面为草图平面，绘制草图，尺寸如图 4.92 所示。

（7）拉伸草图 1，沿 ZC 轴方向，"开始"选择"值"，距离为 0，"结束"选择"值"，"距离"为-1，"布尔"为"求和"，拉伸草图后如图 4.93 所示。

图 4.90　创建文字　　　图 4.91　拉伸文字　　　图 4.92　绘制草图　　　图 4.93　拉伸草图

（8）隐藏辅助曲线和辅助平面，保存文件，完成印章模型的创建。

4.7 ➡ 凸起

凸起与垫块相似，也是在平面或曲面上创建平的或自用曲面的凸台，凸台形状和凸台顶面可以自定义。凸起创建的特征比垫块创建的特征更加自由、灵活。

创建实例 9：创建键盘按键模型，如图 4.94 所示。

图 4.94　键盘按钮模型

键盘按键由壳体、导向管、标识符等组成。在创建时，可以先利用长方体、拔模、扫掠、修剪体、抽壳等命令创建出按键壳体的基本形状，然后利用拉伸、拔模等命令创建出壳体内的导向管，最后利用文本、凸起等命令创建出按键表面的标识符，并利用倒圆角工具创建出按键顶面边缘线的倒圆角，即可创建出键盘按键的实体模型。

（1）创建长方体，长、宽、高分别为 18、18、15，如图 4.95 所示。

（2）创建拔模特征，选择"拔模"命令，"类型"选择"从边"；"指定矢量"为 ZC 方向；"固定边"选择长方体的底面的四条边；"拔模角度"为 15，创建拔模特征如图 4.96 所示。

（3）以 XC-ZC 平面为草图平面，绘制截面曲线，尺寸如图 4.97 所示。

（4）以 YC-ZC 平面为草图平面，绘制引导线，尺寸如图 4.98 所示。

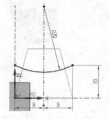
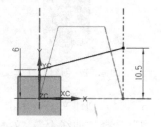

图 4.95　创建长方体　　图 4.96　创建拔模特征　　图 4.97　绘制截面曲线　　图 4.98　绘制引导线

（5）创建扫掠曲面，选择"沿引导线扫掠"命令，选择截面曲线和引导线，"体类型"选择"片体"，创建扫掠曲面如图 4.99 所示。

（6）创建修剪体，选择"菜单"→"插入"→"修剪（T）"→"修剪体（T）"命令，目标体选择拔模后的长方体，"工具"选择扫掠曲面，如图 4.100 所示（修剪注意方向），完成修剪体的创建。

（7）将辅助曲线和扫掠曲面隐藏，如图 4.101 所示。

（8）创建边倒圆 1，半径为 1.5，选择拔模体的四个棱边，如图 4.102 所示。

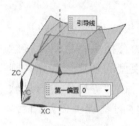
图 4.99　创建扫掠曲面

图 4.100　创建修剪体

图 4.101　隐藏扫掠曲面

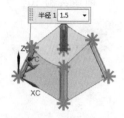
图 4.102　创建边倒圆 1

（9）创建抽壳特征，选择"抽壳"命令，"类型"选择"移除面，然后抽壳"，选择底面为要移除的面，"厚度"为 0.5，如图 4.103 所示，完成抽壳特征的创建。

（10）以 XC-YC 为草图平面，绘制草图如图 4.104 所示。

（11）拉伸草图，拉伸曲线选择绘制的草图；拉伸方向为 ZC 方向；"开始"选择"值"，距离为-3，"结束"选择"直至延伸部分"或"直至选定"，选择键壳内的底面；"布尔"为"求和"；"偏置"选择"两侧"，"开始"为 0，"结束"为-0.5（向内偏置）；"体类型"为"片体"；拉伸草图效果如图 4.105 所示。

（12）创建文字，单击"曲线"选项卡"曲线"选项组的"文本"按钮，系统弹出"文本"对话框，"类型"选择"平面的"；输入文本"Ctrl"；"指定点"选择（9，6，0）；其他参数默认，创建的文字如图 4.106 所示。

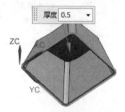
图 4.103　创建抽壳特征

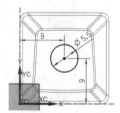
图 4.104　绘制草图

图 4.105　拉伸草图

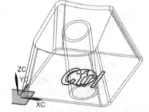
图 4.106　创建文字

（13）创建凸起，选择"凸起"命令，"截面"选择字母 C 曲线；"要凸起的面"选择键壳的上表面的曲面；"端盖"选项组中"几何体"选择"凸起的面"，"位置"选择"偏置"，"距离"为 0.3；"拔模"选择"从端盖"，"角度"为 15；如图 4.107 所示，单击"应用"按钮，完成字母 C 凸起的创建。同理完成字母 t、r、l 的创建，如图 4.108 所示。

（14）创建边倒圆 2，半径为 0.5，选择按键顶面的边缘线，如图 4.109 所示

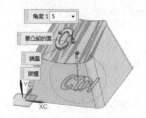
图 4.107　创建凸起 C

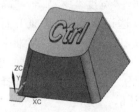
图 4.108　创建凸起

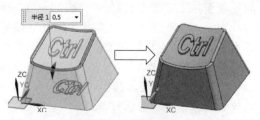
图 4.109　创建边倒圆 2

（15）隐藏辅助曲线和辅助平面，保存文件，完成键盘按键模型的创建。

4.8 ➲ 综合设计实例

创建实例 10：创建插头模型如图 4.110 所示。

图 4.110　插头模型

插头一般指固定（在面板或底盘上）的那一半。带阳性接触体的插头称为公插头；带阴性接触体的插头称为母插头。插头模型的创建，首先在圆柱体的基础上创建垫块并进行镜像等操作；通过软管操作创建电缆线；在长方体的基础上创建凸台，并进行孔等操作。

（1）创建圆柱体，直径为 40，高度为 6，Z 轴为矢量方法，如图 4.111 所示。

（2）创建凸台 1，选择圆柱体顶面作为凸台 1 的放置面，"直径"为 40；"高度"为 16，"锥角"为 41，定位选择"点落在点上"，选择圆柱体顶面的圆弧，单击"圆弧中心"按钮，创建凸台 1 如图 4.112 所示。

（3）创建凸台 2，选择凸台 1 的顶面作为凸台 2 的放置面，"直径"为 12；"高度"为 20，"锥角"为 0，定位选择"点落在点上"，选择凸台 1 顶面的圆弧，单击"圆弧中心"按钮，创建凸台 2 如图 4.113 所示。

（4）创建基准平面 1，选择 XC-ZC 平面；创建基准平面 2，选择 YC-ZC 平面，如图 4.114 所示。

图 4.111　创建圆柱体

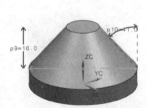

图 4.112　创建凸台 1

图 4.113　创建凸台 2

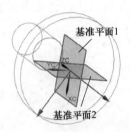

图 4.114　创建基准平面

（5）创建基准轴，选择"基准轴"命令，"类型"选择"点和方向"，"指定点"为坐标原点（0，0，0），单击"指定矢量"右边的按钮 ⬍，"类型"选择" ⬍ 与 XC 成一角度"，"角度"为 30，单击"确定"按钮，完成创建基准轴 1 的创建。同理，"角度"为 −60，创建基准轴 2，如图 4.115 所示。

（6）创建垫块 1，选择"垫块"命令，单击"矩形"按钮，选择圆柱体的下表面为垫块的放置面；水平参考选择 XC 轴，"长度"为 6，"宽度"为 1.5，"高度"为 21，"拐角半径"为 0，"锥角"为 0；定位选择"垂直"按钮，选择 XC-ZC 基准平面为目标边，垫块长中心线为工具边，"距离"为 0；再选择"垂直"按钮，选 YC-ZC 基准平面为目标边，垫块短中心线为工具边，"距离"为 8.5，单击"确定"按钮，完成垫块 1 的创建如图 4.116 所示。

（7）创建垫块 2，选择"垫块"命令，单击"矩形"按钮，选择圆柱体的下表面为垫块的放置面；水平参考选择基准轴 1，"长度"为 6，"宽度"为 1.5，"高度"为 21，"拐角半径"为 0，"锥角"为 0；定位选择"垂直"按钮，选择基准轴 1 为目标边，垫块长中心线为工具边，"距离"为 7.5；再选择"垂直"按钮，选基准轴 2 为目标边，垫块短中心线为工具边，"距离"为 0，单击"确定"按钮，完成垫块 2 的创建如图 4.117 所示

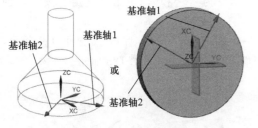

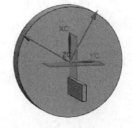
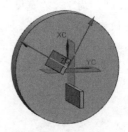

图 4.115　创建基准轴　　　　图 4.116　创建垫块 1　　图 4.117　创建垫块 2

（8）创建垫块 3，选择"菜单"→"插入"→"关联复制"→"镜像特征"命令，"要镜像的特征"选择垫块 2；"镜像平面"选择 XC-ZC 基准平面，单击"确定"按钮，完成垫块 3 的创建如图 4.118 所示。

（9）创建边倒圆，半径为 3，选择如图 4.119 所示的边。

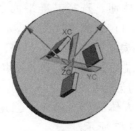
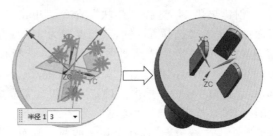

图 4.118　创建垫块 3　　　　　　图 4.119　创建边倒圆

（10）以 XC-ZC 为草图平面，绘制如图 4.120 所示的艺术样条，选择"艺术样条"命令，指定样条第一点为凸台 2 上端面中心，其他适合位置输入 10 个点，单击"确定"按钮，完成艺术样条的创建。

（11）创建电线，选择"菜单"→"插入"→"扫掠"→"管道"命令，"路径"曲线选择样条曲线；"外径"为 6，"内径"为 2；"输出"选择"多段"，单击"确定"按钮，完成电线的创建，如图 4.121 所示。

（12）布尔求和，将电线和电源插头"布尔求和"运算成为一个整体。

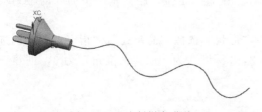
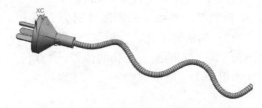

图 4.120　绘制样条曲线　　　　　　图 4.121　创建电线

（13）创建凸台 3，选择软管端面作为凸台 3 的放置面，"直径"为 10；"高度"为 20，"锥角"为 0，定位选择"点落在点上"，选择软管端面的圆弧，单击"圆弧中心"按钮，创建凸台 3 如图 4.122 所示。

（14）动态调整坐标系，选择"菜单"→"格式"→"WCS"→"动态"命令，选择凸台 3 的上端面中心作为坐标系原点，如图 4.123 所示。

（15）创建长方体，"类型"选择"原点和边长"；单击"指定点"右侧"点对话框"按钮，"参考"选择"WCS"，"XC"为−5，"YC"为−7，"ZC"为−9，单击"确定"按钮；"长度"为14，"宽度"为14，"高度"为42；"布尔"为"求和"，单击"确定"按钮，创建长方体如图 4.124 所示。

（16）创建基准平面3，"类型"选择"按某一距离"；选择长方体的上表面为参考面，设置距离为−3，单击"确定"按钮，完成基准平面3的创建，如图 4.125 所示。

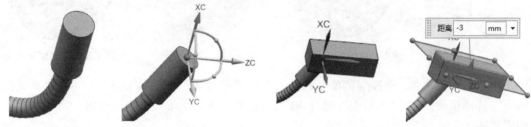

图 4.122　创建凸台 3　　　图 4.123　调整坐标系　　　图 4.124　创建长方体　　　图 4.125　创建基准平面 3

（17）创建垫块4，选择"垫块"命令，单击"矩形"按钮，选择基准平面3为垫块4的放置面；水平参考选择 YC 轴，"长度"为31，"宽度"为11，"高度"为11，"拐角半径"为0，"锥角"为0；定位选择"垂直"按钮，选择长方体的宽边为目标边，垫块短中心线为工具边，"距离"为7；再选择"垂直"按钮，选长方体前端短边为目标边，垫块长中心线为工具边，"距离"为7，单击"确定"按钮，完成垫块4的创建如图 4.126 所示。

（18）创建基准平面4，"类型"为"二等分"，选择长方体的两个侧面；创建基准平面5，"类型"为"二等分"，选择垫块4的两个侧面，如图 4.127 所示。

（19）创建凸台4，选择垫块4的下表面作为凸台3的放置面，"直径"为8.5，"高度"为10，"锥角"为0，定位选择"垂直"，选择基准平面5，距离为0，单击"应用"按钮；再选择"垂直"，选择基准平面6，距离为0，单击"确定"按钮，完成凸台4的创建，如图 4.127 所示。

（20）创建凸台4，选择垫块4的下表面作为凸台3的放置面，"直径"为8.5，"高度"为10，"锥角"为0，定位选择"垂直"，选择基准平面5，距离为0，单击"应用"按钮；再选择"垂直"，选择基准平面6，距离为0，单击"确定"按钮，完成凸台4的创建，如图 4.128 所示。

（21）同理创建凸台5和凸台6，"定位"选择"垂直"定位，距离基准平面5的距离均为0，距离基准平面6的距离分别为7和10。

（22）创建简单孔，"类型"选择"常规孔"；"形状"选择"简单孔"；"指定点"分别选择凸台4、5、6的圆心为孔的位置；"直径"为2，"深度"为10，"顶锥角"为0，创建三个孔如图 4.129 所示。

图 4.126　创建垫块 4　　　图 4.127　创建基准平面　　　图 4.128　创建凸台　　　图 4.129　创建简单孔

（23）隐藏辅助曲线和辅助平面，保存文件，完成插头模型的创建。

创建实例 11：创建电动剃须刀模型，如图 4.130 所示。

本实例练习创建长方体、垫块、键槽、孔、边倒圆、拔模等命令。

（1）创建长方体，长、宽、高分别为 49、27、20，如图 4.131 所示。

（2）创建拔模特征，选择"拔模"命令，"类型"选择"从边"；"指定矢量"为 ZC 方向；"固定边"选择长方体底面的四条边；"拔模角度"为 −4，创建拔模特征如图 4.132 所示。

（3）创建边倒圆 1，半径为 13，选择长方体侧面的四条边，如图 4.133 所示。

图 4.130　电动剃须刀模型

  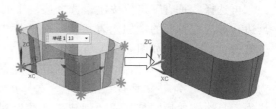

图 4.131　创建长方体　　图 4.132　创建拔模特征　　　图 4.133　创建边倒圆 1

（4）创建简单孔，"类型"选择"常规孔"；"形状"选择"简单孔"；"指定点"为长方体侧面的中心位置；"直径"为 17，"深度"为 1，"顶锥角"为 170，创建简单孔如图 4.134 所示。

（5）创建两个基准平面，"类型"为"二等分"，分别选择长方体的对应侧面，如图 4.135 所示。

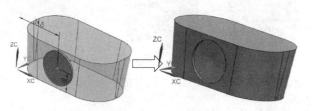 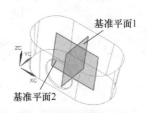

图 4.134　创建简单孔　　　　　　　　图 4.135　创建基准平面

（6）创建垫块 1，选择"垫块"命令，单击"矩形"按钮，选择长方体上表面为垫块 1 的放置面；水平参考选择 XC 轴，"长度"为 57，"宽度"为 37，"高度"为 46，"拐角半径"为 0，"锥角"为 0；定位选择"垂直"按钮，分别选择基准平面为目标边，选择垫块的对应长、短中心线为工具边，距离为 0，完成垫块 1 的创建如图 4.136 所示。

（7）同理创建垫块 2，"长度"为 51，"宽度"为 29，"高度"为 16，创建的垫块 2 如图 4.137 所示。

（8）创建边倒圆 2，半径为 14，选择垫块 2 侧面的四条边，如图 4.138 所示。

（9）创建边倒圆 3，半径为 18，选择垫块 1 侧面的四条边，如图 4.139 所示。

（10）创建边倒圆 4，半径为 2，选择垫块 2 顶面的四条边，如图 4.140 所示。

（11）创建键槽 1，单击"键槽"命令，选择"矩形键槽"，单击"确定"按钮，选择垫块 1 的侧面作为键槽的放置面，方向接受默认（指向实体），"水平参考"选择 ZC 轴；"长度"为 50，"宽度"为 18，"深度"为 2.5，单击"确定"按钮，弹出定位对话框。

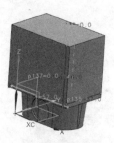 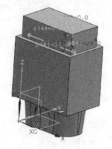 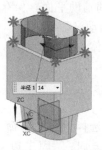 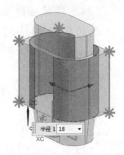

图 4.136　创建垫块 1　　　图 4.137　创建垫块 2　　　图 4.138　创建边倒圆 2　　　图 4.139　创建边倒圆 3

选择"垂直"定位按钮，选择基准平面 1 为目标边，选择键槽特征的长中心线为工具边，然后在打开的"创建表达式"对话框中输入定位尺寸为 0。

再选择"垂直"定位按钮，选择垫块 1 的底边为目标边，选择键槽特征的短中心线为工具边，然后在打开的"创建表达式"对话框中输入定位尺寸为 30，单击"确定"按钮，完成键槽 1 的创建，如图 4.141 所示。

（12）同理创建键槽 2，选择键槽 1 的底面作为键槽 2 的放置面，"长度"为 28，"宽度"为 8，"深度"为 4；"垂直"定位中，选择垫块 1 的底边为目标边，选择键槽特征的短中心线为工具边，然后在打开的"创建表达式"对话框中输入定位尺寸为 26，单击"确定"按钮，完成键槽 1 的创建，如图 4.142 所示。

（13）创建边倒圆 5，半径为 2，选择键槽 1 的边，如图 4.143 所示。

 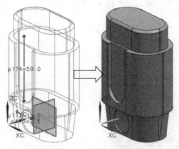 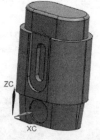 

图 4.140　创建边倒圆 4　　　　图 4.141　创建键槽 1　　　　图 4.142　创建键槽 2　　　图 4.143　创建边倒圆 5

（14）创建边倒圆 6，半径为 1，选择键槽 2 的边，如图 4.144 所示。

（15）创建基准平面 3，"类型"为"二等分"，分别选择垫块 1 的上下对应面，如图 4.145 所示。

（16）创建垫块 3，选择"垫块"命令，单击"矩形"按钮，选择键槽 2 的底面为垫块 2 的放置面；水平参考选择 ZC 轴，"长度"为 18，"宽度"为 6，"高度"为 2，"拐角半径"为 0，"锥角"为 0；定位选择"垂直"按钮，分别选择基准平面 1 和基准平面 3 为目标边，选择垫块的对应长、短中心线为工具边，距离为 0，完成垫块 3 的创建如图 4.146 所示。

（17）创建边倒圆 7，半径为 3，选择垫块 2 的左右两条边；半径为 1，选择垫块 2 的上下两条边如图 4.147 所示。

（18）隐藏辅助曲线和辅助平面，保存文件，完成电动剃须刀模型的创建。

创建实例 12：创建显示屏模型，如图 4.148 所示。

显示屏是计算机的 I/O 设备，即输入/输出设备，用于将电子文件通过特定的传输设备显示到屏幕上，再映射到人的眼中。首先创建长方体、垫块、腔体和凸台等操作，然后在实体模型的基础上进行边倒圆、倒角和阵列特征等操作，最后生成显示屏模型。

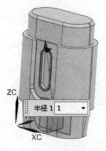

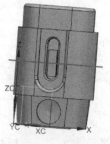

图 4.144　创建边倒圆 6　图 4.145　创建基准平面 3　图 4.146　创建垫块 3　图 4.147　创建边倒圆 7

图 4.148　显示屏模型

（1）创建长方体，长、宽、高分别为 300、205、10，如图 4.149 所示。

（2）创建腔体 1，选择"矩形"，选择长方体上表面作为腔体的放置面，"水平参考"选择 XC 轴；"长度"为 265，"宽度"为 165，"深度"为 2，其他参数均为 0；选择"垂直"定位按钮，分别选择长方体的两个侧边为目标边，然后选择腔体长、短中心线为工具边，距离分别为 150 和 102.5，单击"确定"按钮，完成腔体 1 的创建如图 4.150 所示。

（3）创建边倒圆 1，半径为 6，选择 4 腔体的上面四条边，如图 4.151 所示。

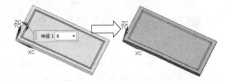

图 4.149　创建长方体　　　　图 4.150　创建腔体 1　　　　图 4.151　创建边倒圆 1

（4）创建凸台 1，选择长方体的上表面作为凸台 1 的放置面，"直径"为 6；"高度"为 3，"锥角"为 0，定位选择"垂直"，分别选择长方体的长和宽两边为定位基准，分别将距离参数设置为 5 和 5，单击"确定"按钮，完成凸台 1 的创建。

（5）同理创建凸台 2。

（6）创建凸台 3，选择长方体的上表面作为凸台 1 的放置面，"直径"为 6；"高度"为 3，"锥角"为 0，定位选择"垂直"，分别选择长方体的长和宽两边为定位基准，分别将距离参数设置为 75 和 5，单击"确定"按钮，完成凸台 3 的创建。创建的 3 个凸台如图 4.152 所示。

（7）创建边倒圆 2，半径为 3，选择凸台 1、2、3 的顶面边，如图 4.153 所示。

（8）创建垫块 1，选择"垫块"命令，单击"矩形"按钮，选择长方体上表面为垫块 1 的放置面；"水平参考"选择 YC 轴，"长度"为 20，"宽度"为 3，"高度"为 3，"拐角半径"为 0，"锥角"为 0；定位选择"垂直"按钮，分别选择长方体的长、宽两边为目标边，选择垫块的对应两条中心线为工具边，距离分别为 5 和 102.5，完成垫块 1 的创建如图 4.154 所示。

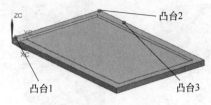

图 4.152　创建凸台

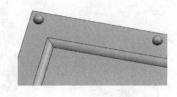

图 4.153　创建边倒圆 2

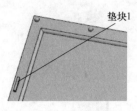

图 4.154　创建垫块 1

（9）创建边倒圆 3，半径为 1.5，选择垫块 1 上如图 4.155 所示的边。

（10）创建腔体 2，选择"矩形"，选择长方体上表面作为腔体的放置面，"水平参考"选择 XC 轴；"长度"为 10，"宽度"为 2.5，"深度"为 2.5，其他参数均为 0；选择"垂直"定位按钮，分别选择长方体的两个侧边为目标边，然后选择腔体长、短中心线为工具边，距离分别为 5 和 95，单击"确定"按钮，完成腔体 2 的创建如图 4.156 所示。

（11）创建垫块 2，选择"垫块"命令，单击"矩形"按钮，选择腔体 2 的底面为垫块 2 的放置面；"水平参考"选择 XC 轴方向，"长度"为 4，"宽度"为 2，"高度"为 10，"拐角半径"为 0，"锥角"为 0；定位选择"垂直"按钮，分别选择腔体 1 的长和左边的宽为目标边，选择垫块 2 的对应两条中心线为工具边，距离分别为 1.25 和 4，完成垫块 2 的创建如图 4.157 所示。

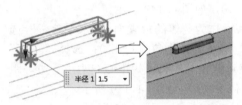

图 4.155　创建边倒圆 3

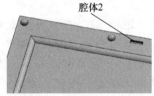

图 4.156　创建腔体 2

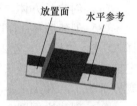

图 4.157　创建垫块 2

（12）创建垫块 3，选择"垫块"命令，单击"矩形"按钮，选择垫块 2 的左侧面为垫块 3 的放置面；"水平参考"选择 ZC 轴方向，"长度"为 3，"宽度"为 2，"高度"为 3，"拐角半径"为 0，"锥角"为 0；定位选择"垂直"按钮，分别选择垫块 2 的宽和高为目标边，选择垫块 2 的对应两条中心线为工具边，距离分别为 1.5 和 1，完成垫块 3 的创建如图 4.158 所示。

（13）倒斜角，"横截面"选择"对称"，"距离"为 3，选择垫块 3 的边，创建倒斜角如图 4.159 所示。

（14）创建腔体 3，选择"矩形"，选择长方体上表面作为腔体的放置面，"水平参考"选择 XC 轴；"长度"为 20，"宽度"为 10，"深度"为 12，其他参数均为 0；选择"垂直"定位按钮，分别选择长方体的两个侧边为目标边，然后选择腔体长、短中心线为工具边，距离分别为 5 和 36，单击"确定"按钮，完成腔体 3 的创建如图 4.160 所示。

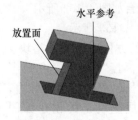

图 4.158　创建垫块 3

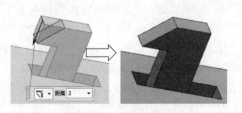

图 4.159　创建倒斜角图

图 4.160　创建腔体 3

（15）创建基准平面，"类型"为"二等分"，分别选择长方体的左右两个侧面，如图4.161所示。

（16）镜像特征，或者按照前面的方法创建特征，如图4.162所示。

（17）创建简单孔，"类型"选择"常规孔"；"形状"选择"简单孔"；单击"指定点"右边的绘制截面按钮，选择长方体的上表面，单击"确定"按钮，绘制如图4.163所示的点，然后单击"完成"按钮；设置"直径"为1，"深度"为4，"顶锥角"为0，单击"确定"按钮，完成简单孔的创建如图4.164所示。

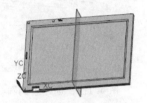
图 4.161 创建基准平面

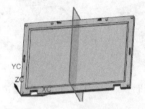
图 4.162 镜像特征

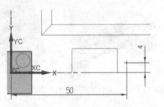
图 4.163 创建孔的中心点

（18）孔阵列，选择"菜单"→"插入"→"关联复制"→"阵列特征"命令，或单击"主页"选项卡"特征"组中的"阵列特征"按钮 ，"要形成阵列的特征"选择简单孔；"布局"选择"线性"；"方向1"中"指定矢量"选择XC轴，"间距"选择"数量和节距"，"数量"为13，"节距"为3；"方向2"中"指定矢量"选择YC轴，"间距"选择"数量和节距"，"数量"为6，"节距"为2；其他采用默认参数，单击"确定"按钮，完成孔阵列（散热孔）的创建，如图4.165所示。

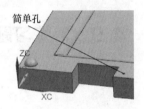
图 4.164 创建简单孔

（19）同样方法，创建另一侧散热孔，如图4.166所示。

（20）创建腔体4，选择"矩形"，选择长方体下表面作为腔体的放置面，"水平参考"选择与XC轴方向一致的直线边；"长度"为260，"宽度"为195，"深度"为0.5，其他参数均为0；选择"垂直"定位按钮，选择长方体的下端长为目标边，然后选择腔体对应的中心线为工具边，距离为97.5；再选择"垂直"定位按钮，选择基准平面为目标边，选择腔体对应的中心线为工具边，距离为0，单击"确定"按钮，完成腔体4的创建如图4.167所示。

（21）创建垫块4，选择"垫块"命令，单击"矩形"按钮，选择长方体下表面为垫块4的放置面；"水平参考"选择与XC轴方向一致的直线边，"长度"为208，"宽度"为25，"高度"为0.5，"拐角半径"为0，"锥角"为0；选择"垂直"定位按钮，选择长方体的下端长为目标边，然后选择垫块4对应的中心线为工具边，距离为12.5；再选择"垂直"定位按钮，选择基准平面为目标边，选择垫块4对应的中心线为工具边，距离为0，单击"确定"按钮，完成垫块4的创建如图4.168所示。

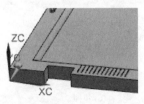
图 4.165 孔阵列

图 4.166 创建散热孔

图 4.167 创建腔体4

图 4.168 创建垫块4

（22）创建凸台 4，选择腔体 3 的侧面作为凸台 4 的放置面，"直径"为 6；"高度"为 20，"锥角"为 0，定位选择"垂直"，分别选择腔体 3 的宽和高两边为定位基准，分别将距离参数设置为 5 和 5，单击"确定"按钮，完成凸台 4 的创建，如图 4.169 所示。

（23）同理创建凸台 5，如图 4.170 所示。

（24）创建边倒圆 4，半径为 2，选择如图 4.171 所示的边。

（25）创建边倒圆 5，半径为 2，选择如图 4.172 所示的边。

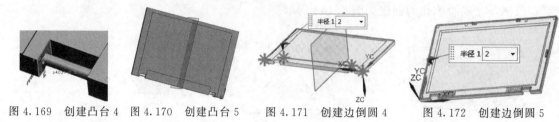

图 4.169　创建凸台 4　图 4.170　创建凸台 5　图 4.171　创建边倒圆 4　图 4.172　创建边倒圆 5

（26）隐藏辅助曲线和辅助平面，保存文件，完成显示屏模型的创建。

4.9 ⊙ 练习题

完成下列模型的绘制，如图 4.173～图 4.177 所示。

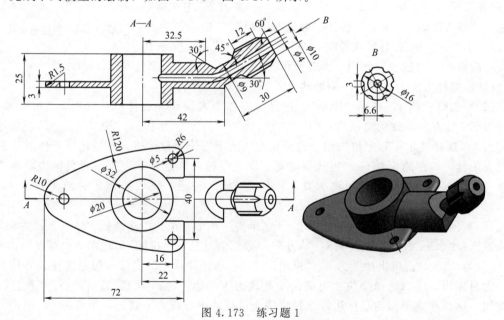

图 4.173　练习题 1

练习题 1 建模思路提示：

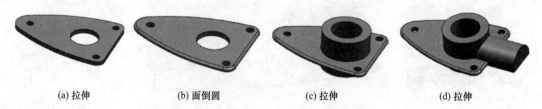

(a) 拉伸　　　　　(b) 面倒圆　　　　　(c) 拉伸　　　　　(d) 拉伸

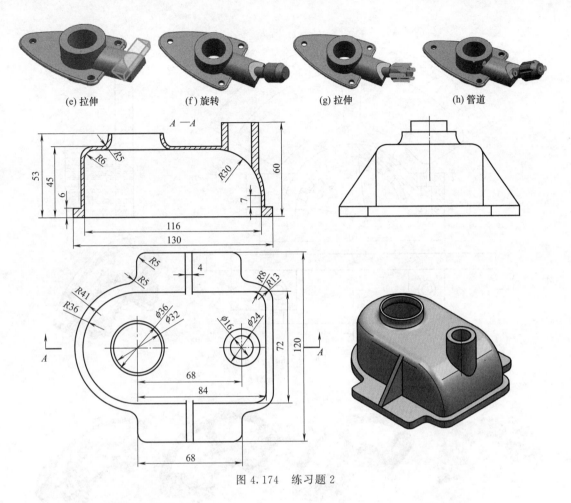

(e) 拉伸　　(f) 旋转　　(g) 拉伸　　(h) 管道

图 4.174　练习题 2

练习题 2 建模思路提示：

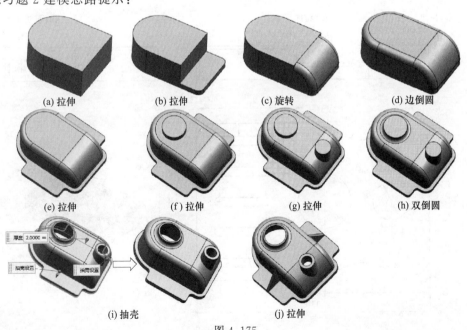

(a) 拉伸　　(b) 拉伸　　(c) 旋转　　(d) 边倒圆

(e) 拉伸　　(f) 拉伸　　(g) 拉伸　　(h) 双倒圆

厚度 2.0000

抽壳设置

抽壳设置

(i) 抽壳　　　　　　(j) 拉伸

图 4.175

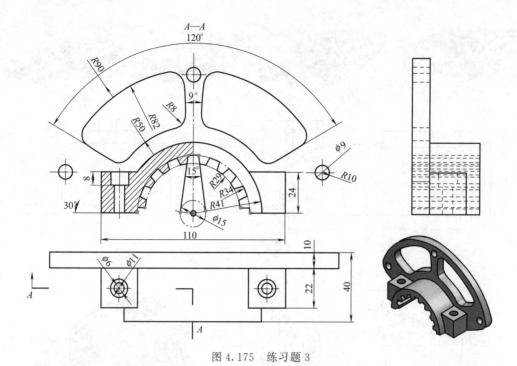

图 4.175　练习题 3

练习题 3 建模思路提示：

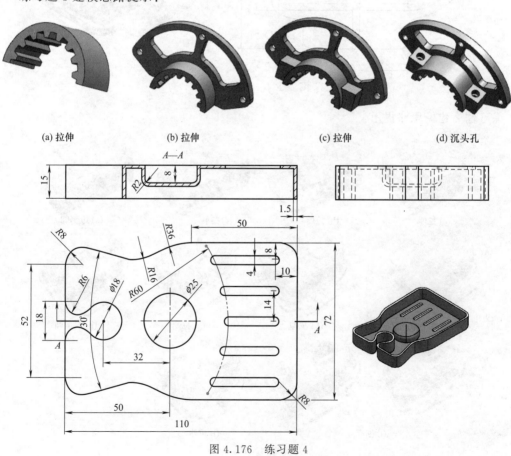

(a) 拉伸　　　　　(b) 拉伸　　　　　(c) 拉伸　　　　　(d) 沉头孔

图 4.176　练习题 4

练习题 4 建模思路提示：

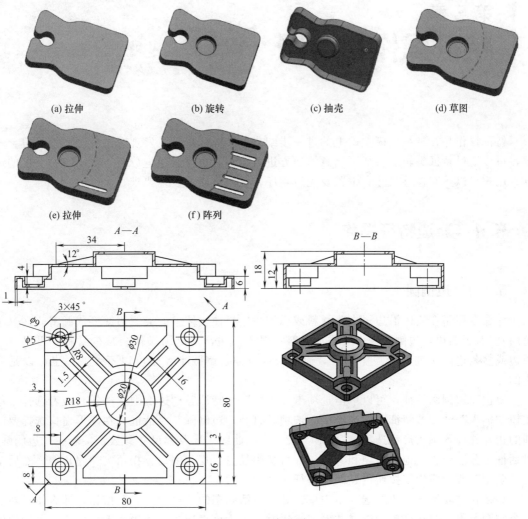

(a) 拉伸   (b) 旋转   (c) 抽壳   (d) 草图

(e) 拉伸   (f) 阵列

图 4.177   练习题 5

练习题 5 建模思路提示：

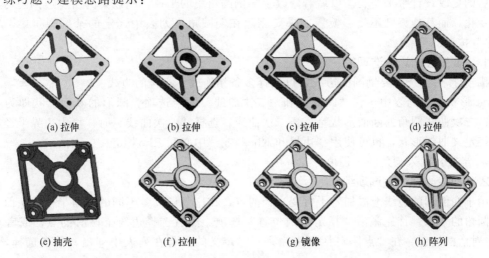

(a) 拉伸   (b) 拉伸   (c) 拉伸   (d) 拉伸

(e) 抽壳   (f) 拉伸   (g) 镜像   (h) 阵列

第 5 章 ▶▶
特征操作和编辑

特征操作是在特征建模基础上的进一步细化。实体建模后，发现有的特征建模不符合要求，可以通过特征编辑对特征不满意的地方进行编辑，也可以通过分析查看不符合要求的地方。用户可以重新调整尺寸、位置及先后顺序，以满足新的设计要求。

5.1 ● 边特征操作

5.1.1 边倒圆

该命令用于在实体沿边缘去除材料或添加材料，使实体上的尖锐边缘变成圆滑表面（圆角面）。对于凹边，边倒圆操作会添加材料；对于凸边，边倒圆操作会减少材料。可以沿一条边或多条边同时进行倒圆操作。沿边的长度方向，倒圆半径是可以不变的，也可以是变化的。

要创建边倒圆特征，可以单击选项卡"主页"→"特征"→"边倒圆"按钮，或者选择菜单按钮"插入"→"细节特征"→"边倒圆"选项，打开"边倒圆"对话框，在图形窗口选择要倒圆的边，并设置圆角形状选项（"圆形"或"二次曲线"）及其尺寸参数，接着在"边倒圆"对话框中分别设置其他的选项和参数，如可变半径点、拐角倒角、拐角突然停止等，然后单击"确定"或"应用"按钮创建圆角特征。

如果在"要倒圆的边"选项组中单击处于激活状态的"添加新集"按钮，那么便可新建一个倒圆角集，当在列表中选择此倒圆角集时，可为该集选择一条边或者多条边。不同的倒圆角集，其倒圆半径可以不同。在实际设计中，可以通过巧妙利用倒圆角集来管理边倒圆，为以后的更改设计带来便利。以后若修改了某倒圆角集的半径，则该集的所有边倒圆均发生一致变化，而其他集则不受影响。如果要删除在倒圆角集列表中选定的某倒圆角集，单击"移除"按钮即可。

1. "要倒圆的边"选项组

➔ 选择边：选择要倒圆的边线，可选择多条相连或不相连的边线。

➔ 形状：该列表中包含"圆形"和"二次曲线"两个选项。圆形的断面形状即为一个圆弧；二次曲线圆角的断面形状是一条二次曲线，选择"二次曲线"时，可由边界半径和中心半径定义曲线形状，也可使用"边界和 Rho"或"中心和 Rho"定义二次曲线。

➔ 半径：输入圆角的半径值。

2. "可变半径点"选项组

用于在倒圆的边线上添加若干可变半径的点，在这些点设置不同的圆角半径，从而生成变化圆角的效果。首先激活"指定新的位置"选项，然后选择边线上已有的点，或者单击"点"对话框按钮，在"点"对话框中输入点。定义的点将在列表中列出，单击选择该点，模型上弹出该点的浮动文本框，可修改该点的圆角半径个该点所处的位置。

- 指定新的位置：通过"点"对话框或"点"下拉列表框添加新的点。
- V 半径 1：指定选定点的半径值。
- 位置：包括以下几个选项。
- 弧长：设置弧长的指定值。
- 弧长百分比：将可变半径点设置为边的总弧长的百分比。
- 通过点：指定可变半径点。

3. "拐角倒角"选项组

用于设置三条圆角线拐角处的倒角。首先激活"选择端点"选项，然后选择倒角线的角点，可以设置不同方向上过渡面的距离。

- 选择端点：在边集中选择拐角终点。
- 点 1 倒角 3：在列表框中选择倒角，输入倒角值。

4. "拐角突然停止"选项组

用于设置在圆角线角点处停止圆角。首先激活"选择端点"选项，然后选择圆角线的拐角，可选择在交点处停止圆角，此时停止的距离取决于圆角半径，也可选择按某一距离停止，此时可设置一个停止距离。

- 选择端点：选择要倒圆的边上的倒圆终点及停止位置。
- 停止位置：包括以下选项。
- 按某一距离：在终点处突然停止倒圆。
- 交点处：在多个倒圆相交的选定顶点处停止倒圆。
- 位置：包括以下选项。
- 弧长：用于指定弧长值以在该处选择停止点。
- 弧长百分比：指定弧长的百分比用于在该处选择停止点。
- 通过点：用于选择模型上的点。

5. "修剪"选项组

该选项组用于设置圆角边之后，用于实体的修剪。在不使用此选项组的情况下，系统是自动修剪圆角面之外的实体。通过勾选"用户选定的对象"复选框，该选项组变为可用，然后可以定义修剪平面，通过单击"添加新集"按钮，可以选择更多的平面。

- 用户选定的对象：选中该复选框，可以指定用于修剪圆角面的对象和位置。
- 限制对象：列出使用指定的对象修剪边倒圆的方法。
- 平面：使用面集中的一个或多个平面修剪边倒圆。
- 面：使用面集中的一个或多个面修剪边倒圆。
- 边：使用边集中的一条或多条边修剪边倒圆。
- 使用限制平面截断倒圆：使用平面或面来截断圆角。
- 指定点：在"点"对话框或"指定点"下拉列表框中指定离待截断倒圆的交点最近的点。

6. "溢出解"选项组

用于设置对溢出解的处理。

- 在光顺边上滚动：允许用户倒角遇到另一表面时实现光滑倒角过渡。
- 在边上滚动（光顺或尖锐）：该选项即以前版本中的允许陡峭边缘溢出，在溢出区域保留尖锐的边缘。
- 保持圆角并移动锐边：该复选框允许用户在倒角过程中与定义倒角边的面保持相切，

并移除阻碍的边。

⬛ 选择要强制执行滚动的边：用于选择边以对其强制应用在边上滚动（光顺或尖锐）选项。

⬛ 选择要禁止执行滚动的边：用于选择边以不对其强制用在边上滚动（光顺或尖锐）选项。

7."设置"选项组

⬛ 解析：指定如何解决重叠的圆角。

• 保存圆角和相交：忽略圆角自相交，圆角的两个部分都有相交曲线修剪。

• 如果凸度不同，则滚动：使圆角在其自身滚动。

• 不考虑凸度，滚动：在圆角遇到其自身部分时使圆角在其自身滚动，无需考虑凸面的情况。

⬛ 圆角顺序：指定创建圆角的顺序。

• 凸面优先：先创建凸圆角，再创建凹圆角。

• 凹面优先：先创建凹圆角，再创建凸圆角。

⬛ 在凸/凹处Y向特殊倒圆：该选项即以前版本中的柔化圆角顶点选项，允许Y形圆角。当相对凸面的邻近边上的两个圆角相交三次或更多次时，边缘顶点和圆角的默认外形将从一个圆角滚动到另一个圆角上，Y形顶点圆角提供在顶点处可选的圆角形状。

⬛ 移除自相交：由于圆角的创建精度等原因导致了自相交面，该选项允许系统自动利用多边形曲面来替换自相交曲面。

⬛ 复杂几何体的补片区域：选中该复选框，不必手动创建小的圆角分段和桥接补片，以混合不能正常支持边倒圆的复杂区域。

⬛ 限制圆角以避免失败区域：选中该复选框，将限制圆角以避免出现无法进行圆角处理的区域。

⬛ 拐角倒角：指定倒角是包含在边倒圆拐角中还是保持分离。

创建实例1： 创建带有可变半径的倒圆模型，如图5.1所示。

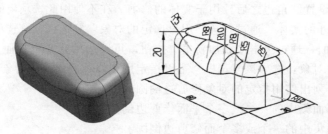

图5.1　带有可变半径的倒圆模型

（1）创建长方体，长、宽、高分别为60、30、20，如图5.2所示。

（2）倒恒定半径圆角，创建边倒圆1，半径为10，选择如图5.3所示的长方体侧面的四条边，单击"应用"按钮。

（3）倒变半径圆角。

⬛ 创建边倒圆2，半径为5，选择如图5.4所示的长方体顶面的边。

⬛ 设置变半径点。在"可变半径点"组激活"指定新的位置"，在所选的边上建立5个变半径点，所添加的每个可变半径点将显示拖动手柄和点手柄，如图5.5所示。可变半径点将标识为可变半径1、可变半径2等，并且同样出现在对话框和动态文本框中。

⬛ 为可变半径点指定新的半径值，如图5.6所示。

图 5.2　创建长方体

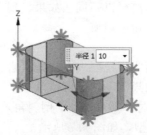

图 5.3　创建边倒圆 1

图 5.4　选择倒圆的边

• 选择第一个变半径点，在"V 半径 1"文本框中输入 5，在"位置"下拉列表框中选择"%弧长百分比"选项，在"弧长百分比"文本框中输入 100。

• 选择第二个变半径点，在"V 半径 1"文本框中输入 8，在"位置"下拉列表框中选择"%弧长百分比"选项，在"弧长百分比"文本框中输入 75。

• 选择第三个变半径点，在"V 半径 1"文本框中输入 10，在"位置"下拉列表框中选择"%弧长百分比"选项，在"弧长百分比"文本框中输入 50。

• 选择第四个变半径点，在"V 半径 1"文本框中输入 8，在"位置"下拉列表框中选择"%弧长百分比"选项，在"弧长百分比"文本框中输入 25。

• 选择第五个变半径点，在"V 半径 1"文本框中输入 5，在"位置"下拉列表框中选择"%弧长百分比"选项，在"弧长百分比"文本框中输入 0。

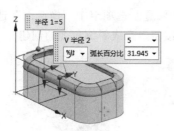

图 5.5　可变半径点的手柄

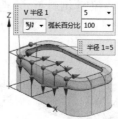

图 5.6　设置可变半径值

单击"确定"按钮，完成带有可变半径点的圆角特征创建。

（4）保存文件，完成带有可变半径的倒圆模型的创建。

5.1.2　边倒角

边倒角即倒斜角，是指对实体面之间的锐边进行倾斜的倒角处理，是一种常见的边特征操作。

要创建边倒角特征，可以单击选项卡"主页"→"特征"→"倒斜角"按钮，或者选择菜单按钮"插入"→"细节特征"→"倒斜角"选项，打开"倒斜角"对话框，在"边"选项组中选择要倒斜角的边线，在"偏置"选项组设置倒角的定义方式和尺寸参数，包括三种定义方式。

1. 对称

在"偏置"选项组的"横截面"下拉列表中选择"对称"选项时，只需设置一个距离参数，从边开始的两个偏置距离相同，即在互为垂直的相邻两面间建立的斜角为 45°。

2. 非对称

从"偏置"选项组的"横截面"下拉列表中选择"非对称"选项时，需要分别定义"距离 1"和"距离 2",两边的偏置距离可以不同。如果发现设置的"距离 1"和"距离 2"偏置方位有误,可以单击"反向"按钮来切换。

3. 偏置和角度

从"偏置"选项组的"横截面"下拉列表中选择"偏置和角度"选项时,需要分别指定一个偏置距离和一个角度参数。如果需要,则可以单击"反向"按钮来切换该倒斜角的另一个解。当将倒斜角斜度设置为 45°时,则可得到的倒斜角效果与对称倒斜角的效果相同。

创建实例 2:带有倒斜角的模型,如图 5.7 所示。

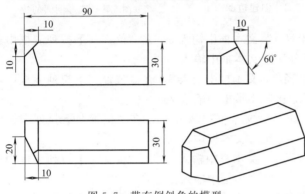

图 5.7　带有倒斜角的模型

（1）创建长方体,长、宽、高分别为 90、30、30,如图 5.8 所示。

（2）创建倒斜角 1,选择要倒斜角的边,如图 5.9 所示,"偏置"选项组中"横截面"选择"偏置和角度","距离"为 10,"角度"为 60,单击"确定"按钮,完成斜倒角 1 的创建。

（3）创建倒斜角 2,选择要倒斜角的边,如图 5.10 所示,"偏置"选项组中"横截面"选择"对称","距离"为 10,单击"确定"按钮,完成斜倒角 2 的创建。

（4）创建倒斜角 3,选择要倒斜角的边,如图 5.11 所示,"偏置"选项组中"横截面"选择"非对称","距离 1"为 20,"距离 2"为 10,单击"确定"按钮,完成斜倒角 3 的创建。

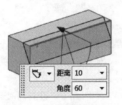
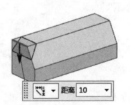
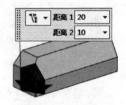

图 5.8　创建长方体　　图 5.9　创建倒斜角 1　　图 5.10　创建倒斜角 2　　图 5.11　创建倒斜角 3

（5）保存文件,完成带有斜倒角的模型的创建。

5.2 ➲ 面特征操作

5.2.1　面倒圆

面倒圆是指选定面组（实体或片体的两组表面）之间添加相切圆角面,其圆角形状可以是圆形、二次曲线或规律控制。与边倒圆相比,面倒圆的形状控制更为灵活,倒圆处理能力更强大。

选择"菜单"→"插入"→"细节特征"→"面倒圆"命令,或单击"主页"→"特征"→"更多"→"面倒圆"按钮,打开"面倒圆"对话框,该对话框中各选项组的作用如下。

1."类型"选项组

该选项组用于设置面倒圆的面链数量。普通面圆角使用两个定义的面链,如果使用 3 个面链，需要定义两组侧面和一组中间面，圆角的结果是中间面完全被圆角替代。使用 3 个面链时圆角半径也无需输入，因为圆角面与三组面相切，其半径是定值。

2."面链"选项组

该选项组用于选择创建圆角的两组或三组面，每一个面链可选择多个面。选择面链之后，模型上出现该面的法向箭头，单击该面链的"反向"按钮，可以反转此方向，但不合适的法向可能不能创建圆角。

3."横截面"选项组

该选项组用于设置圆角面的横断面形状，包括以下选项。

（1）截面方向

⬇ 滚球：它的横截面位于垂直于选定的两组面的平面上。

⬇ 扫掠截面：与滚动球不同的是在倒圆横截面中多了脊曲线。

（2）形状

⬇ 圆形：用于定义好的圆盘与倒角面相切来进行倒角。

⬇ 对称二次曲线：二次曲线面圆角具有二次曲线横截面。

⬇ 不对称二次曲线：用两个偏置和一个 Rho 来控制截面，还必须定义一个脊线线串来定义二次曲线截面的平面。

（3）半径方法

⬇ 恒定：对于恒定半径的圆角，只允许使用正值。

⬇ 规律控制：让用户依照规律子功能在沿着脊线曲线的单个点处定义可变的半径，在脊线上添加脊线点并设置不同的半径值。

⬇ 相切约束：通过指定位于一边上的曲线来控制圆角半径，在这些边上，圆角曲面和曲线被约束为保持相切。

⬇ 半径：输入圆角的半径值，只有选择"恒定"半径方法时才有此项。

4."约束和限制几何体"选项组

⬇ 选择重合曲线：选择一条约束曲线。

⬇ 选择相切曲线：倒圆与选择的曲线和面集保持相切。

5."设置"选项组

⬇ 相遇时添加相切面：链自动将相切面添加至输入面链。

⬇ 在锐边终止：允许面倒圆延伸穿过倒圆中间或端部的凹口。

⬇ 移除自相交：用补片替换倒圆中导致自相交的面链。

⬇ 跨锐边倒圆：延伸面倒圆以跨过稍稍不相切的边。

5.2.2 拔模

铸造时为了从砂中更好地取出木模而不破坏砂型，往往要在零件毛坯上设计有上大下小的锥度，这就是"拔模斜度"。在塑料模具设计中，拔模是为了保证模具在生成塑件的过程中能够使塑件顺利脱模。

在创建拉伸体时，可在"拉伸"对话框中设置一定的拔模，生成一定锥角的拉伸体。而"拔模"命令的适用范围更广，可以对任何面进行拔模。

选择"菜单"→"插入"→"细节特征"→"拔模"命令或单击"主页"→"特征"→"拔模"按钮，打开"拔模"对话框，其中"类型"选项组用于选择拔模的定义方式，选择不同的定义方式时，"拔模"对话框中其他选项也就不同。

⬇ 从平面或曲面：选择一个平面或曲面作为拔模的起始面。选择此项类型时，需要选择的对象包括"拔模方向""拔模参考"和"要拔模的面"。"拔模参考"类型包括固定面和分型面两种。固定面是在拔模过程中边线不变的面，在固定面两侧的拔模倾斜方向相同，但鞋面的形成方法不同，一侧是去除材料生成斜面，另一侧是添加材料生成斜面。分型面是模型不同拔模方向的分界面，其两侧的斜面方向相反。

⬇ 从边：选择一条或多条边线作为拔模的起始位置，选择此项时，可以在"可变拔模点"选项组中添加可变点并设置不同的拔模角度，同一条边线上设置不同的拔模角度会生成面的扭曲效果。

⬇ 与多个面相切：需要选择一个相切面，拔模将根据角度调整在相切圆弧面上的位置。

⬇ 至分型边：需要选择一个固定面和分型边，可选择草图曲线作为分型边，拔模将从固定面开始，到分型边终止。

创建实例 3：创建油杯模型，如图 5.12 所示。

图 5.12 油杯模型

（1）创建圆柱体，"类型"选择"轴，直径和高度"，"指定矢量"选择 ZC 方向，"指定点"选择（0，0，0）；"直径"为 50，"高度"为 80，创建圆柱体，如图 5.13 所示。

（2）以 YC-ZC 平面为草图平面，绘制草图 1，尺寸如图 5.14 所示。

（3）绘制直线：在曲线工具栏中单击"直线"按钮，系统弹出"直线"对话框，"起点"选择草图 1 中曲线的端点，"终点和方向"选择 XC 方向，"限制"选项组中"起始限制"选择"值"，"距离"为 −6，"终止限制"选择"值"，"距离"为 6，如图 5.15 所示，单击"确定"按钮，完成直线的创建。

图 5.13 创建圆柱体

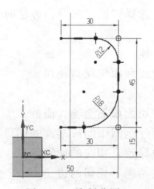

图 5.14 绘制草图 1

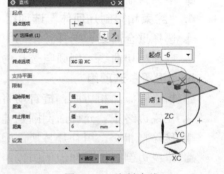

图 5.15 绘制直线

（4）创建扫掠特征，选择"沿引导线扫掠"命令，"截面"选择直线；"引导线"选择草图 1 绘制的曲线；"偏置"选项组中"第一偏置"为 1，"第二偏置"为 −1；"布尔"为"求和"，单击"确定"按钮，完成扫掠特征 1 的创建，如图 5.16 所示。

（5）拔模，"类型"选择"从平面或曲面"；"指定矢量"选择 ZC 方向；"拔模方法"选择"固定面"，然后选择圆柱体的底面作为拔模固定面；"要拔模的面"选择圆柱体侧面，"角度 1"为 −5；单击"确定"按钮，完成拔模特征的创建，如图 5.17 所示。

（6）以 YC-ZC 平面为草图平面，绘制草图 2，尺寸如图 5.18 所示。

（7）拉伸切割实体，"截面"选择草图 2；"指定矢量"为 XC 方向；"限制"选择"对称值"，距离为 40；"布尔"为"求差"，拉伸切割实体的创建如图 5.19 所示。

图 5.16　创建扫掠

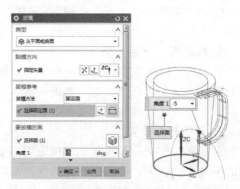

图 5.17　创建拔模

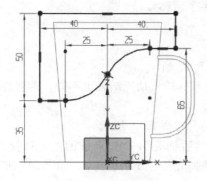

图 5.18　创建圆柱体

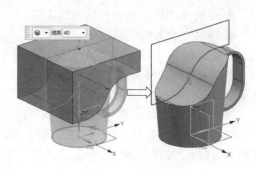

图 5.19　拉伸切割实体

（8）抽壳，"类型"选择"移除面，然后抽壳"，"要穿透的面"选择顶面，"厚度"为1，单击"确定"按钮，完成抽壳特征的创建，如图 5.20 所示。

（9）创建边倒圆，半径为 0.5，选择如图 5.21 所示的边，完成边倒圆的创建。

图 5.20　创建抽壳

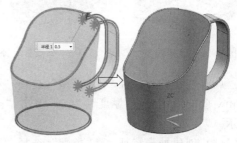

图 5.21　创建边倒圆

（10）将辅助草图曲线隐藏，保存文件，完成油杯模型的创建。

5.3 ➲ 其他特征操作

5.3.1　抽壳

抽壳是指从指定的平面向下移除一部分材料而形成的具有一定厚度的薄壁体。它常用于将成形的实体零件掏空，使零件厚度变薄，从而大大节省了材料。

选择"菜单"→"插入"→"偏置/缩放"→"抽壳"命令或单击"主页"→"特征"→"抽壳"按钮,系统提供了两种抽壳的方式。

1. 移除面,然后抽壳

该方式是以选取实体的一个面为开口的面,其他表面通过设置厚度参数形成具有一定壁厚的腔体薄壁。选择"类型"面板中的"移除面,然后抽壳"选项,并选取实体中的一个面为移除面,然后设置抽壳厚度参数,即可完成创建。

2. 对所有面抽壳

对所有面抽壳是指按照某个指定的厚度抽空实体,创建中空的实体。该方式与移除面抽壳的不同之处在于,移除面抽壳是选取移除面进行抽壳操作,而该方式是选取实体直接进行抽壳操作。选择"类型"面板中的"对所有面抽壳"选项,选取实体特征后设置厚度参数即可。

- 要穿透的面:从要抽壳的实体中选择一个或多个面移除。
- 要抽壳的体:选择要抽壳的实体。
- 厚度:设置壁的厚度。

创建实例 4:采用抽壳命令创建框架模型,如图 5.22 所示。

本例采用多次对长方体进行抽壳操作,选取的面不一样,抽壳结果也不同,需要理解移除面对抽壳的影响。

(1) 创建长方体,长、宽、高分别为 50、50、50,如图 5.23 所示。

(2) 创建抽壳特征 1,"类型"选择"移除面,然后抽壳","要穿透的面"选择顶面、左面和前面,"厚度"为 5,单击"应用"按钮,完成抽壳特征 1 的创建,如图 5.24 所示。

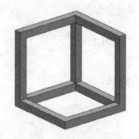  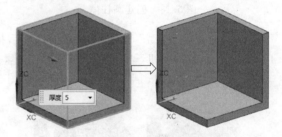

图 5.22　框架模型　　　图 5.23　创建长方体　　　图 5.24　创建抽壳特征 1

(3) 创建抽壳特征 2,"类型"选择"移除面,然后抽壳","要穿透的面"选择后面和其相对应的内侧面,"厚度"为 5,单击"应用"按钮,完成抽壳特征 2 的创建,如图 5.25 所示。

(4) 创建抽壳特征 3,"类型"选择"移除面,然后抽壳","要穿透的面"选择右面和其相对应的内侧面,"厚度"为 5,单击"应用"按钮,完成抽壳特征 3 的创建,如图 5.26 所示。

(5) 创建抽壳特征 4,"类型"选择"移除面,然后抽壳","要穿透的面"选择底面和其相对应的内侧朝上的面,"厚度"为 5,单击"确定"按钮,完成抽壳特征 4 的创建,如图 5.27 所示。

(6) 保存文件,完成框架模型的创建。

创建实例 5:采用抽壳命令创建变厚度抽壳特征实体,如图 5.28 所示。

抽壳除了生成同一厚度的薄壁体零件外,还能生成不同厚度的抽壳特征。本实例将创建一个具有不同厚度的抽壳特征实体。

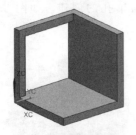

图 5.25 创建抽壳特征 2

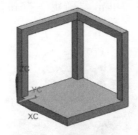

图 5.26 创建抽壳特征 3

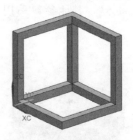

图 5.27 创建抽壳特征 4

（1）创建长方体，长、宽、高分别为 200、100、100，如图 5.29 所示。

（2）创建抽壳特征，"类型"选择"移除面，然后抽壳"，"要穿透的面"选择长方体的端面，"厚度"为 10，如图 5.30 所示。

（3）创建变厚度抽壳，在"抽壳"对话框中的"备选厚度"选项组中单击"选择面"按钮，选取相应的面为抽壳备选厚度面，在"厚度 1"文本框中输入厚度值为 80，如图 5.31 所示。单击"确定"按钮，完成变厚度抽壳实体的创建。

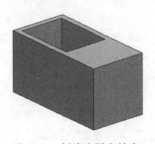

图 5.28 创建变厚度抽壳

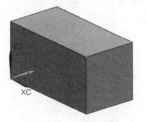

图 5.29 创建长方体

图 5.30 选择要抽壳的面

图 5.31 创建变厚度抽壳

（4）保存文件，完成边厚度抽壳实体的创建。

5.3.2 三角形加强筋

三角形加强筋主要用在两个相交面的交线上创建一个三角形筋板，从而连接两个相交面，起到加强其强度的作用。

选择"菜单"→"插入"→"设计特征"→"三角形加强筋"命令，或者单击"主页"→"特征"→"三角形加强筋"按钮，系统弹出"三角形加强筋"对话框。

创建实例 6：创建带有三角形加强筋的零件，如图 5.32 所示。

图 5.32 创建带有三角形加强筋的零件

（1）创建圆柱体，"类型"选择"轴，直径和高度"，"指定矢量"选择 ZC 方向，"指定点"选择（0，0，0）；"直径"为 60，"高度"为 10，创建圆柱体，如图 5.33 所示。

（2）创建凸台，"直径"为 30，"高度"为 20；选择圆柱体顶面作为凸台的放置面；单击"应用"按钮，弹出"定位"对话框，定位方式为"点落在点上"，选择圆弧的中心点，完成凸台的创建如图 5.34 所示。

（3）创建简单孔 1，"类型"选择"常规孔"，"指定点"选择凸台的圆心点，设置孔的"直径"为 12，"深度限制"选择

"贯通体",其他参数采用默认设置,单击"确定"按钮,完成简单孔的创建,如图 5.35 所示。

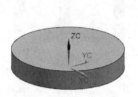
图 5.33　创建圆柱体

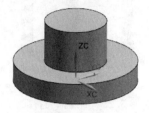
图 5.34　创建凸台

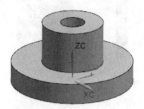
图 5.35　创建简单孔

（4）创建三角形加强筋,选取加强筋附着的第一组面和第二组面,输入加强筋参数,"角度（A）"为 3,"深度（D）"为 10,"半径（R）"为 2,单击"确定"按钮,完成加强筋的创建如图 5.36 所示。

（5）阵列特征,"要形成阵列的特征"选择三角形加强筋;"布局"选择"圆形","指定矢量"选择 ZC 轴,"指定点"选择坐标原点;"角度方向"选项组中"间距"选择"数量和节距","数量"为 4,"节距角"为 90;"阵列方法"选项组中"方法"选择"简单孔";单击"确定"按钮,完成阵列特征的创建如图 5.37 所示。

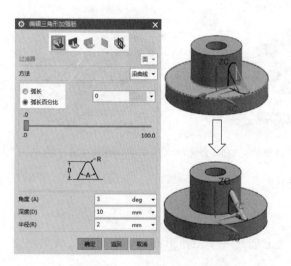
图 5.36　创建加强筋

图 5.37　创建阵列特征

（6）保存文件,完成带有三角形加强筋零件的创建。

5.3.3　螺纹

螺纹主要用于在圆柱面上创建槽牙特征,用于螺丝或螺母的配合旋紧,或用于螺丝孔等特征。在实际生产中,螺纹应用非常普遍。

选择"菜单"→"插入"→"设计特征"→"螺纹"命令,或者单击"主页"→"特征"→"螺纹"按钮,系统弹出"螺纹"对话框,各选项含义如下。

📥 符号:该类型的螺纹产生的是修饰螺纹,以虚线显示。

📥 详细:该类型产生螺纹的详细形状细节,产生和更新时间较长。

📥 大径:螺纹的最大公称直径。

🔸 小径：螺纹的最小直径。

🔸 螺距：螺纹上点之间的轴向距离。

🔸 角度：两螺纹面之间的夹角。

🔸 长度：从起始端到螺纹终止端的螺纹长度。

🔸 选择起始：选取平面或基准面作为螺纹的开始基准。

创建实例 7：创建螺栓零件，如图 5.38 所示。

螺栓和螺母是比较常见的零件，它们主要是起到紧固其他零件的作用，减速器中还包含其他一些类似的零件，如油塞和油标，它们的建立方法与螺栓完全相同。设计过程中遇到的参数，类似部分参照 GB 5782，螺母部分参照 GB 6170。

图 5.38　螺栓零件

（1）创建正六边形：选择"菜单"→"插入"→"曲线"→"多边形"命令，设置"边数"为 6，单击"确定"按钮；选择"多边形边"，"侧"为 9，中心为 (0, 0, 0)，单击"确定"按钮，创建正六边形如图 5.39 所示。

（2）创建拉伸实体：拉伸方向沿 ZC 轴方向，距离为 6.4，拉伸正六边形，效果如图 5.40 所示。

（3）创建圆柱体："类型"选择"轴，直径和高度"，"指定矢量"选择 ZC 方向，"指定点"选择 (0, 0, 0)；"直径"为 18，"高度"为 6.4，"布尔"为"无"，创建的圆柱体如图 5.41 所示。

（4）创建倒斜角 1：选择圆柱体的边作为要倒斜角的边，如图 5.42 所示，"偏置"选项组中"横截面"选择"对称"，"距离"为 1，单击"确定"按钮，完成斜倒角 1 的创建。

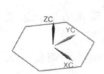

图 5.39　创建正六边形　　图 5.40　拉伸实体　　图 5.41　创建圆柱体　　图 5.42　创建倒斜角 1　　图 5.43　布尔求交

（5）布尔求交：选择圆柱体为目标体，选择拉伸实体为工具体，完成布尔求交运算，如图 5.43 所示。

（6）创建凸台（螺杆）："直径"为 10，"高度"为 35；选择圆柱体底面作为凸台的放置面；单击"应用"按钮，弹出"定位"对话框，定位方式为"点落在点上"，选择圆弧的中心点，完成凸台的创建如图 5.44 所示。

（7）创建倒斜角 2：选择螺杆的上端作为要倒斜角的边，如图 5.45 所示，"偏置"选项组中"横截面"选择"对称"，"距离"为 1，单击"确定"按钮，完成斜倒角 2 的创建。

（8）创建螺纹：选择螺纹类型为"符号"，选择螺杆的圆柱面作为螺纹的生成面，选择经过倒角的圆柱体的上表面作为螺纹的起始面，选择"螺纹轴反向"，设置螺纹长度为 26，其他参数不变，生成符号螺纹如图 5.46 所示。

符号螺纹并不生成真正的螺纹，而只是在所选圆柱面上建立虚线圆。如果选择"详细"螺纹类型，操作方法相同，生成的螺纹如图 5.46 所示，但是生成详细螺纹会影响系统的显示性能和操作性能，所以一般不生成详细螺纹。

（9）隐藏辅助曲线，保存文件，完成螺栓零件的创建。

 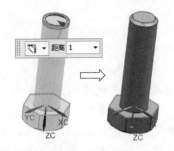 

图 5.44 创建凸台 　　　图 5.45 创建倒斜角 2 　　　图 5.46 创建螺纹

（符号螺纹 / 详细螺纹）

5.3.4 阵列特征

阵列特征是按一定布局创建某个特征的多个副本。与草图中"阵列曲线"类似，阵列特征可选择线性、圆形、多边形等多种阵列布局。选择"菜单"→"插入"→"关联复制"→"阵列特征"命令，或者单击"主页"→"特征"→"阵列特征"按钮，系统弹出"阵列特征"对话框，各选项组介绍如下。

1. "要形成阵列的特征"选项组

选择要阵列的特征，可以在部件导航器中的模型历史记录中选择，也可以在模型上选择。可选择实体特征，也可选择整个实体，还可选择基准特征作为阵列对象。

2. "参考点"选项组

该选项组用于选择一个点作为阵列的参考点，该选项一般由系统自动选择特征的几何中心，无需用户设置。不同的参考点对阵列效果没有影响，只对阵列参数的测量基准有影响。

3. "阵列定义"选项组

线性：线性阵列可以沿两个线性方向生成多个实例，其中方向 2 是可选方向。定义线性阵列需要选择线性对象作为方向参考，如坐标轴、草图曲线、直线边线等。

圆形：圆形阵列沿着指定的旋转轴在圆周上生成多个实例，定义圆形阵列需要定义旋转轴方向和轴的通过点。

多边形：多边形阵列沿着定义的多边形边线生成多个实例，定义多边形阵列也需要定义旋转轴方向和通过点。

螺旋式：螺旋阵列是以所选实例为中心，向四周沿平面螺旋路径生成多个实例。定义一个螺旋阵列需要指定螺旋所在的平面法向，然后设置螺旋的参数，螺旋的密度由"径向节距"定义，实例间的距离由"螺旋向节距"定义，螺旋的旋转方向由选择的"左手"或"右手"和一个参考矢量确定。阵列的范围由"圈数"或"总角"定义。

沿：此方式用于沿选定的曲线边线或草图曲线生成多个实例。

常规：此方式用于在平面上任意指定点创建实例，先选择阵列的出发点（基准点），然后选择阵列的平面，单击进入草图模式，绘制草图点之后退出草图，草图点位置将作为阵列实例点。

参考：此方式以模型中已创建的阵列作为参考创建特征的阵列，阵列的布局与参考阵列相同。除了选择一个参考阵列，还需要选择参考阵列中的一个实例点作为特征所处的位置参考。

创建实例 8：采用阵列特征命令，创建旋钮开关模型，如图 5.47 所示。

（1）以 YC-ZC 平面为草图平面，绘制草图，尺寸如图 5.48 所示。

（2）创建旋转体，选择"旋转"命令，"截面曲线"选择绘制的草图，"指定矢量"选择

ZC 轴，"指定点"选择原点（0，0，0），"开始"选择"值"，"角度"为 0，"结束"选择"值"，"角度"为 360，单击"确定"按钮，完成旋转体的创建，如图 5.49 所示。

（3）创建倒斜角 1：选择要倒斜角的边，如图 5.50 所示，"偏置"选项组中"横截面"选择"非对称"，"距离 1"为 10，"距离 2"为 20，单击"确定"按钮，完成斜倒角 1 的创建。

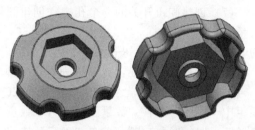

图 5.47　旋钮开关模型

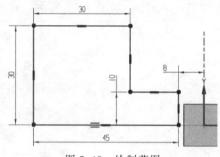

图 5.48　绘制草图

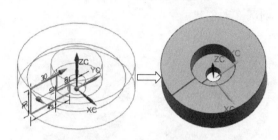

图 5.49　创建旋转体

（4）创建倒斜角 2：选择内部小孔顶部的边缘作为要倒斜角的边，如图 5.51 所示，"偏置"选项组中"横截面"选择"对称"，"距离"为 2，单击"确定"按钮，完成斜倒角 2 的创建。

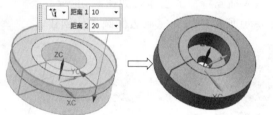

图 5.50　创建倒斜角 1

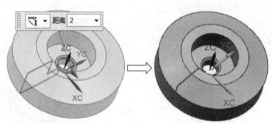

图 5.51　创建斜倒角 2

（5）创建正六边形：选择"菜单"→"插入"→"曲线"→"多边形"命令，设置"边数"为 6，单击"确定"按钮，选择"内切圆半径"，系统弹出"多边形"对话框，"内切圆半径"为 23，"方位角"为 0，中心为（0，0，30），单击"确定"按钮，创建正六边形如图 5.52 所示。

（6）创建拉伸实体："截面曲线"选择正六边形，拉伸方向沿－ZC 轴方向，距离为 20，"布尔"为"求差"，拉伸创建减除正六边形实体特征，效果如图 5.53 所示。

图 5.52　创建正六边形

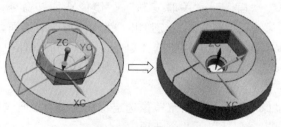

图 5.53　创建拉伸实体

(7) 创建旋钮开关的一个孔槽（创建圆柱体）："类型"选择"轴，直径和高度"，"指定矢量"选择 ZC 方向，"指定点"选择（55，0，0）；"直径"为 20，"高度"为 30，"布尔"为"求差"，创建的旋钮开关一个孔槽如图 5.54 所示。

(8) 阵列孔槽特征：选择阵列特征命令，"要形成阵列的特征"选择新创建的圆柱体；"布局"选择"圆形"，"指定矢量"选择 ZC 轴，"指定点"选择坐标原点；"角度方向"选项组中"间距"选择"数量和节距"，"数量"为 6，"节距角"为 60；"阵列方法"选项组中"方法"选择"简单孔"；单击"确定"按钮，完成阵列特征的创建如图 5.55 所示。

(9) 创建边倒圆 1：半径为 2，选择如图 5.56 所示的边，完成边倒圆 1 的创建。

(10) 创建边倒圆 2：半径为 4，选择旋钮开关孔槽的 12 条边，如图 5.57 所示，完成边倒圆 2 的创建。

  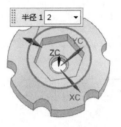 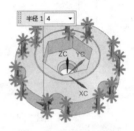

图 5.54　创建孔槽　　图 5.55　孔槽的圆形阵列　　图 5.56　创建边倒圆 1　　图 5.57　创建边倒圆 2

(11) 创建边倒圆 3：半径为 4，选择如图 5.58 所示的边，完成边倒圆 3 的创建。

(12) 创建抽壳特征："类型"选择"移除面，然后抽壳"，"要穿透的面"选择旋钮开关的底面，"厚度"为 5.5，单击"应用"按钮，完成抽壳特征的创建，如图 5.59 所示。

(13) 创建边倒圆 4：半径为 4，选择如图 5.60 所示的边，完成边倒圆 4 的创建。

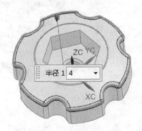  

图 5.58　创建边倒圆 3　　　图 5.59　创建抽壳特征　　　图 5.60　创建边倒圆 4

(14) 隐藏辅助曲线，保存文件，完成旋钮开关模型的创建。

5.3.5　镜像特征

通过基准平面或平面镜像选定特征的方法来生成对称的模型，可以在体内镜像特征。选择"菜单"→"插入"→"关联复制"→"镜像特征"命令，或者单击"主页"→"特征"→"更多"→"镜像特征"按钮，系统弹出"镜像特征"对话框，各选项介绍如下。

▪ 要镜像的特征：用于选择想要进行镜像的部件中的特征。

▪ 参考点：用于指定源参考点。如果不想使用在选择源特征时系统自动判断的默认点，则使用该选项。

▪ 镜像平面：用于指定镜像选定特征所用的平面或基准平面。

▪ 设置：包括以下几个选项。

• CSYS 镜像方法：选择坐标系特征时可用。用于指定要镜像坐标系的那两个轴，为产生右旋的坐标系，系统将派生第三个轴。

• 保持螺纹旋向：选择螺纹特征时可用。用于指定镜像螺纹是否与源特征具有相同的选项。

• 保持螺纹线旋向：选择螺旋线特征时可用。用于指定镜像螺旋线是否与源特征具有相同的旋向。

5.3.6 修剪体

修剪体是选取面、基准平面或其他几何体来切割修剪一个或多个目标体。选择要保留的体部分，并且修剪体将采用修剪几何体的形状。

选择"菜单"→"插入"→"修剪"→"修剪体"命令，或者单击"主页"→"特征"→"修剪体"按钮，系统弹出"修剪体"对话框，各选项介绍如下。

⯆ 目标：选择要修剪的一个或多个目标体。

⯆ 工具：使用修剪工具的类型。从体或现有基准面中选择一个或多个面以修剪目标体。

使用"修剪体"工具在实体表面或片体表面修剪实体时，修剪面必须完全通过实体，否则不能对实体进行修剪。基准平面为没有边界的无穷面，实体必须垂直于基准平面。

修剪体有以下要求：

• 至少选择一个目标体；

• 可以从同一个体中选择单个面或多个面，或选择基准平面来修剪目标体；

• 可以定义新的平面来修剪目标体。

创建实例 9：采用修剪体命令，创建修剪体模型，如图 5.61 所示。

（1）创建正八边形：选择"菜单"→"插入"→"曲线"→"多边形"命令，设置"边数"为 8，单击"确定"按钮；选择"外接圆半径"，"圆半径"为分别为 60 和 30，"方位角"分别为 0° 和 22.5°，中心均为（0，0，0），单击"确定"按钮，创建正八边形如图 5.62 所示。

图 5.61 修剪体模型

（2）绘制直线连接：选取直线通过的点进行连接直线，结果如图 5.63 所示。

（3）创建拉伸实体 1："截面曲线"选择如图 5.64 所示的三条直线，拉伸方向沿 ZC 轴方向，距离为 55，"布尔"为"无"，单击"确定"按钮，完成拉伸实体 1 的创建。

（4）创建基准平面 1：选择"基准平面"命令，"类型"选择"曲线和点"；"子类型"选择"三点"（竖直边中点和端面边线的两个端点）；单击"确定"按钮，完成基准平面 1 的创建，如图 5.65 所示。

图 5.62 创建正八边形

图 5.63 创建直线

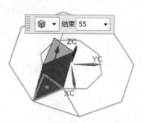

图 5.64 创建拉伸实体 1

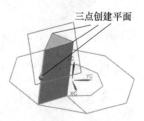

图 5.65 创建基准平面 1

（5）修剪实体 1：单击"修剪体"按钮 ▦，选取拉伸实体 1 为目标体，工具体选择基准平面 1，单击"确定"按钮（注意修剪方向）完成实体 1 的修剪，如图 5.66 所示。

（6）创建拉伸实体 2："截面曲线"选择如图 5.67 所示的三条直线，拉伸方向沿 ZC 轴方向，距离为 55，"布尔"为"无"，单击"确定"按钮，完成拉伸实体 2 的创建。

（7）创建基准平面 2：选择"基准平面"命令，"类型"选择"曲线和点"；"子类型"选择"三点"，依次选择如图 5.68 所示的三个点；单击"确定"按钮，完成基准平面 2 的创建。

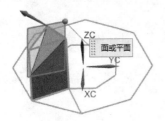
图 5.66 创建修剪实体 1

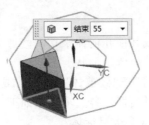
图 5.67 创建拉伸实体 2

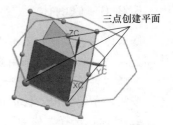
图 5.68 创建基准平面 2

（8）修剪实体 2：单击"修剪体"按钮 ▦，选取拉伸实体 2 为目标体，工具体选择基准平面 2，单击"确定"按钮（注意修剪方向）完成实体 2 的修剪，隐藏基准平面后，如图 5.69 所示。

（9）布尔求和 1：将修剪实体 1 和修剪实体 2 进行布尔求和 1 的运算。

（10）阵列几何特征：选择"插入"→"关联复制"→"阵列几何特征"命令，"要形成阵列的几何特征"选择布尔求和运算后的实体；"布局"选择"圆形"，"指定矢量"选择 ZC 轴，"指定点"选择坐标原点（0，0，0）；"数量"为 8，"节距角"为 45；单击"确定"按钮，完成几何体的阵列，如图 5.70 所示。

"阵列几何特征"与"阵列特征"有点不同，"阵列几何特征"可以阵列特征（特征工具的单个特征），也可以阵列实体（由多个特征合并的实体），而"阵列特征"仅仅是针对特征进行阵列。

（11）布尔求和 2：选取目标体和工具体，单击"确定"按钮完成布尔求和 2 的运算。

（12）创建拉伸实体 3："截面曲线"选择小的正八边形；拉伸方向沿 ZC 轴方向，距离为 55；"布尔"为"求和"；"偏置"选择"两侧"，"开始"为 0，"结束"为 -5，单击"确定"按钮，完成拉伸实体 3 的创建，如图 5.71 所示。

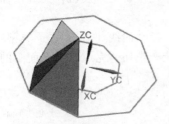
图 5.69 创建修剪实体 2

图 5.70 阵列几何特征

图 5.71 创建拉伸实体 3

（13）隐藏辅助曲线，保存文件，完成修剪体模型的创建。

5.3.7 拆分体

该命令使用面、基准平面或其他几何体分割一个或多个目标体。分割后的结果是将原始的目标体根据选取的几何形状分割为两部分。

选择"菜单"→"插入"→"修剪"→"拆分体"命令，或者单击"主页"→"特征"→"更多"→"拆分体"按钮，系统弹出"拆分体"对话框，各选项介绍如下。

⚓ 选择体：选择要拆分的体。

⚓ 工具选项：包括以下选项。

• 面或平面：指定一个现有平面或面作为拆分平面。

• 新建平面：创建一个新的拆分平面。

• 拉伸：拉伸现有曲线或绘制曲线来创建工具体。

• 回转：旋转现有曲线或绘制曲线来创建工具体。

⚓ 保留压印边：选中该复选框，可以标记目标体与工具之间的交线。

创建实例 10：采用拆分体命令，创建排球模型，如图 5.72 所示。

（1）创建球体，在菜单栏中选择"插入"→"设计特征"→"球体"命令，指定原点为球心，输入球直径为 50，单击"确定"按钮，完成球体的创建如图 5.73 所示。

（2）创建修剪体 1，单击"修剪体"按钮，选取实体为目标体，再选取 XY 平面为修剪工具，如图 5.74 所示，单击"确定"按钮，完成修剪体 1 的创建。

（3）创建修剪体 2，单击"修剪体"按钮，选取实体为目标体，再选取 ZY 平面为修剪工具，如图 5.75 所示，单击"确定"按钮，完成修剪体 2 的创建。

图 5.72 排球模型

图 5.73 创建球体

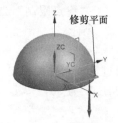

图 5.74 创建修剪体 1

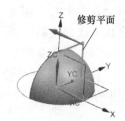

图 5.75 创建修剪体 2

（4）旋转移动，在菜单栏中选择"编辑"→"移动对象"命令，选取修剪体 2 为要移动的对象，"变化"选项组中"运动"选择"角度"，指定矢量为－YC 方向，"指定轴点"为原点，"角度"为 45；勾选"移动原先的"选项；"距离/角度分割"为 1，单击"确定"按钮，完成修剪体 2 的旋转移动，如图 5.76 所示。

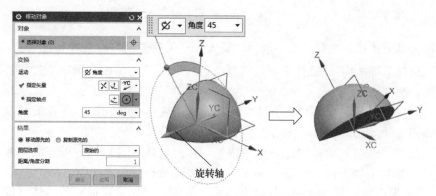

图 5.76 旋转移动

（5）旋转复制，在菜单栏中选择"编辑"→"移动对象"命令，选取要移动的对象，"变化"选项组中"运动"选择"角度"，指定矢量为 ZC 方向，"指定轴点"为原点，"角度"

为 90；勾选"复制原先的"选项；单击"确定"按钮，完成修剪体 2 的旋转复制，如图 5.77 所示。

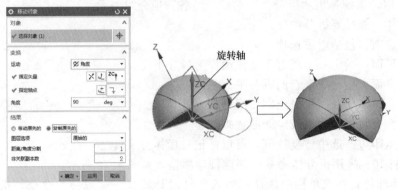

图 5.77　旋转复制

（6）布尔求交，单击"求交"按钮，选择目标体和工具体，单击"确定"按钮，完成求交，如图 5.78 所示。

（7）绘制直线，在菜单栏中选择"插入"→"曲线"→"直线"命令，"起点"选择原点；"终点或方向"选项组中"终点选项"选择"YC 沿 YC"；"限制"选项组中"起始限制"选择"在点上"，"距离"为 0，"终点限制"选择"值"，"距离"为 20；单击"确定"按钮，完成直线的绘制，如图 5.79 所示。

（8）创建基准平面，"类型"选择"成一角度"；"平面参考"选项组中选择实体的侧面为"选择平面对象"；"通过轴"选项组中选择直线为"选择线性对象"；"角度"选项组中"角度选项"为"值"，"角度"为 30，单击"确定"按钮，完成基准平面的创建，如图 5.80 所示。

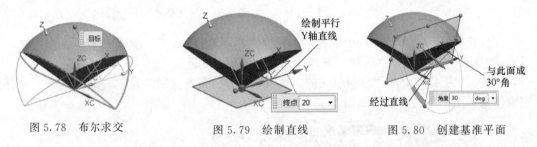

图 5.78　布尔求交　　　　　图 5.79　绘制直线　　　　　图 5.80　创建基准平面

（9）镜像基准平面，在菜单栏中选择"插入"→"关联复制"→"镜像特征"命令，"要镜像的特征"选择基准平面，"镜像平面"选择 YOZ 平面 ，单击"确定"按钮，完成基准平面的镜像，如图 5.81 所示。

（10）创建拆分体 1，单击"拆分体"按钮，选取实体为目标体，再选取基准平面为分割工具，如图 5.82 所示，单击"确定"按钮，完成拆分体 1 的创建。

（11）创建拆分体 2，单击"拆分体"按钮，选取实体为目标体，再选取镜像基准平面为分割工具，如图 5.83 所示，单击"确定"按钮，完成拆分体 2 的创建。

（12）将辅助平面、辅助曲线、基准坐标系等隐藏，只保留要抽壳的实体（即三个拆分体）。

（13）创建抽壳特征 1，"类型"选择"移除面，然后抽壳"，"要穿透的面"选择要移除的四周面，"厚度"为 4，单击"应用"按钮，完成抽壳特征 1 的创建，如图 5.84 所示。

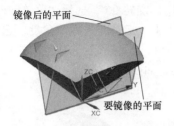
图 5.81 镜像基准平面

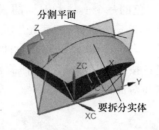
图 5.82 创建拆分体 1

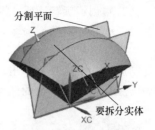
图 5.83 创建拆分体 2

（14）创建抽壳特征 2，同理将拆分体 2 进行抽壳，选择要移除的四周面，"厚度"为 4，单击"应用"按钮，完成抽壳特征 2 的创建，如图 5.85 所示。

（15）创建抽壳特征 3，同理将拆分体 3 进行抽壳，选择要移除的四周面，"厚度"为 4，单击"确定"按钮，完成抽壳特征 3 的创建，如图 5.86 所示。

（16）创建倒圆角 1，选取要圆角的边，倒圆角半径为 1，单击"确定"按钮，完成倒圆角 1 的创建，如图 5.87 所示。

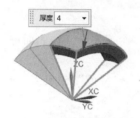
图 5.84 创建抽壳特征 1

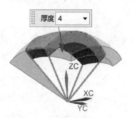
图 5.85 创建抽壳特征 2

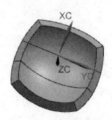
图 5.86 创建抽壳特征 3

图 5.87 创建倒圆角 1

（17）创建倒圆角 2，选取要圆角的边，倒圆角半径为 1，单击"确定"按钮，完成倒圆角 2 的创建，如图 5.88 所示。

（18）着色，按快捷键 Ctrl+J，选取要着色的实体后，单击"确定"按钮，系统弹出"编辑对象显示"对话框，依次将颜色修改为蓝色、红色、紫色后，单击"确定"按钮，完成着色，如图 5.89 所示。

（19）阵列几何特征 1，选择"插入"→"关联复制"→"阵列几何特征"命令，"要形成阵列的几何特征"选择刚刚着色的三个实体；"布局"选择"圆形""指定矢量"选择 YC 轴，"指定点"选择坐标原点（0，0，0）；"数量"为 4，"节距角"为 90；单击"确定"按钮，完成几何体的阵列 1 的创建，如图 5.90 所示。

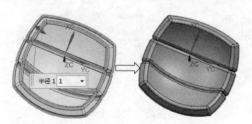
图 5.88 创建倒圆角 2

图 5.89 创建着色

图 5.90 创建阵列 1

（20）阵列几何特征 2，选择"插入"→"关联复制"→"阵列几何特征"命令，"要形成阵列的几何特征"选择刚刚着色的三个实体和对面的三个实体；"布局"选择"圆形""指定矢量"选择 XC 轴，"指定点"选择坐标原点（0，0，0）；"数量"为 2，"节距角"为 90；单击"确定"按钮，完成几何体的阵列 2 的创建，如图 5.91 所示。

（21）创建旋转特征，将刚刚着色的三个实体和对面的三个实体旋转 90°。选择"菜单"→"编辑"→"移动对象"命令，选择上述 6 个实体，"变化"选项组中"运动"选择"角度"选项，"指定矢量"选择 ZC 轴，"指定轴点"选择原点，"角度"为 90；"结果"选项组中勾选"复制原先的"选项；单击"确定"按钮，完成旋转特征的创建，如图 5.92 所示。

（22）将原来着色的三个实体和对面的三个实体隐藏，效果如图 5.93 所示。

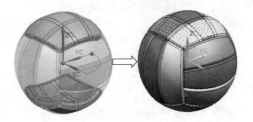

图 5.91　创建阵列 2　　　　　图 5.92　创建旋转特征　　　　　图 5.93　隐藏后的效果

（23）保存文件，完成排球模型的创建。

5.3.8　分割面

分割面是选取曲线、直线、面或基准面，以及其他几何体等，对一个或多个实体表面进行分割操作。

选择"菜单"→"插入"→"修剪"→"分割面"命令，或者单击"主页"→"特征"→"更多"→"分割面"按钮，系统弹出"分割面"对话框。

创建实例 11： 采用分割面命令，创建挡块零件，如图 5.94 所示。

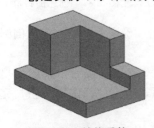

图 5.94　挡块零件

（1）创建长方体，长、宽、高分别为 60、40、30。绘制直线，在长方体的顶面绘制直线，尺寸参照图 5.95 所示。

（2）创建分割面 1，选择"菜单"→"插入"→"修剪"→"分割面"命令，或者单击"主页"→"特征"→"更多"→"分割面"按钮，"要分割的面"选择长方体顶面；"分割对象"选择直线；"投影方向"选择垂直于面并直线实体，单击"确定"按钮，完成分割面 1 的创建，如图 5.96 所示。

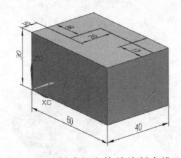
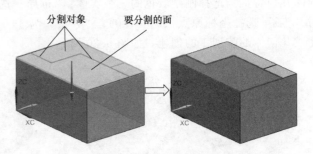

图 5.95　创建长方体并绘制直线　　　　　图 5.96　创建分割面 1

（3）创建分割面 2，"要分割的面"选择长方体顶面；"分割对象"选择直线；"投影方向"选择垂直于面并直线实体，单击"确定"按钮，完成分割面 2 的创建，如图 5.97 所示。

（4）创建偏置区域 1，选择"菜单"→"插入"→"同步建模"→"偏置区域"命令，选择创建的分割面 1 作为要偏置的面，"距离"为 22，指向实体，单击"确定"按钮，完成偏置区域 1 的创建，如图 5.98 所示。

（5）创建偏置区域 2，选择创建的分割面 2 作为要偏置的面，"距离"为 15，指向实体，单击"确定"按钮，完成偏置区域 2 的创建，如图 5.99 所示。

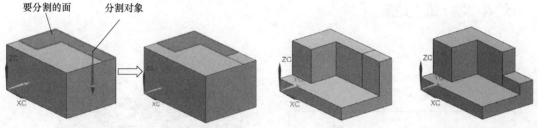

要分割的面　分割对象

图 5.97　创建分割面 2　　　图 5.98　创建偏置区域 1　　图 5.99　创建偏置区域 2

（6）保存文件，完成挡块零件的创建。

5.3.9　缩放体

该命令按比例缩放实体或片体。可以使用均匀、轴对称或通用的比例方式，此操作完全关联。需要注意的是：比例操作应用于几何体而不用于组成该体的独立特征。

选择"菜单"→"插入"→"偏置/比例"→"缩放体"命令，或者单击"主页"→"特征"→"更多"→"缩放体"按钮，系统弹出"缩放体"对话框。其中"类型"选项组用于选择缩放体定义方式，选择不同的定义方式时，"缩放体"对话框中其他选项也就不同。

1. 均匀

在所有方向上均匀地按比例缩放。

➡ 体：该选项为比例操作选择一个或多个实体或片体。

➡ 缩放点：该选项指定一个参考点，比例操作以它为中心。默认的参考点是当前工作坐标系的原点，可以通过使用"点方式"功能指定另一个参考点。该选项只在"均匀"和"轴对称"类型中可用。

➡ 比例因子：让用户指定比例因子（乘数），通过它来改变当前的大小。

2. 轴对称

以指定的比例因子（乘数）沿指定的轴对称缩放。包括沿指定的轴指定一个比例因子并指定另一个比例因子用在另外两个轴方向。

➡ 缩放轴：该选项为比例操作指定一个参考轴，只可用在"轴对称"方法中，默认值是工作坐标系的 Z 轴。可以通过使用"矢量方法"功能来改变它。

3. 常规

在所有的 X、Y、Z 三个方向上以不同的比例因子缩放。

➡ 缩放 CSYS：让用户指定一个参考坐标系。选择该步会启用"CSYS 方法"按钮，可以单击该按钮打开"坐标系构造器"，用它来指定一个参考坐标系。

5.3.10　抽取几何体

抽取几何体是复制实体的体、面、曲线、点等对象，在这些对象的原位置创建副本，也可为体创建镜像副本。选择"菜单"→"插入"→"关联复制"→"抽取几何体"命令，或者单击"主页"→"特征"→"更多"→"抽取几何体"按钮，系统弹出"抽取几何体"对话框。在"类型"下拉列表中选择要抽取的对象类型，然后选择该类型的对象，单击"确定"按钮，即可完成该对象的抽取。选择不同的对象类型，其"设置"选项组有所不同，例如抽取面时，去掉勾选"关联"选项可以断开复制的对象与源对象的关联，勾选"删除孔"选项可以选择删除面上的孔。

5.4 ⊙ 练习题

完成下列模型的绘制，如图 5.100～图 5.104 所示。

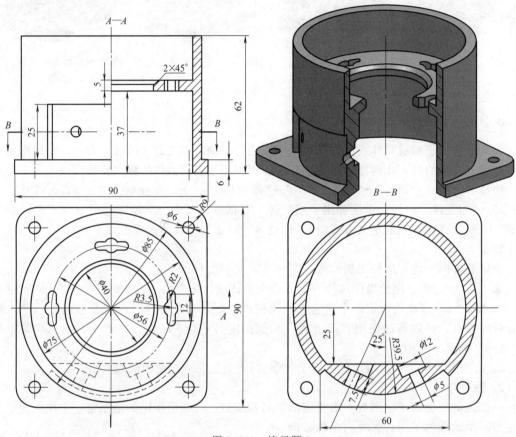

图 5.100　练习题 1

练习题 1 建模思路提示：

| (a) 拉伸 | (b) 拉伸 | (c) 拉伸 | (d) 倒斜角 |

| (e) 拉伸 | (f) 拉伸 | (g) 旋转 | (h) 镜像 |

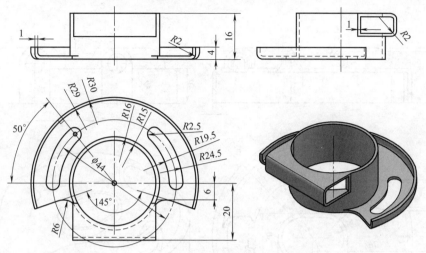

图 5.101 练习题 2

练习题 2 建模思路提示:

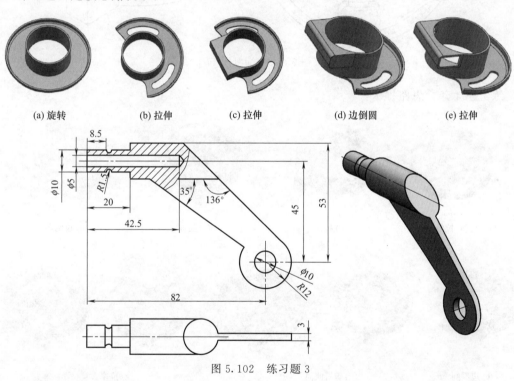

(a) 旋转　　　　(b) 拉伸　　　　(c) 拉伸　　　　(d) 边倒圆　　　　(e) 拉伸

图 5.102 练习题 3

练习题 3 建模思路提示:

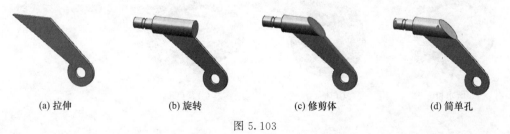

(a) 拉伸　　　　(b) 旋转　　　　(c) 修剪体　　　　(d) 简单孔

图 5.103

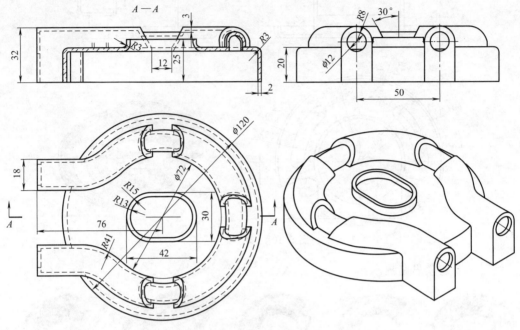

图 5.103 练习题 4

练习题 4 建模思路提示：

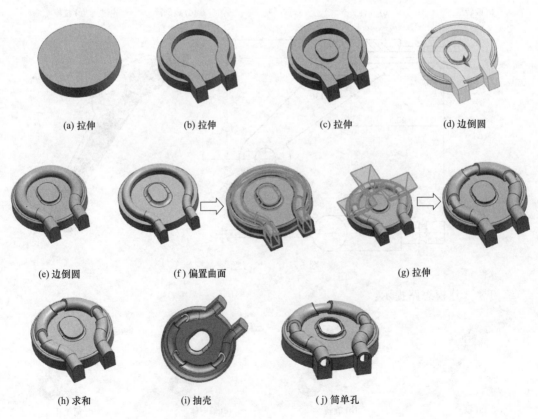

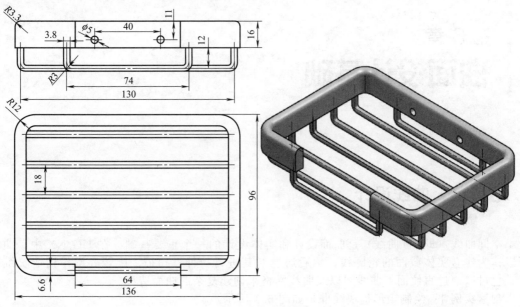

图 5.104　练习题 5

练习题 5 建模思路提示：

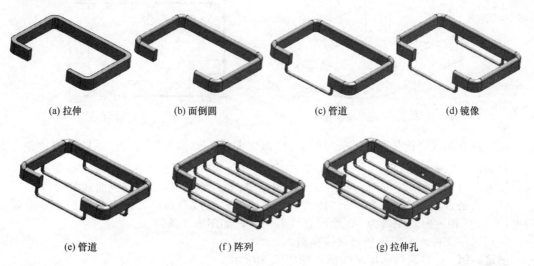

(a) 拉伸　　　　　(b) 面倒圆　　　　　(c) 管道　　　　　(d) 镜像

(e) 管道　　　　　(f) 阵列　　　　　(g) 拉伸孔

第6章

曲面设计基础

6.1 曲线设计

空间曲线（即 3D 曲线）是曲面设计和实体设计的一个重要基础。在 UG NX 中，曲线可以作为建立实体截面的轮廓线，然后通过对其进行拉伸、扫描、旋转等操作构造三维实体；也可以通过直纹面、曲线组以及曲线网格来创建复杂的曲面造型。

创建实例 1：绘制矩形垫块线框，如图 6.1 所示。

（1）以 XC-YC 平面为草图平面，绘制草图，如图 6.2 所示。

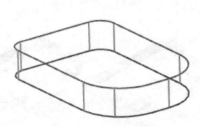

图 6.1 矩形垫块线框

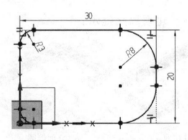

图 6.2 绘制草图

（2）偏置曲线，选择"菜单"→"插入"→"派生曲线"→"偏置"命令，系统弹出"偏置曲线"对话框，"偏置类型"选择" 3D 轴向"；"曲线"选择绘制的草图；"偏置距离"为 5，"指定方向"选择 ZC 方向；如图 6.3 所示，单击"确定"按钮，完成曲线的偏置。

（3）绘制直线，选择"菜单"→"插入"→"曲线"→"直线"命令，选择最初绘制的曲线上的点，沿 ZC 轴方向，距离为 5，绘制直线若干条，如图 6.4 所示。

（4）保存文件，完成矩形垫块线框造型。

创建实例 2：绘制机床尾座线框，如图 6.5 所示。

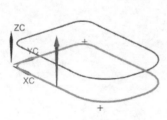

图 6.3 偏置曲线

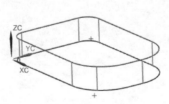

图 6.4 绘制直线

图 6.5 机床尾座线框

（1）以 YC-ZC 平面为草图平面，绘制长为 45，宽为 20 的矩形。

（2）在矩形草图内绘制偏置曲线，选择"偏置曲线"命令，将底边向上偏置 8，将两端的直线分别向中心偏置 11 和 7.5，效果如图 6.6 所示。

（3）绘制燕尾槽轮廓，修剪多余的线段，效果如图 6.7 所示，退出草图模式。

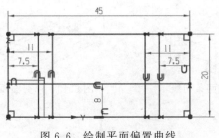
图 6.6 绘制平面偏置曲线

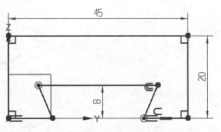
图 6.7 绘制燕尾槽修剪线段

（4）偏置曲线，选择"菜单"→"插入"→"派生曲线"→"偏置"命令，系统弹出"偏置曲线"对话框，"偏置类型"选择"3D 轴向"；"曲线"选择绘制的草图曲线；"偏置距离"为 90，"指定方向"选择 XC 方向；如图 6.8 所示，单击"确定"按钮，完成曲线的偏置。

（5）绘制直线，选择"菜单"→"插入"→"曲线"→"直线"命令，选择最初绘制的曲线上的点，沿 XC 轴方向，距离为 90，绘制直线若干条，如图 6.9 所示。

（6）绘制轴孔中心线，选取后上方直线沿 ZC 轴偏置 23；在刚绘制的直线端点绘制一直线，沿 ZC 方向，起始距离为−20，终止距离为 20；向中心偏置该直线，沿−YC 方向，距离为 22.5，效果如图 6.10 所示。将第二条直线隐藏。

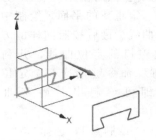
图 6.8 绘制空间偏置曲线

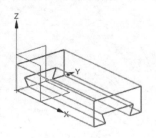
图 6.9 绘制直线

图 6.10 绘制中心线

（7）绘制两个同心圆，选择"插入"→"曲线"→"直线和圆弧"→"圆（圆心-半径）"命令，绘制两个半径分别为 7.5 和 12 的同心圆，如图 6.11 所示。

（8）绘制两条切线，选择"插入"→"曲线"→"直线和圆弧"→"直线（点-相切）"命令，选择底座的端点，向直径为 24 的圆绘制两条切线，如图 6.12 所示。

（9）修剪圆弧，选择"菜单"→"编辑"→"曲线"→"修剪"命令，"要修剪的曲线"选择直径为 24 的圆的下圆弧；"边界对象 1"和"边界对象 2"分别选择两条切线；"设置"选项区域中"输入曲线"选择"隐藏"；单击"确定"按钮，完成圆弧的修剪，如图 6.13 所示。

（10）偏置曲线，选择"菜单"→"插入"→"派生曲线"→"偏置"命令，"偏置类型"选择"3D 轴向"；"曲线"选择切线、圆弧、切线三条曲线；"偏置距离"为 15，"指定方向"选择 XC 方向；单击"应用"按钮，完成曲线的偏置，如图 6.14 所示。同理，"偏置曲线"选择内圆（半径为 15 的圆），"偏置距离"为 15，"指定方向"选择 XC 方向；单击"确定"按钮，完成内圆的偏置，如图 6.15 所示。

（11）绘制直线，选择"菜单"→"插入"→"曲线"→"直线"命令，选择圆弧和直线的切点，沿 XC 轴方向，距离为 15，绘制两条直线，如图 6.16 所示。

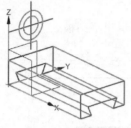

图 6.11 绘制两个同心圆

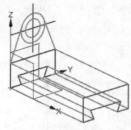

图 6.12 绘制两条切线

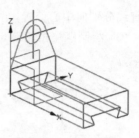

图 6.13 修剪圆弧

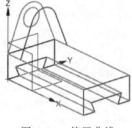

图 6.14 偏置曲线

图 6.15 偏置内圆

图 6.16 绘制直线

（12）隐藏辅助曲线，保存文件，完成机床尾座的线框造型。

创建实例 3：绘制时尚碗曲面线框，如图 6.17 所示。

该时尚碗的碗面定位曲线由分布在 3 个相距一定距离的平面上，可以分别绘制其曲面线。首先绘制碗的底面曲线，并利用"分割曲线"工具将其 3 等分。然后创建一个 ZC 方向平移一定距离的平面，绘制中间定位曲线。最后按照同样的方法创建碗口的定位曲线，并利用"圆弧"命令链接这 3 个定位曲线，即可绘制出时尚碗曲面线框。

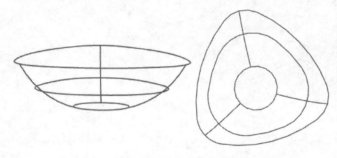

图 6.17 时尚碗曲面线框

（1）绘制圆 1，选择"菜单"→"插入"→"曲线"→"圆弧/圆"命令，"类型"选择"从中心开始的圆弧/圆"；"中心点"选择原点；"通过点"选项组中"终点选项"选择"半径"；"大小"选项组中"半径"为 30；"支持平面"选项组中"平面选项"选择"选择平面"，"指定平面"选择 XC-YC；"限制"选项组中勾选"整圆"复选框，单击"确定"按钮，完成圆 1 的绘制，如图 6.18 所示。

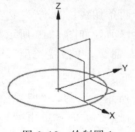

图 6.18 绘制圆 1

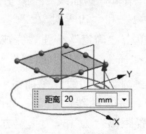

图 6.19 创建基准平面 1

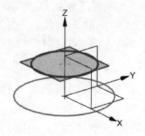

图 6.20 绘制圆 2

（2）将圆 1 三等分，选择"菜单"→"编辑"→"曲线"→"分割"命令，"类型"选择"等分段"；"曲线"选择圆弧；系统弹出"分割曲线"对话框（创建参数将从曲线被移除，要继续吗?），单击"是 Y"按钮；"段数"为 3；单击"确定"按钮，完成圆 1 三等分。

（3）创建基准平面 1，距离 XC-YC 平面距离为 20，如图 6.19 所示。

（4）绘制圆 2，同理（参照绘制圆 1），在基准平面 1 上绘制直径为 40 的圆，单击"确定"按钮，绘制圆 2 如图 6.20 所示。

（5）同理将圆 2 三等分（参照圆 1 三等分），单击"确定"按钮，完成圆 2 三等分。

（6）在基准平面 1 上，分别以圆的分割点为圆心，绘制直径为 108 的三个圆（参照绘制圆 1），单击"确定"按钮，完成三个圆的绘制，如图 6.21 所示。

（7）绘制三个 ϕ326 的圆弧，选择"菜单"→"插入"→"曲线"→"圆弧/圆"命令，"类型"选择"三点画圆弧"；"起点选项"选择"相切"，"选择对象"选择一个 ϕ108 的圆；"终点选项"选项"相切"，"选择对象"选择相邻的另一个 ϕ108 的圆；"终点选项"选择"直径"；"大小"选项组中"直径"为 326；单击"应用"按钮，完成一个圆弧的绘制。同理绘制另外两个圆弧，如图 6.22 所示。

（8）修剪圆弧，选择"修剪曲线"命令，选择要修剪的曲线，"边界对象"分别选择两个切圆弧，经过多次修剪后的效果如图 6.23 所示。

（9）创建基准平面 2，距离 XC-YC 平面距离为 50，如图 6.24 所示。

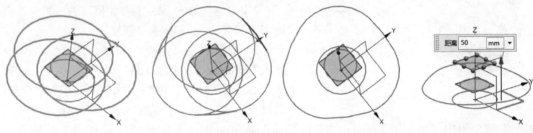

图 6.21 绘制 3 个圆　　图 6.22 绘制三个圆弧　图 6.23 修剪后的曲线　图 6.24 创建基准平面 2

（10）绘制圆 3，在基准平面 2 上绘制直径为 125 的圆，并将圆 3 进行三等分，如图 6.25 所示。

（11）绘制三个 ϕ80 的圆弧，以圆 3 的等分点为圆心，绘制 3 个直径为 80 的圆。如图 6.26 所示。

（12）再绘制 3 个半径为 180 的切圆弧，如图 6.27 所示。

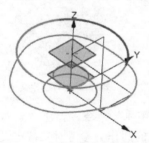 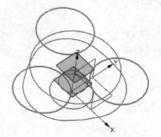 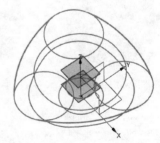

图 6.25 绘制圆 3 并三等分　　图 6.26 绘制 3 个圆　　图 6.27 绘制 3 个切圆弧

（13）修剪圆弧，选择"修剪曲线"命令，选择要修剪的曲线，"边界对象"分别选择两个切圆弧，经过多次修剪后的效果如图 6.28 所示。

（14）将辅助平面和圆隐藏。

（15）创建点，创建六个如图 6.29 所示的圆弧中心点。

（16）链接碗面曲线，选择"菜单"→"插入"→"曲线"→"圆弧/圆"命令，"类型"选择"三点画圆弧"；"起点选项""终点选项"和"中点选项"分别选择圆上的点和创建的两个圆弧的中心，单击"应用"按钮，完成一个圆弧的绘制。同理绘制另外两个圆弧，如图 6.30 所示。

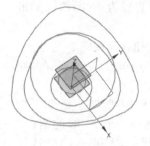

图 6.28 修剪后的曲线

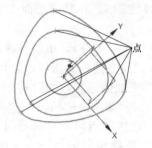

图 6.29 创建点

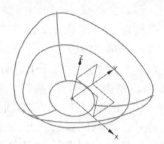

图 6.30 创建 3 个链接圆弧

（17）保存文件，完成时尚碗曲面线框造型。

创建实例 4：绘制篮球曲面线框，如图 6.31 所示。

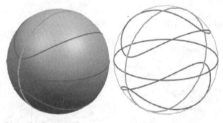

图 6.31 篮球曲面线框

（1）绘制球体，选择"菜单"→"插入"→"设计特征"→"球"命令，"类型"选择"中心点和直径"；"中心点"选择原点；"直径"为 368；单击"确定"按钮，完成球体的创建。

（2）绘制中心圆弧投影曲线，选择"菜单"→"插入"→"曲线"→"圆弧/圆"命令，"类型"选择"从中心开始的圆弧/圆"；"中心点"选择原点；"通过点"选项组中"终点选项"选择"半径"；"大小"选项组中"半径"为 184；"支持平面"选项组中"平面选项"选择"选择平面"，"指定平面"选择 XC-YC，距离为 300；"限制"选项组中勾选"整圆"复选框，单击"确定"按钮，完成圆弧的绘制，如图 6.32 所示。

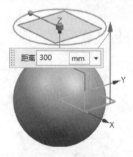

图 6.32 绘制圆弧

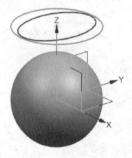

图 6.33 绘制椭圆

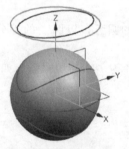

图 6.34 投影曲线

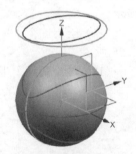

图 6.35 创建相交曲线

（3）绘制椭圆投影曲线，选择"菜单"→"插入"→"曲线"→"椭圆"命令，弹出"点对话框"，设置"类型"选择"椭圆中心/圆弧中心/球心"，选择创建的圆作为参考对象，定义椭圆的中心；系统弹出"椭圆"对话框，设置椭圆参数："长半轴"为 125，"短半轴"为 175，"起始角"为 0，"终止角"为 360，"旋转角度"为 0，单击"确定"按钮，完成椭圆的绘制，如图 6.33 所示。

（4）投影曲线，选择"曲线"选项卡→"派生曲线"选项组→"投影曲线"按钮，"要投影的曲线或点"选择圆和椭圆，"要投影的对象"选择球面，"投影方向"选择－ZC 方向，单击"确定"按钮，完成投影曲线的创建，如图 6.34 所示。

（5）创建相交曲线，选择"曲线"选项卡→"派生曲线"选项组→"相交曲线"按钮，"第一组面"选择球面，"第二组面"选择 YC-ZC 平面，单击"确定"按钮，完成相交曲线的创建，如图 6.35 所示。

（6）将辅助曲线隐藏，保存文件，完成篮球曲面线框绘制。

6.2 ➲ 曲面设计

流畅的曲线外形已经成为现代产品设计发展的趋势。利用 UG 软件完成曲线式流畅造型设计，是现代产品设计迫在眉睫的市场需要。

UG NX 中的建模和外观造型设计模块集中了所有的曲面设计分析工具，可以通过曲线构面、由曲面构面，获得的全参数化曲面和原曲线有关联性，当构造曲面的曲线修改、编辑后，曲面会自动更新。

创建实例 5：创建旋钮模型，如图 6.36 所示。

通过学习本实例，熟练实体的拉伸、基准平面、网格曲面、镜像、边倒圆、倒斜角、抽壳等特征的创建方法；了解曲面造型中网格曲面特征的创建方法。

（1）创建拉伸实体 1，绘制拉伸曲线：选取 XC-YC 平面作为草图平面，在中心点位置绘制直径为 65 的圆；"指定矢量"为 ZC 方向；"开始"值为 0，"结束"值为 20；"拔模"选项组中"拔模"选择"从起始限制"，"角度"为 10；单击"确定"按钮，完成拉伸实体 1 的创建，如图 6.37 所示。

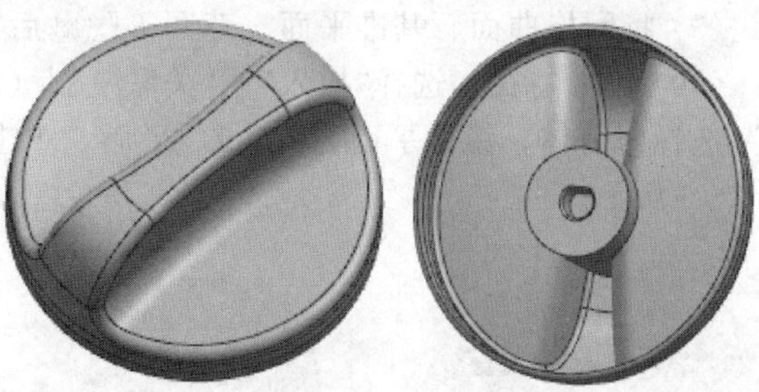

图 6.36 旋钮模型

（2）创建拉伸实体 2，选择拉伸实体 1 的底面圆弧作为拉伸曲线，"指定矢量"为 −ZC 方向；"开始"值为 0，"结束"值为 5；"布尔"选择"求和"；单击"确定"按钮，完成拉伸实体 2 的创建，如图 6.38 所示。

（3）创建基准平面 1，XC-ZC 平面；创建基准平面 2：到 XC-ZC 平面的距离为 35；创建基准平面 3：到 XC-ZC 平面的距离为 −35，如图 6.39 所示。

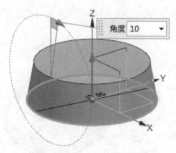

图 6.37 创建拉伸实体 1

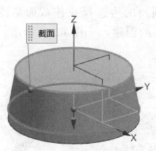

图 6.38 创建拉伸实体 2

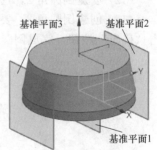

图 6.39 创建基准平面

（4）选取基准平面 1 为草图平面，绘制草图 1，尺寸如图 6.40 所示。

（5）选取基准平面 2 为草图平面，绘制草图 2，尺寸如图 6.41 所示。

（6）选取基准平面 3 为草图平面，选择"投影曲线"命令，投影曲线选择草图 2 中的 3 条曲线，将草图 2 中的曲线投影到草图 3 中，单击"完成草图"命令，退出草图模式，创建的 3 个草图效果如图 6.42 所示。

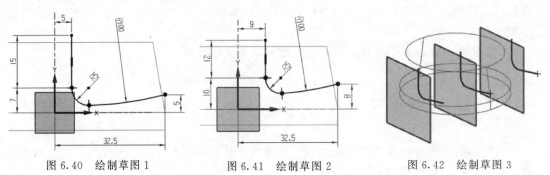

图 6.40 绘制草图 1   图 6.41 绘制草图 2   图 6.42 绘制草图 3

（7）创建网格曲面，选择"插入"→"网格曲面（M）"→"通过曲线组（T）"命令，定义截面曲线组，在绘图区依次选取草图 3、草图 1、草图 2，每选一个草图后，按鼠标中键进行确认（注意选取的方向），如图 6.43 所示，单击"确定"按钮，完成网格曲面的创建。

（8）创建修剪体，选择"插入"→"修剪（T）"→"修剪体（T）"命令，"目标"选择拉伸实体，"工具"选择创建的网格曲面，调整方向，如图 6.44 所示，单击"确定"按钮，完成修剪体的创建。

（9）将网格曲面、基准平面、草图等隐藏后，效果如图 6.45 所示。

（10）镜像特征，选择"插入"→"关联复制（A）"→"镜像特征（R）"命令，"要镜像的特征"选择修剪体，镜像平面为 YC-ZC 平面，单击"确定"按钮，完成镜像特征的创建，如图 6.46 所示。

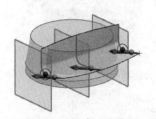
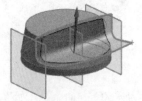

图 6.43 创建网格曲面   图 6.44 创建修剪体   图 6.45 创建修剪体   图 6.46 镜像特征

（11）创建倒圆角 1，选择要倒圆角的边，输入半径值为 15，如图 6.47 所示。

（12）创建倒圆角 2，选择要倒圆角的边，输入半径值为 2，如图 6.48 所示。

（13）创建倒圆角 3，要倒圆角的边选择拉伸截面草图 1 的圆弧，输入半径值为 15，单击"确定"按钮，完成倒圆角 3 的创建，如图 6.49 所示。

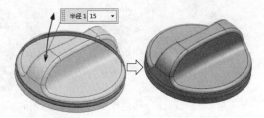

图 6.47 创建倒圆角 1   图 6.48 创建倒圆角 2   图 6.49 创建倒圆角 3

（14）创建抽壳特征，"类型"选择"移除面，然后抽壳"，"要穿透的面"选择拉伸实体的底面，"厚度"为 1，单击"确定"按钮，完成抽壳特征的创建，如图 6.50 所示。

（15）创建拉伸实体 3，绘制拉伸曲线：选取 XC-YC 平面作为草图平面，在中心点位置绘制直径为 20 的圆；"指定矢量"为 ZC 方向；"开始"值为−5，"结束"选择"直至下一个"；"布尔"选择"求和"；单击"确定"按钮，完成拉伸实体 3 的创建，如图 6.51 所示。

（16）创建拉伸实体 4，绘制拉伸曲线：选取 XC-YC 平面作为草图平面，绘制草图 4 如图 6.52 所示，"指定矢量"为 ZC 方向；"开始"值为−5，"结束"值为 0；"布尔"选择"求差"；单击"确定"按钮，完成拉伸实体 4 的创建，如图 6.53 所示。

  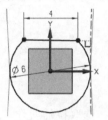 

图 6.50 创建抽壳特征　图 6.51 创建拉伸实体 3　图 6.52 绘制草图 4　图 6.53 创建拉伸实体 4

（17）创建倒斜角特征，选择截面草图 4 所绘制的曲线，"横截面"选择"对称"，"距离"为 0.5，单击"确定"按钮，完成倒斜角特征的创建，如图 6.54 所示。

（18）创建倒圆角 4，选择旋钮底边大圆弧作为要倒圆角的边，输入半径值为 1，单击"确定"按钮，完成倒圆角 4 的创建，如图 6.55 所示。

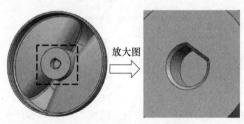 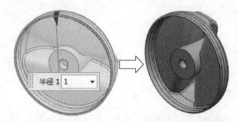

图 6.54 创建倒斜角特征　　　　　　图 6.55 创建倒圆角 4

（19）将辅助曲线隐藏，保存文件，完成旋钮模型的创建。

创建实例 6：创建饮水机开关模型，如图 6.56 所示。

本实例先通过创建一系列草图，然后再使用扫掠命令创建曲面特征，最后创建镜像、拉伸、旋转和倒圆角等特征。通过本实例的学习，了解曲面特征的创建，注意创建扫掠过程中的一些技巧。

（1）创建拉伸实体 1，选取 YC-ZC 平面作为草图平面，绘制草图 1 如图 6.57 所示；"指定矢量"为 XC 方向；"开始"值为 0，"结束"值为 35；单击"确定"按钮，完成拉伸实体 1 的创建，如图 6.58 所示。

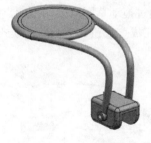 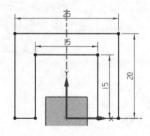 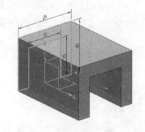

图 6.56 饮水机开关模型　　图 6.57 绘制草图 1　　图 6.58 创建拉伸实体 1

（2）创建边倒圆 1，选择要倒圆角的边，输入半径值为 10，如图 6.59 所示。

（3）创建边倒圆 2，选择要倒圆角的边，输入半径值为 5，如图 6.60 所示。

（4）创建边倒圆 3，选择要倒圆角的边，输入半径值为 3，如图 6.61 所示。

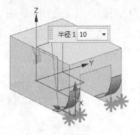
图 6.59　创建边倒圆 1

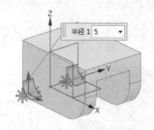
图 6.60　创建边倒圆 2

图 6.61　创建边倒圆 3

（5）创建拉伸实体 2，选取拉伸实体 1 的侧面作为草图平面，绘制草图 2 如图 6.62 所示；"指定矢量"为－YC 方向；"开始"值为 0，"结束"值为 4；"布尔"选择"求和"；单击"确定"按钮，完成拉伸实体 2 的创建，如图 6.63 所示。

（6）镜像特征 1，选择"插入"→"关联复制（A）"→"镜像特征（R）"命令，"要镜像的特征"选择拉伸实体 2，镜像平面为 XC-ZC 平面，单击"确定"按钮，完成镜像特征 1 的创建，如图 6.64 所示。

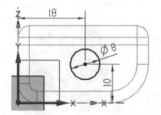
图 6.62　绘制草图 2

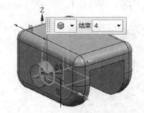
图 6.63　创建拉伸实体 2

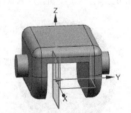
图 6.64　镜像特征 1

（7）绘制草图 3，选取拉伸实体 1 的侧面作为草图平面，绘制如图 6.65 所示的草图 3，图中为一条端点与圆心重合的平行于 Y 轴的构造直线（绘制直线后按鼠标右键，选择"转换为参考"即可），单击"完成"按钮，退出草图模式。

（8）创建基准平面 1，"类型"选择"成一角度"，"平面参考"选择 XC-ZC 平面，"通过轴"选择创建的构造直线，"角度"为－15，如图 6.66 所示，单击"确定"按钮，完成基准平面 1 的创建。

（9）绘制草图 4，选择"在任务环境中绘制草图"命令，选取基准平面 1 作为草图平面，绘制如图 6.67 所示的草图 4，草图中的曲线采用"艺术样条"命令绘制，"类型"选择"根据极点"，初步绘制草图的形状，然后对曲线进行编辑。

（10）选择"菜单"→"分析"→"曲线"→"显示曲率梳"命令，通过拖动草图曲线的控制点来调整曲率梳形状，使其呈现如图 6.68 所示的光滑的形状，单击"完成"按钮，退出草图模式。

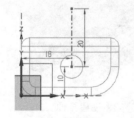
图 6.65　绘制草图 3

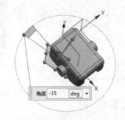
图 6.66　创建基准平面 1

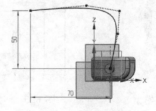
图 6.67　绘制草图 4

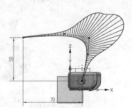
图 6.68　曲率梳

（11）镜像特征 2，选择"插入"→"关联复制（A）"→"镜像特征（R）"命令，"要镜像的特征"选择草图 4 绘制的曲线，镜像平面为 XC-ZC 平面，单击"确定"按钮，完成镜像特征 2 的创建，如图 6.69 所示。

（12）创建基准平面 2，"类型"选择"曲线上"，"曲线"选择草图 4 绘制的曲线；"曲线上的位置"选项组中"位置"选择"弧长百分比"，"弧长百分比"为 0；"曲线上的方位"选项组中"方向"选择"相对于对象"，"选择对象"选择 XC-YC 平面；单击"确定"按钮，完成基准平面 2 的创建，如图 6.70 所示。

（13）绘制草图 5，选择"在任务环境中绘制草图"命令，选取基准平面 2 作为草图平面，绘制如图 6.71 所示的草图 5，单击"完成"按钮，退出草图模式。

（14）创建连结曲线，选择"插入"→"派生曲线（U）"→"连结（J）"命令，依次选择草图 4、草图 5、镜像特征曲线（注意曲线的方向），如图 6.72 所示，单击"确定"按钮，完成连结曲线的创建。

 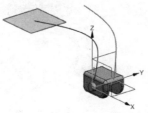 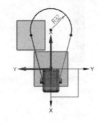 

图 6.69　镜像特征 2　　　　图 6.70　创建基准平面 2　　　图 6.71　绘制草图 5　　　图 6.72　创建连结曲线

（15）创建基准平面 3，"类型"选择"按某一距离"，"参考平面"选择 XOY 平面，"距离"为 10，如图 6.73 所示，单击"确定"按钮，完成基准平面 3 的创建。

（16）绘制草图 6，选择"在任务环境中绘制草图"命令，选取基准平面 3 作为草图平面，绘制直径为 6 的圆，圆心与草图 4 端点重合，如图 6.74 所示，单击"完成"按钮，退出草图模式，完成草图 6 的绘制。

（17）创建扫掠特征，选择"插入"→"扫掠（W）"→"沿引导线扫掠（G）"命令，"截面"选择草图 6 中直径为 6 的圆，"引导线"选择连结曲线，"布尔"选择"求和"，单击"确定"按钮，完成扫掠特征的创建，如图 6.75 所示。

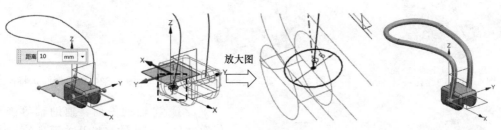

图 6.73　创建基准平面 3　　　　　图 6.74　绘制草图 6　　　　　图 6.75　创建扫掠特征

（18）创建基准轴，"类型"选择"点和方向"，"指定点"选择草图 5 的圆心点，"定矢量"选择 ZC 轴，如图 6.76 所示，单击"确定"按钮，完成基准轴的创建。

（19）创建旋转特征 1，"截面"选择"绘制截面曲线"，在 XC-ZC 平面上，绘制如图 6.77 所示的截面曲线 1，"指定矢量"选择创建的基准轴，"开始"选择"值"，"角度"为 0，"结束"选择"值"，"角度"为 360，"布尔"选择"求和"，单击"确定"按钮，完成旋转特征 1 的创建，如图 6.78 所示。

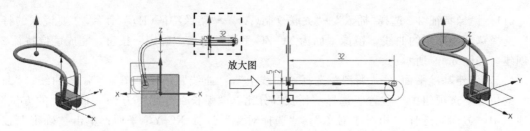

图 6.76 创建基准轴　　　　图 6.77 绘制截面曲线 1　　　　图 6.78 创建旋转特征 1

（20）创建旋转特征 2，"截面"选择"绘制截面曲线"，在 XC-ZC 平面上，绘制如图 6.79 所示的截面曲线 1（采用艺术样条绘制曲线），"指定矢量"选择创建的基准轴，"开始"选择"值"，"角度"为 0，"结束"选择"值"，"角度"为 360，"布尔"选择"求差"，单击"确定"按钮，完成旋转特征 2 的创建，如图 6.80 所示。

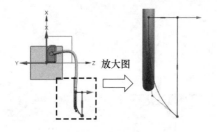

图 6.79 绘制截面曲线 2

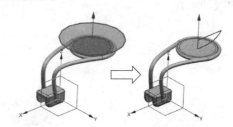

图 6.80 创建旋转特征 2

（21）创建孔特征，"类型"选择"常规孔"，"指定点"选择圆弧中心，"直径"为 4，"深度限制"选择"贯通体"，"布尔"选择"求差"，单击"确定"按钮，完成孔特征的创建，如图 6.81 所示。

（22）创建倒圆角特征，输入半径值为 0.5，选择要倒圆角的边，如图 6.82 所示，单击"应用"按钮，完成倒圆角特征 1 的创建。再选择要倒圆角的边，如图 6.83 所示，单击"确定"按钮，完成倒圆角特征 2 的创建。

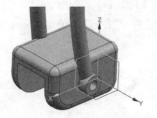

图 6.81 创建孔特征

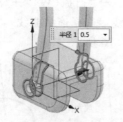

图 6.82 创建倒圆角特征 1

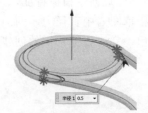

图 6.83 创建倒圆角特征 2

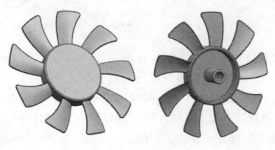

图 6.84 风扇模型

（23）将辅助平面、辅助轴等隐藏，保存文件，完成饮水机开关模型的创建。

创建实例 7：创建风扇模型，如图 6.84 所示。

本实例主要运用了实体造型和曲面造型相结合的建模方式，主要介绍拉伸、旋转、倒圆角等实体特征的一些基本命令和多截面曲面、拉伸曲面等一些曲面的基本命令的应用，完成本例后能掌握这些命令的基本使用方法和技巧。

（1）创建圆柱体，"类型"选择"轴、直径和高度"，"指定矢量"选择 ZC 轴，"指定点"选择坐标原点，"直径"为 25，"高度"为 5，单击"确定"按钮，完成圆柱体的创建，如图 6.85 所示。

（2）创建偏置曲面，选择"插入"→"偏置/缩放（O）"→"偏置曲面（O）"命令，"要偏置的面"选择圆柱体的侧面，"偏置 1"为 14.5，如图 6.86 所示，单击"确定"按钮，完成偏置曲面的创建。

（3）创建基准平面 1，"类型"选择"按某一距离"，"参考平面"选择 XC-ZC 平面，"距离"为 30，如图 6.87 所示，单击"确定"按钮，完成基准平面 1 的创建。

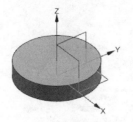

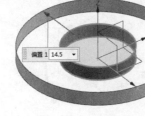

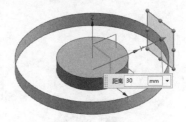

图 6.85　创建圆柱体　　　　图 6.86　创建偏置曲面　　　　图 6.87　创建基准平面 1

（4）绘制草图 1，选择"在任务环境中绘制草图"命令，选取基准平面 1 作为草图平面，绘制如图 6.88 所示的曲线，单击"完成"按钮，退出草图模式，完成草图 1 的绘制。

（5）创建投影曲线 1，选择"插入"→"派生曲线（U）"→"投影（P）"命令，"要投影的曲线或点"选择草图 1 绘制的曲线；"要投影的对象"选择偏置曲面；"投影方向"选择－YC方向；如图 6.89 所示，单击"确定"按钮，完成投影曲线 1 的创建。

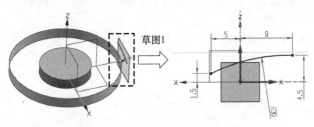

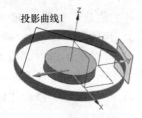

图 6.88　绘制草图 1　　　　　　　　图 6.89　创建投影曲线 1

（6）绘制草图 2，选择"在任务环境中绘制草图"命令，选取基准平面 1 作为草图平面，绘制如图 6.90 所示的曲线，单击"完成"按钮，退出草图模式，完成草图 2 的绘制。

（7）创建投影曲线 2，选择"插入"→"派生曲线（U）"→"投影（P）"命令，"要投影的曲线或点"选择草图 2 绘制的曲线；"要投影的对象"选择圆柱体的侧面；"投影方向"选择－YC 方向；如图 6.91 所示，单击"确定"按钮，完成投影曲线 2 的创建。

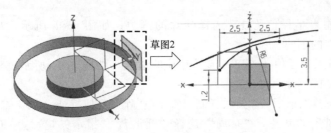

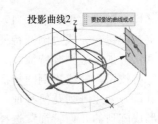

图 6.90　绘制草图 2　　　　　　　图 6.91　创建投影曲线 2

（8）创建网格曲面，选择"插入"→"网格曲面（M）"→"直纹（R）"命令，"截面线串 1"选择投影曲线 1，"截面线串 2"选择投影曲线 2（在选取线串时，注意调整其箭头方向，应保持一致），如图 6.92 所示，单击"确定"按钮，完成网格曲面的创建。

（9）绘制草图 3，选择"在任务环境中绘制草图"命令，选取 XC-YC 作为草图平面，采用艺术样条命令，绘制如图 6.93 所示的曲线，单击"完成"按钮，退出草图模式，完成草图 3 的绘制。

（10）创建投影曲线 3，选择"插入"→"派生曲线（U）"→"投影（P）"命令，"要投影的曲线或点"选择草图 3 绘制的曲线；"要投影的对象"选择网格曲面；"投影方向"选择 ZC 方向；如图 6.94 所示，单击"确定"按钮，完成投影曲线 3 的创建。

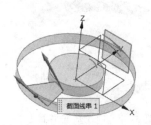
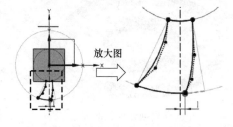

图 6.92　创建网格曲面　　　　　图 6.93　绘制草图 3　　　　　图 6.94　创建投影曲线 3

（11）创建延伸片体，选择"插入"→"修剪（T）"→"延伸片体（X）"命令，选择投影曲线 2 作为要延伸的边，"限制"选择"偏置"，"距离"为 1，如图 6.95 所示，单击"确定"按钮，完成延伸片体的创建。

（12）创建修剪片体，选择"插入"→"修剪（T）"→"修剪片体（R）"命令，"目标"选择网格曲面，"边界"选择投影曲线 3，"投影方向"选择 ZC 方向，单击"确定"按钮，完成修剪片体的创建，如图 6.96 所示。

（13）片体加厚，选择"插入"→"偏置/缩放（O）"→"加厚（T）"命令，"面"选择修剪片体，"厚度"选项组中"偏置 1"为 0.5，"偏置 2"为 0，调整加厚方向为−ZC 方向，"布尔"为"无"，单击"确定"按钮，完成片体加厚的创建，如图 6.97 所示。

（14）将偏置片、修剪片体、曲线、草图、基准平面等隐藏。

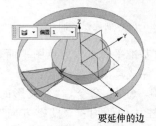

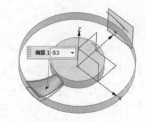

图 6.95　创建延伸片体　　　　　图 6.96　创建修剪片体　　　　　图 6.97　片体加厚

（15）创建边倒圆特征 1，输入半径值为 1，选择叶片的侧边，如图 6.98 所示，单击"确定"按钮，完成边倒圆特征 1 的创建。

（16）创建边倒圆特征 2，输入半径值为 0.2，选择叶片的边线，如图 6.99 所示，单击"确定"按钮，完成边倒圆特征 2 的创建。

（17）创建阵列几何特征，选择"插入"→"关联复制（A）"→"阵列几何特征（T）"命令，"要形成阵列的几何特征"选择风扇的叶片，"布局"选择"圆形"，"指定矢量"为 ZC 方向，"指定点"为坐标原点；"角度方向"选项组中"间距"选择"数量和节距"，"数量"为

9，"节距角"为 40，单击"确定"按钮，完成阵列几何特征的创建，如图 6.100 所示。

（18）布尔求和运算，将圆柱体和叶片布尔相加。

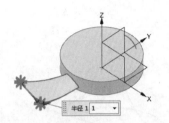
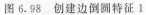
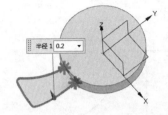

图 6.98　创建边倒圆特征 1　　　图 6.99　创建边倒圆特征 2　　　图 6.100　创建阵列几何特征

（19）创建拉伸实体 1，选取 XC-YC 平面作为草图平面，绘制圆心位于原点，直径为 22 的圆，"指定矢量"为 ZC 方向；"开始"值为 0，"结束"值为 4；"布尔"选择"求差"；单击"确定"按钮，完成拉伸实体 1 的创建，如图 6.101 所示。

（20）创建拉伸实体 2，选取 XC-YC 平面作为草图平面，绘制圆心位于原点，直径分别为 6 和 4 的同心圆，"指定矢量"为 −ZC 方向；"开始"值为 −4，"结束"值为 6；"布尔"选择"求和"；单击"确定"按钮，完成拉伸实体 2 的创建，如图 6.102 所示。

（21）创建边倒圆特征 3，输入半径值为 0.5，选择拉伸实体 1 和拉伸实体 2 的边线，单击"确定"按钮，完成边倒圆特征 3 的创建，如图 6.103 所示。

图 6.101　创建拉伸实体 1　　　图 6.102　创建拉伸实体 2　　　图 6.103　创建边倒圆特征 3

（22）保存文件，完成风扇模型的创建。

创建实例 8：创建耳机外壳模型，如图 6.104 所示。

耳机外壳模型由耳机体、出音罩、耳机柄等部分组成，创建本实例时，首先利用圆、基准平面、椭圆、镜像、通过曲线组等命令创建出耳机体的曲面；然后利用回转、修剪的片体等命令创建耳机柄的曲面，并利用回转命令创建出音罩曲面；最后利用缝合命令将曲面缝合，并利用边倒圆命令创建出连接处的圆角，即可创建出耳机外壳模型。

（1）绘制草图 1，选取 XC-YC 平面作为草图平面，以原点为圆心，绘制直径为 14 的圆，单击"完成"按钮，退出草图模式，完成草图 1 的绘制。

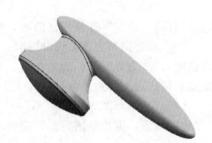

图 6.104　耳机外壳模型

（2）绘制草图 2，创建沿 ZC 方向，距离 XC-YC 平面为 8 的基准平面作为草图平面，在该平面上绘制圆弧，大半径为 4，小半径为 2，中心在原点的椭圆，如图 6.105 所示，单击"完成"按钮，退出草图模式，完成草图 2 的绘制。

（3）绘制草图 3，选取 YC-ZC 平面作为草图平面，绘制如图 6.106 所示的曲线，单击"完成"按钮，退出草图模式，完成草图 3 的绘制。

（4）镜像曲线，选择"插入"→"关联复制（A）"→"镜像特征（R）"命令，"要镜像的特征"选择草图 3 绘制的曲线，"镜像平面"选择 XC-ZC 平面，单击"确定"按钮，完成草图 3 的曲线的镜像，如图 6.107 所示。

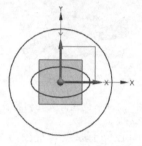

图 6.105　绘制草图 2

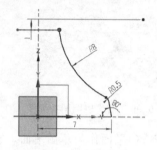

图 6.106　绘制草图 3

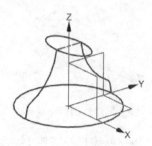

图 6.107　镜像曲线

（5）创建网格曲面，选择"插入"→"网格曲面（M）"→"通过曲线网格（M）"命令，"主曲线"在工作区依次选择圆和椭圆（注意方向），"交叉曲线"依次选择草图 3、镜像曲线和再次选取草图 3，每次选择曲线后按鼠标中键，或者点击添加新集，"设置"选项组中"体类型"选择"片体"，如图 6.108 所示，单击"确定"按钮，完成网格曲面的创建。

图 6.108　创建网格曲面

（6）绘制草图 4，选取 XC-ZC 平面作为草图平面，绘制半个椭圆，"中心"选项组中"指定点"为（8.5，0，9），"大半径"为 15，"小半径"为 3，"起始角"为 0，"终止角"为 180，单击"确定"按钮，完成椭圆的绘制，如图 6.109 所示，单击"完成"按钮，退出草图模式，完成草图 4 的绘制。

（7）创建旋转曲面 1，选择"插入"→"设计特征（E）"→"旋转（R）"命令，"截面"选择草图 4 的半个椭圆曲线；"指定矢量"为 XC 方向，"指定点"为（8.5，0，9）；"开始"选择"值"，"角度"为 0，"结束"选择"值"，"角度"为 360；"布尔"选择"无"；"设置"选项组中"体类型"选择"片体"；如图 6.110 所示，单击"确定"按钮，完成旋转曲面 1 的创建。

（8）修剪旋转曲面，选择"插入"→"修剪（T）"→"修剪片体（R）"命令，"目标"选择旋转曲面，"边界"选择网格曲面，单击"确定"按钮，完成旋转曲面的修剪。

（9）修剪网格曲面，选择"插入"→"修剪（T）"→"修剪片体（R）"命令，"目标"选择网格曲面，"边界"选择旋转曲面，单击"确定"按钮，完成网格曲面的修剪。修剪后旋转曲面和网格曲面的效果参见图 6.111 所示。

（10）绘制草图 5，选取 XC-ZC 平面作为草图平面，绘制曲线如图 6.112 所示，单击"完成"按钮，退出草图模式，完成草图 5 的绘制。

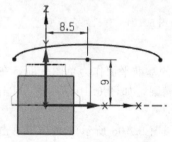

图 6.109　绘制草图 4

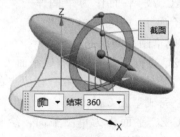

图 6.110　创建旋转曲面 1

图 6.111　修剪后的效果

（11）创建旋转曲面2，选择"插入"→"设计特征（E）"→"旋转（R）"命令，"截面"选择草图5绘制的曲线；"指定矢量"为ZC方向，"指定点"为（0，0，0）；"开始"选择"值"，"角度"为0，"结束"选择"值"，"角度"为360；"布尔"选择"无"；"设置"选项组中"体类型"选择"片体"；单击"确定"按钮，完成旋转曲面2的创建，如图6.113所示。

（12）片体缝合，选择"插入"→"组合（B）"→"缝合（W）"命令，"类型"选择"片体"，"目标"选择片体旋转曲面1，"工具"选择片体网格曲面和旋转曲面2，单击"确定"按钮，完成片体的缝合。

（13）创建边倒圆特征，输入半径值为0.5，选择如图6.114所示的边线，单击"确定"按钮，完成边倒圆特征的创建。

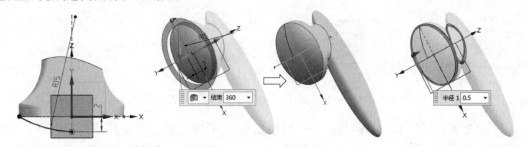

图 6.112　绘制草图 5　　　　　图 6.113　创建旋转曲面 2　　　　图 6.114　创建边倒圆特征

（14）将辅助平面、辅助曲线等隐藏，保存文件，完成耳机外壳模型的创建。

创建实例 9：创建电吹风模型，如图6.115所示。

电吹风由机体、出风口、散热罩、手柄等组成。创建本实例时，可以先利用基准平面、草图、通过曲线组等命令创建机体和出风口的组合体；然后利用球、修剪体、求和、抽壳等命令创建出机体和散热罩的组合体，并利用拉伸、矩形阵列命令创建出散热槽；最后利用基准平面、草图、投影等工具创建出手柄的线框轮廓，利用扫掠、有界平面、缝合、边倒圆、加厚等命令创建出手柄壳体，即可创建出电吹风模型。

图 6.115　电吹风模型

（1）创建5个基准平面，"类型"选择"按某一距离"，"参考平面"选择 XC-YC 平面，"距离"分别为 -10、0、40、50、120，如图6.116所示，完成5个基准平面的创建。

（2）绘制5个草图，如图6.117所示。

① 绘制草图1，选取基准平面1作为草图平面，在中心位置绘制椭圆，"大半径"为40，"小半径"为14，如图6.118所示，单击"完成"按钮，退出草图模式。

② 绘制草图2，选取基准平面2作为草图平面，在中心位置绘制直径为25的圆，如图6.119所示，单击"完成"按钮，退出草图模式。

③ 绘制草图3，选取基准平面3作为草图平面，在中心位置绘制椭圆，"大半径"为23，"小半径"为11，如图6.120所示，单击"完成"按钮，退出草图模式。

④ 绘制草图4，选取基准平面4作为草图平面，在中心位置绘制直径为50的圆，如图6.121所示，单击"完成"按钮，退出草图模式。

⑤ 绘制草图5，选取基准平面5作为草图平面，在中心位置绘制直径为75的圆，如图6.122所示，单击"完成"按钮，退出草图模式。

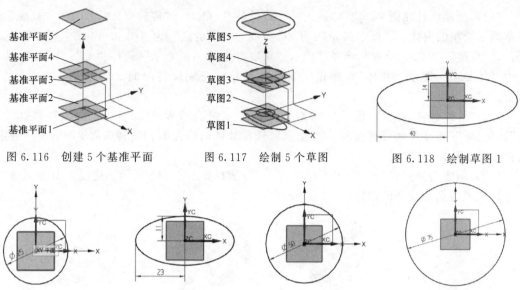

图 6.116　创建 5 个基准平面　　图 6.117　绘制 5 个草图　　图 6.118　绘制草图 1

图 6.119　绘制草图 2　　图 6.120　绘制草图 3　　图 6.121　绘制草图 4　　图 6.122　绘制草图 5

（3）创建曲面实体 1，选择"插入"→"网格曲面（M）"→"通过曲线组（T）"命令，"截面"在工作区依次草图 2、草图 4、草图 5 的曲线（注意方向），"设置"选项组中"体类型"为"实体"，如图 6.123 所示，单击"应用"按钮，完成曲面实体 1 的创建。

（4）创建曲面实体 2，选择"插入"→"网格曲面（M）"→"通过曲线组（T）"命令，"截面"在工作区依次草图 1、草图 3 的曲线（注意方向），"设置"选项组中"体类型"为"实体"，如图 6.124 所示，单击"确定"按钮，完成曲面实体 2 的创建。

（5）布尔求和运算，将曲面实体 1 和曲面实体 2 布尔相加，效果如图 6.125 所示。

图 6.123　创建曲面实体 1　　图 6.124　创建曲面实体 2　　图 6.125　布尔求和

（6）创建球体，"类型"选择"圆弧"，在工作区中选择草图 5 的圆，"布尔"选择"无"，单击"确定"按钮，完成球体的创建，如图 6.126 所示。

（7）修剪球体，选择"插入"→"修剪（T）"→"修剪体（T）"命令，"目标"选择球体，"工具选项"选择"面或平面"，在工作区选择基准平面 5，如图 6.127 所示，单击"确定"按钮，完成球体的修剪。

（8）布尔求和运算，球体和创建的曲面实体布尔相加，效果如图 6.128 所示。

（9）创建抽壳特征，"类型"选择"移除面，然后抽壳"，"要穿透的面"选择吹风口的顶面，"厚度"为 1，单击"确定"按钮，完成抽壳特征的创建，如图 6.129 所示。

（10）绘制草图 6，选取 XC-ZC 平面作为草图平面，绘制如图 6.130 所示的草图，单击"完成"按钮，退出草图模式。

（11）创建拉伸实体，拉伸曲线选择草图 6 绘制的曲线，"指定矢量"为 YC 方向；"开

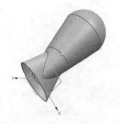

始"选择"对称值","距离"为 40;"布尔"选择"求差";单击"确定"按钮,完成拉伸实体的创建,如图 6.131 所示。

图 6.126　创建球体　　图 6.127　修剪球体　　图 6.128　布尔求和　　图 6.129　创建抽壳特征

(12) 将辅助平面、辅助曲线隐藏,得到电吹风机体,效果如图 6.132 所示。

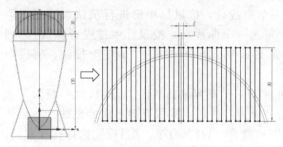

图 6.130　绘制草图 6　　　　图 6.131　创建拉伸实体　　图 6.132　电吹风机体

(13) 创建基准平面 7、8、9,"类型"选择"按某一距离","参考平面"选择 YC-ZC平面,"距离"分别为 40、60、120,如图 6.133 所示,完成 3 个基准平面的创建。

(14) 绘制 3 个草图,如图 6.134 所示。

① 绘制草图 7,选取基准平面 6 作为草图平面,绘制圆角矩形,相关尺寸如图 6.135 所示,单击"完成"按钮,退出草图模式。

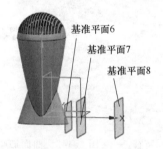

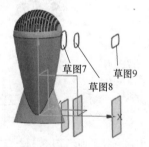

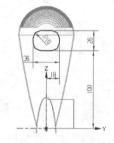

图 6.133　创建 3 个基准平面　　图 6.134　绘制 3 个草图　　图 6.135　绘制草图 7

② 绘制草图 8,选取基准平面 7 作为草图平面,绘制圆角矩形,相关尺寸如图 6.136 所示,单击"完成"按钮,退出草图模式。

③ 绘制草图 9,选取基准平面 8 作为草图平面,绘制圆角矩形,相关尺寸如图 6.137 所示,单击"完成"按钮,退出草图模式。

(15) 创建投影曲线,选择"插入"→"派生曲线 (U)"→"投影 (P)"命令,"要投影的曲线或点"选择草图 7 绘制的曲线;"要投影的对象"选择球体的内表面和吹风机机壳的内表面;"投影方向"选择-YC 方向;如图 6.138 所示,单击"确定"按钮,完成投影曲线的创建。

(16) 绘制艺术样条,选取 XC-ZC 平面作为草图平面,绘制两条艺术样条,如图 6.139

所示，单击"完成"按钮，退出草图模式。

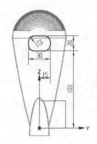
图 6.136 绘制草图 8

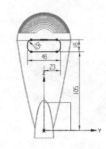
图 6.137 绘制草图 9

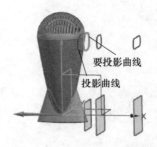
图 6.138 创建投影曲线图

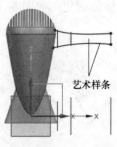
图 6.139 绘制艺术样条

（17）创建扫掠曲面，选择"插入"→"扫掠（W）"→"扫掠（S）"命令，"截面"依次选取投影曲线、草图 7、草图 8、草图 9，每选一个曲线后，按鼠标中键进行确认（注意选取的方向）；"引导线"依次选择两条艺术样条，每选一个曲线后，按鼠标中键进行确认；"截面选项"选项组中的"对齐"选择"弧长"；如图 6.140 所示，单击"确定"按钮，完成扫掠曲面的创建。

（18）创建有界平面，选择"插入"→"曲面（R）"→"有界平面（B）"命令，"平截面"选择扫掠曲面的边缘线，如图 6.141 所示，单击"确定"按钮，完成有界平面的创建。

（19）曲面缝合，选择"插入"→"组合（B）"→"缝合（W）"命令，"目标"选择扫掠曲面，"工具"选择有界平面，将扫掠曲面和有界平面缝合，单击"确定"按钮，完成曲面的缝合。

（20）创建边倒圆特征，输入半径值为 2，选择如图 6.142 所示的边线，单击"确定"按钮，完成边倒圆特征的创建。

（21）曲面加厚，选择"插入"→"偏置/缩放（O）"→"加厚（T）"命令，"要加厚的面"选择缝合后的曲面，"厚度"为 1，向内偏置，"布尔"选项组中"布尔"选择"求和"，然后选择吹风机的机体，如图 6.143 所示，单击"确定"按钮，完成曲面的加厚。

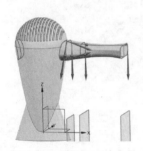
图 6.140 创建扫掠曲面

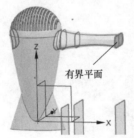
图 6.141 创建有界平面

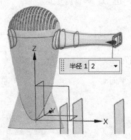
图 6.142 边倒圆特征

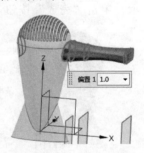
图 6.143 曲面加厚

（22）将辅助平面、辅助曲线等隐藏，保存文件，完成电吹风模型的创建。

创建实例 10：创建足球模型，如图 6.144 所示。

图 6.144 足球模型

足球是由多个五边形和六边形围绕球组成。其中五边形周围是围绕 5 个六边形，六边形周围是围绕 3 个五边形和 3 个六边形。足球模型的设计思路如下：

① 绘制五边形及相交线，再使用旋转命令创建两个片体，创建两个旋转体的相交线。

② 绘制六边形、寻找球心：创建一个基准平面（一条相交线和相邻五边形的一条边），在基准平面上绘制六边形，分别作出两个多

边形的中心垂线，两垂线的交点就是足球球心。

③ 创建分割面，抽取面特征，加厚面，最后倒圆角和颜色修饰。

④ 对加厚的五边形和加厚的六边形进行有规律的复制、镜像和旋转等操作。

（1）绘制草图 1，选取 XC-YC 平面作为草图平面，绘制直径为 50 的圆，并将其转换为参考曲线；在圆内绘制一个内接正五边形，并约束端点在圆弧上，下面的一条直线与 XC 轴平行；再绘制两条与五边形夹角为 120° 的直线，如图 6.145 所示，单击"完成"按钮，退出草图模式。

（2）创建回转面 1，"截面曲线"选择左上的直线，"指定矢量"选择五边形的左上的边，"开始"选择"值"，"角度"为 −80，"结束"选择"值"，"角度"为 80，如图 6.146 所示，单击"确定"按钮，完成回转面 1 的创建。

（3）创建回转面 2，"截面曲线"选择左下的直线，"指定矢量"选择五边形的左下的边，"开始"选择"值"，"角度"为 −80，"结束"选择"值"，"角度"为 80，如图 6.147 所示，单击"确定"按钮，完成回转面 2 的创建。

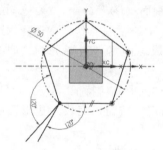 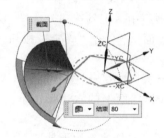 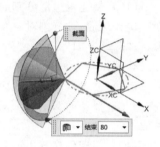

图 6.145 绘制草图 1　　　图 6.146 创建回转面 1　　　图 6.147 创建回转面 2

（4）创建相交曲线，选择"插入"→"派生曲线（U）"→"相交（I）"命令，"第一组"选项组中"选择面"选择回转面 1，"第二组"选项组中"选择面"选择回转面 2，如图 6.148 所示，单击"确定"按钮，完成相交曲线的创建。并将回转面 1 和回转面 2 隐藏。

（5）创建基准平面 1，"类型"选择"两直线"，"第一条直线"选择一条交线，"第二条直线"选择和它相邻的一条边，如图 6.149 所示，单击"确定"按钮，完成基准平面 1 的创建。

（6）绘制草图 2，选取基准平面 1 作为草图平面，绘制正六边形，通过几何约束中的等长约束、共线约束和点重合约束即可绘制出要求的正六边形，如图 6.150 所示，单击"完成"按钮，退出草图模式。

（7）创建基准平面 2，"类型"选择"自动判断"，然后选择公共直线的中点，如图 6.151 所示，单击"确定"按钮，完成基准平面 2 的创建。

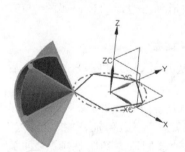 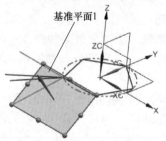 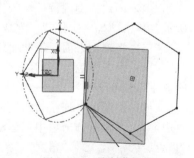

图 6.148 创建相交曲线　　　图 6.149 创建基准平面 1　　　图 6.150 绘制草图 2

（8）绘制草图 3，选取基准平面 2 作为草图平面，绘制两条直线，并设置垂直约束，如图 6.152 所示，两直线的交点即为球心，单击"完成"按钮，退出草图模式。

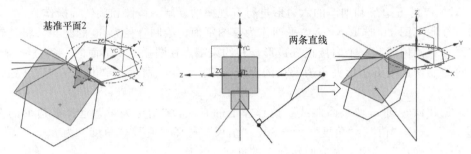

图 6.151　创建基准平面 2　　　　　　图 6.152　绘制草图 3

（9）创建球体，"类型"选择"中心点和直径"，"中心点"选择两直线的交点，"直径"为 120，单击"确定"按钮，完成球体的创建，如图 6.153 所示。

（10）创建六边形分割面，选择"插入"→"修剪（T）"→"分割面（D）"命令，"要分割的面"选择球面；"分割对象"选项组中"工具选项"选择"对象"，然后在工作区中选择六边形；"投影方向"选择"垂直于面"，单击"确定"按钮，完成球面的六边形分割，如图 6.154 所示。

（11）创建六边形抽取面，选择"插入"→"关联复制（A）"→"抽取几何特征（E）"命令，"类型"选择"面"，在工作区选择球面上的六边形，单击"确定"按钮，完成六边形面的抽取。

（12）同理创建五边形分割面，并创建五边形抽取面，如图 6.155 所示。

（13）创建片体加厚，选择"插入"→"缩放/偏置（A）"→"加厚（T）"命令，"面"选择六边形抽取面，"偏置 1"为 2.5，"加厚的方向"指向球体的外侧，单击"应用"按钮，外侧六边形抽取面的加厚。同理完成五边形抽取面的加厚，效果如图 6.156 所示。

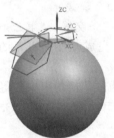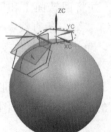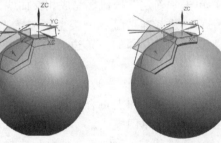

图 6.153　创建球体　　图 6.154　六边形分割面　图 6.155　五边形分割面　图 6.156　片体加厚

（14）创建边倒圆特征，输入半径值为 1，选择加厚的六边形和五边形的边，如图 6.157 所示，单击"确定"按钮，完成边倒圆特征的创建。

（15）将辅助平面、辅助曲线隐藏，隐藏后效果如图 6.158 所示。

（16）设置颜色，将加厚的五边形设置为黑色，加厚的六边形设置为白色，设置颜色后的效果如图 6.159 所示。

（17）复制 4 个加厚的六边形，选择"编辑"→"移动对象（O）"命令，"对象"选择加厚六边形，"变化"选项组中"运动"选择"角度"选项，"指定矢量"为 ZC 轴，"指定轴点"为原点（0，0，0），"角度"为 72°，"结果"选项组中，勾选"复制原先的"选项，"非关联副本数"为 4，如图 6.160 所示，单击"应用"按钮，完成 4 个加厚六边形的复制。

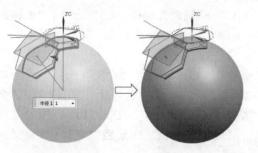
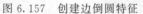
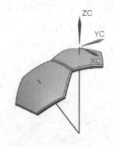
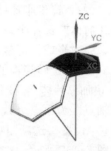

图 6.157　创建边倒圆特征　　　图 6.158　隐藏后的效果　　图 6.159　设置颜色

（18）复制 1 个加厚的五边形，"对象"选择加厚的五边形，"变化"选项组中"运动"选择"角度"选项，"指定矢量"选择"自动判断矢量"，在工作区选择六边形的中心线，"角度"为 120°，"非关联副本数"为 1，单击"应用"按钮，完成 1 个加厚五边形的复制，如图 6.161 所示。

（19）复制 4 个加厚的五边形，"指定矢量"选择"自动判断矢量"，在工作区选择五边形的中心线，"角度"为 72°，"非关联副本数"为 4，单击"应用"按钮，完成 4 个加厚五边形的复制，如图 6.162 所示。

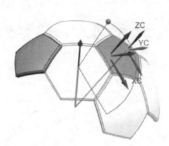

图 6.160　复制 4 个加厚的六边形　　图 6.161　复制 1 个加厚的五边形　　图 6.162　复制 4 个加厚的五边形

（20）复制 1 个加厚的六边形，"对象"选择一个刚创建的加厚的六边形，"指定矢量"选择六边形的中心线，"角度"为 120°，"非关联副本数"为 1，单击"应用"按钮，完成 1 个加厚六边形的复制，如图 6.163 所示。

（21）复制 4 个加厚的六边形，"对象"选择刚创建的加厚的六边形，"指定矢量"选择五边形的中心线，"角度"为 72°，"非关联副本数"为 4，单击"确定"按钮，完成 4 个加厚六边形的复制，如图 6.164 所示。

（22）创建基准平面 3，"类型"选择"点和方向"，"指定点"选择球心点，"指定矢量"为 ZC 方向，如图 6.165 所示，单击"确定"按钮，完成基准平面 3 的创建。

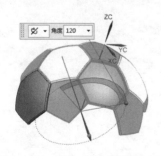

图 6.163　复制 1 个加厚的六边形　　图 6.164　复制 4 个加厚的六边形　　图 6.165　创建基准平面 3

（23）镜像半球体，选择"插入"→"关联复制（A）"→"镜像几何体（G）"命令，"要镜像的几何体"选择半球体（16 块加厚片体），"指定平面"选择基准平面 3，单击"确定"按钮，完成半球体的镜像，如图 6.166 所示。

（24）旋转镜像的半球体，选择"编辑"→"移动对象（O）"命令，"对象"选择镜像后的 16 块加厚片体，"变化"选项组中"运动"选择"角度"选项，"指定矢量"为 ZC 轴，"指定轴点"为原点（0，0，0），"角度"为 36°，"结果"选项组中，勾选"移动原先的"选项，"设置"选项组中，勾选"关联"选项，单击"确定"按钮，完成镜像半球体的旋转，如图 6.167 所示。

图 6.166　镜像半球体

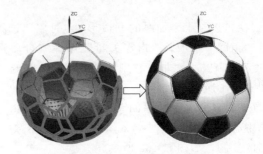

图 6.167　旋转镜像的半球体

（25）将辅助平面、辅助曲线等隐藏，保存文件，完成足球模型的创建。

第 7 章 ▶▶
装配设计

7.1 ⊃ 装配概述

UG 装配过程是在装配中建立部件之间的链接关系，它是通过装配条件在部件间建立约束关系来确定部件在产品中的位置的。在装配中，部件的几何体是被装配引用的，而不是复制到装配中。如果某个部件被修改，则引用它的装配部件自动更新，反映部件的最新变化。

7.1.1 装配概念及术语

装配建模的过程是建立组件装配关系的过程。用户在进行装配设计之前，需要先了解一些有关装配的基本概念及相关术语。

（1）装配体：把单独组件或者子装配体按照设定的关系组合而成的对象，称为"装配体"。

（2）装配部件：在建模环境中创建并以 *.prt 格式保持的模型文件，NX 中并不区分装配体文件或零件文件，只要是 prt 格式的文件，都可以作为一个部件。需要注意的是，当存储一个装配时，各部件的实际几何数据并不是存储在装配部件文件中，而是存储在相应的部件（即零件文件）中的。

（3）工作部件：可以在装配模式下编辑的部件。在装配状态下，一般不能对组件直接进行修改，要修改组件，需要将该组件设为工作部件。而部件被编辑后，所做的修改会反映到所有引用该部件的组件。

（4）组件：是指在装配模型中指定配对方式的部件或零件的使用，每一个组件都有一个指针指向部件文件，即组件对象。组件对象是用来链接装配部件或子装配部件到主模型的指针实体。组件可以是子装配部件也可以是单个零件，记录着部件的诸多信息，如名称、图层、颜色和配对关系等。

（5）子装配体：是在高一级装配中被用做组件的装配，子装配也拥有自己的组件。子装配是一个相对的概念，任何一个装配可在更高级的装配中作为子装配，在 NX 中可以有多重子装配体的嵌套。

（6）装配约束：是控制不同组件之间位置关系的几何条件。

（7）引用集：指要装入到装配体中的部分几何对象，引用集可以包含部件的名称、原点、方向、几何对象、基准、坐标系等信息。

（8）自由度：表示装配体中组件的位置定义程度，一个完全自由的组件包含 3 个旋转自由度和 3 个平移自由度，随着约束的添加，组件的自由度会逐渐减少，直至完全固定。

（9）主模型：是供 UG 模块共同引用的部件模型。同一个主模型，可同时被工程图、装配、加工、机构分析和有限元分析等模块引用，当主模型修改时，相关应用自动更新。

(10) 工作部件：是图形区中正进行编辑、操作的部件，同时也是显示部件。只有工作部件才可以进行编辑修改工作。

(11) 显示部件：在装配应用中，图形区中所有能看见的部件都是显示部件。而工作部件只有一个，当某个部件定义为工作部件时，其余显示部件将变成灰色。

7.1.2 装配方法简介

在 UG NX 中采用的是虚拟装配方式，只需通过指针来引用各零部件的模型，使装配部件和零部件之间存在关联性，这样当更新零部件时，相应的装配文件也会自动更新。

一般 CAD/CAM 软件包含两种装配模式：多组件装配和虚拟装配。多组件装配是一种简单的装配，其原理是将每个组件的信息复制到装配体中，然后将每个组件放到相应的位置；虚拟是建立各组件的链接，装配体和组件是一种引用关系。

虚拟装配是指通过计算机对产品装配过程和装配结果进行分析和仿真、评价和预测产品模型，并做出与装配相关的工程决策，而不需要实际产品支持。虚拟装配中的装配体是引用各组件的信息，而不是复制其本身，因此改变组件时，相应的装配体也自动更新；这样当组件进行变动时，就不需要对与之相关的装配体进行修改，同时也避免了修改过程中可能出现的错误，提高了工作效率。虚拟装配中，各组件通过链接应用到装配体中，比复制节省了存储空间。

1. 自底向上装配（bottom-up）

自底向上装配方法是指先分别创建最底层的零件（子装配部件），然后再把这些单独创建好的零件装配到上一级的装配部件，直到完成整个装配任务为止。也就是首先创建好装配体所需的各个零部件，并将它们以组件的形式添加到装配文件中，以形成一个所需的产品装配体。

采用自底向上的装配方法通常包括装配设计之前的零部件设计和零部件装配操作过程两大设计环节。一般适用于已有一定标准的机械设计，各零部件的尺寸在设计之前已经基本确定。

2. 自顶向下装配（top-down）

自顶向下的装配设计主要体现为从一开始便注重产品结构规划，从顶级层次向下细化设计。自顶向下装配设计方法典型应用之一是先新建一个装配文件，在该装配中创建空的新组件，并使其成为工作部件，然后按上下文中设计的设计方法在其中创建所需的几何模型。

7.1.3 装配环境介绍

UG NX 装配模块不仅能快速组合零部件成为产品，而且在装配中，可参照其他部件进行部件关联设计，并可对装配模型进行间隙分析、重量管理等操作。装配模型生成后，可建立爆炸视图，并可将其引入到装配工程图中。同时，在装配工程图中可自动产生装配明细表，并能对轴测图进行局部挖切。

在 UG NX 欢迎界面窗口中新建一个采用装配模板的装配文件，或者在"应用模块"选项卡的"设计"组中单击"装配"按钮，即可进入装配工作环境中，并弹出"装配"选项卡。

7.1.4 装配导航器

装配导航器也称为装配导航工具，提供了一个装配结构的图形显示界面，也被称为"树形表"，其中每个组件在该装配树上显示为一个节点。掌握了装配导航器才能灵活运用装配的功能。

在装配导航器中列出了装配体各部件，部件前的复选框的勾选与否可控制该部件的显示和隐藏。选中某一个部件然后展开右键菜单，可以在该菜单中执行设为工作部件、设为显示部件、移动、添加约束、删除等操作。

在装配导航器树状结构图中，装配中的子装配和组件都使用不同的图标来表示，同时各组件处于不同的状态时对应的表示按钮也不同，导航器使用的图标显示情况如表 7.1 所示。

表 7.1　导航器使用的图标

图　标	显　示　情　况
装配或子装配 🧊	当按钮为黄色时，表示该装配或者子装配被完全加载。 当按钮为灰色但是按钮的边缘仍是实线时，表示该装配或者子装配被部分加载。 当按钮为灰色且按钮的边缘为虚线时，表示该装配或者子装配没有被加载
组件 🟩	当按钮为黄色时，表示该组件被完全加载。 当按钮为灰色但是按钮的边缘仍是实线时，表示该组件被部分加载。 当按钮为灰色且按钮的边缘为虚线时，表示该组件没有被加载
检查框 ☑	当按钮显示为红色时，表示当前组件或装配处于显示状态。 当按钮显示为灰色时，表示当前组件或装配处于隐藏状态。 当按钮显示为□时，表示当前组件或子装配处于关闭状态
扩展压缩框 ➕	该压缩框针对装配或子装配，展开每个组件节点/装配或压缩为一个节点

在装配导航器窗口中单击鼠标右键可以进行相应操作，右键操作情况分为两种，一种是在相应的组件上单击右键，另一种是在装配导航器的空白区域上单击右键。

1. 在组件上单击右键

在装配导航器中任意一个组件上单击右键，可对装配导航器的节点进行编辑，并能够执行折叠或者展开相同的组件节点，以及将当前组件转换为工作组件等操作。该菜单中的选项随组件和过滤模式的不同而不同，同时还与组件所处的状态有关，通过这些选项对所选的组件进行各种操作。例如，选择组件名称单击右键并选择"设为工作部件"选项，则该组件将转换为工作部件，其他所有的组件将以灰色显示。

2. 在空白区域单击右键

在装配导航器任意空白区域中单击右键，将弹出一个快捷菜单。该快捷菜单中的选项与"装配导航器"中的按钮是一一对应的。在该快捷菜单中选择指定选项，即可执行相应的操作。例如，选择"全部折叠"选项，可将展开的所有节点都折叠在总节点之下。

7.1.5　约束导航器

在"约束导航器"中列出了各部件的约束关系。单击资源条中的"约束导航器"按钮，展开约束导航器，在约束导航器中也可以管理装配体中的约束。单击某一个约束前的展开符号，可以展开该约束的应用对象。选中某一个约束，该约束在装配体中高亮显示，在选中的约束上单击鼠标右键，可以对约束进行重新定义、反转方向、转换、抑制、删除等操作。

7.1.6　设置引用集

在装配中，由于各部件含有草图、基准平面及其他辅助图形数据，如果要显示装配中各部件和子装配的所有数据，一方面容易混淆图形，另一方面由于引用零部件的所有数据，需要占用大量内存，因此不利于装配工作的进行。通过引用集命令，能够限制加载于装配图中不必要的装配部件的信息量。

引用集是用户在零部件中定义的部分几何对象，代表相应的零部件参与装配。引用集可以包含零部件名称、原点、方向、几何体、坐标系、基准轴、基准平面和属性等数据对象。创建完引用集后，就可以单独装配到部件中，一个零部件可以定义多个引用集。执行引用集命令，主要有一种方式：选择"菜单"→"格式"→"引用集"命令。

执行上述操作后，系统弹出"引用集"对话框，其中部分选项说明如下。

🔕 创建 📄：可以创建新的引用集。输入用于引用集的名称，并选取对象。

🔕 删除 ❌：可以选择性地删除已创建的引用集，删除引用集只是在目录中删除。

🔕 设置当前的 🗐：把对话框中选取的引用集设定为当前的引用集。

🔕 属性 🗐：编辑引用集的名称和属性。

🔕 信息 ℹ️：显示工作部件的全部引用集的名称、属性和个数等信息。

7.2 ➲ 装配约束

约束关系是指组件的点、线、面等几何对象之间的配对关系，以此确定组件在装配中的相对位置。这种装配关系是由一个或者多个关联的约束组成，通过关联约束来限制组件在装配中的自由度。对组件的约束效果有以下两种。

🔕 完全约束：组件的全部自由度都被约束，在图形窗口看不到约束符号。

🔕 欠约束：组件还有自由度没被限制，称为欠约束。在装配中允许欠约束存在，因此添加约束并不一定要完全定位所有组件。

单击选项卡"装配"→"组件位置"→"显示自由度"按钮，在图形区选中某个组件，该组件上出现自由度符号显示。

执行装配约束命令，主要有以下两种方式。

🔕 菜单：选择"菜单"→"装配"→"组件位置"→"装配约束"命令。

🔕 功能区：单击"主页"选项卡"装配"组中的"装配约束"按钮 🗗。

执行上述操作或在"添加组件"对话框中选择"装配约束"定位方式，弹出"装配约束"对话框，在"类型"选项组的下拉列表中包括 11 种约束类型，分别是接触对齐、同心、距离、固定、平行、垂直、对齐/锁定、等尺寸配对、胶合、中心、角度。

1. 接触对齐约束 ▶◀▶|

将对齐约束和接触约束合为一个约束类型，这两个约束方式都可指定关联类型，使两个同类对象接触或对齐。"接触"是指约束对象贴着约束对象；"对齐"是指约束对象与约束对象是对齐的，且在同一个点、线或平面上。这个约束对象只能是组件的点、线、面。

在"装配约束"的"类型"下拉列表中选择"接触对齐"选项，此时"要约束的几何体"选项组下的"方位"下拉列表提供了"首选接触""接触""对齐"和"自动判断中心/轴"，4 个选项。

（1）首选接触 ▶ 首选接触和接触属于相同的约束类型，即指定关联类型定位两个同类对象一致。此选项既包含接触约束，又包含对齐约束，但首先对约束对象进行的是接触约束。

（2）接触 ▶◀ 选择该方位方式时，指定的两个相配合对象接触（贴合）在一起。如果选择要配合的两个对象是平面，则两平面共面且法线方向相反，如图 7.1 所示；如果选择的是锥体，系统首先检查其角度是否相等，若相等则对齐轴线；如果选择的是曲面，系统先检查两个面的内外直径是否相等，若相等则对齐两个面的轴线的位置；如果选择的是圆柱面，则要求相配组件直径相等才能对齐到轴线上，如图 7.2 所示；对于边缘、线和圆柱表面，接触类似于对齐。单击"撤销上一个约束"按钮，可以进行切换设置，调整约束的方向。

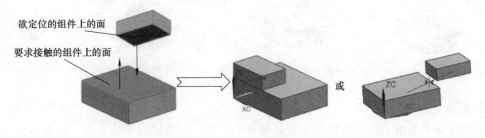

图 7.1 平面接触约束

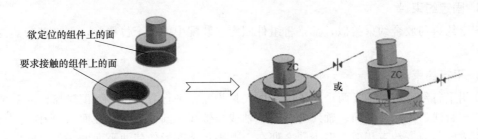

图 7.2 圆柱面接触约束

（3）对齐⊟ 选择该方位定位时，将对齐选定的两个要配合的对象。对于平面对象来说，将默认选定的两个平面共面且法线方向相同，如图 7.3 所示。当选择的是圆柱、圆锥和圆环面等直径相同的轴类实体时，将使轴线保持一致，如图 7.4 所示；当对齐边缘和线时，将使两者共线，如图 7.5 所示。

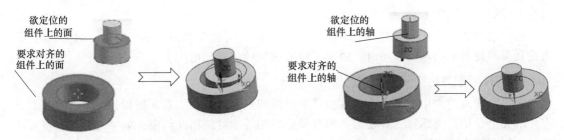

图 7.3 平面对齐约束　　　　　　　　　　图 7.4 等直径圆柱面的对齐

对齐与接触约束的不同之处在于，执行对齐约束时，对齐圆柱、圆锥和圆环面时，并不要求相关联对象的直径相同。

（4）自动判断中心/轴━━ 自动将约束对象的中心或轴，进行对齐或接触约束，可使圆锥、圆柱和圆环面的轴线重合。

2. 同心约束◎

同心约束是指两个具有旋转体特征的对象，使其在同一条轴线位置，此类约束适合于轴类零件的装配。选择"同心约束"类型，然后选取两个对象旋转体的边界轮廓线，即可获得同心约束效果，如图 7.6 所示。

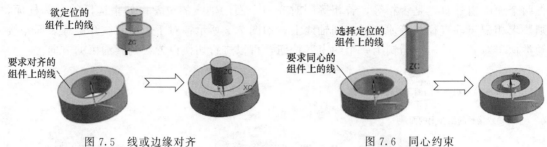

图 7.5　线或边缘对齐　　　　　　　　　　　图 7.6　同心约束

3. 距离约束 ⊪

距离约束主要用于约束组件对象之间的最小距离，距离可以是正值也可以是负值，正负号确定相配组件在基础组件的哪一侧，距离由"距离表达式"的数值确定。

4. 固定约束 ⟊

固定约束与胶合约束类似，都是将组件固定在装配中的一个位置上，不再进行其他类型的约束。

5. 平行约束 ⫽

使用平行约束可以定义两个对象的方向矢量为互相平行。可以平行配对操作的对象组合有直线与直线、直线与平面、轴线与平面、轴线与轴线（圆柱面与圆柱面）、平面与平面等。该约束方向与对齐约束相似，但不同之处在于，平行装配操作使两平面的法矢量同向，但对齐约束对其操作不仅使两平面法矢量同向，并且能够使两平面位于同一平面上。

6. 垂直约束 ⌐

设置垂直约束可以使两组件的对应参照在矢量方向上垂直，垂直约束是角度约束的一种特殊形式，可单独设置，也可以按照角度约束设置。选择两组件的对应轴线或者边线来设置垂直约束。

7. 对齐/锁定约束 ⫶

该约束的作用与"接触对齐"中的"自动判断中心/轴"类似。不同的是，对齐/锁定约束在约束圆柱对象同轴线的同时，锁定了对象的绕轴旋转自由度。

8. 等尺寸配对约束 ═

等尺寸配对约束用于将两个具有相等半径的圆柱面结合在一起，例如装配销钉或螺钉至零件的孔上，销钉或螺钉的直径与孔的直径必须相等才可使用此约束。如果之后半径变成不相等，则此约束将失效。

9. 胶合约束 ▦

胶合约束一般用于焊接件之间，将组件焊接在一起，胶合在一起的组件可以作为一个刚体移动。胶合约束可以假想为在各组件间添加一根刚性连接杆，移动或旋转其中一个组件，另一组件随之运动保持相对位置不变，多用于固定两个或多个组件的相对位置。

10. 中心约束 ⫼

中心约束是选择两个对象的中心或轴，使其中心对齐或轴重合。该约束的子类型包括"1 对 2""2 对 1"和"2 对 2"。

（1）1 对 2　选择该子类型选项时，添加的组件一个对象中心与原有组件的两个对象中心对齐，需要在添加的组件中选择一个对象中心，以及在原有组件中选择两个对象中心。其中第一个对象是要移动的几何体，第二个和第三个对象作为固定参考，不移动。约束的结果是第一个对象移动到后两个对象的中心。

（2）2 对 1 选择此子类型选项时，添加的组件两个对象中心与原有组件的一个对象中心对齐，需要在添加的组件中选择两个对象中心，以及在原有组件中选择一个对象中心。其中第一个和第二个对象是要移动的几何体，第三个对象作为中心参考，不移动。约束的结果是前两个对象移动到第三个对象的对称两侧。

（3）2 对 2 选择此子类型选项时，添加的组件两个对象中心与原有组件的两个对象中心对齐，需要在添加的组件和原有组件上各选择两个参照定义对象中心。其中第一个和第二个对象作为一组，第三个和第四个对象作为一组，约束的结果是两组对象的中心点重合。

11. 角度约束 ⚓

角度约束是子装配组件与父装配部件呈一定角度的约束。在定义组件与组件、组件与部件之间的关联条件时，选取两个参照面来设置角度约束限制，从而通过面约束起到限制组件移动约束的目的。角度约束可以在两个具有方向矢量的对象间产生，角度是两个方向矢量的夹角，逆时针方向为正。

角度约束有两个子类型选项："3D 角"和"方向角度"。当设置角度约束子类型为"3D角"时，需要选择两个有效对象（在组件和装配体中各选择一个对象，如实体面），并设置其中两个对象之间的角度尺寸。而当设置角度约束子类型为"方向角度"时，需要选择 3 个对象，其中一个对象为轴或边。

7.3 ➲ 自底向上装配

自底向上装配的设计方法是比较常用的装配方法，即先逐一设计好装配中所需的部件，再将部件添加到装配体中去，自底向上逐级进行装配。这种装配方法执行逐级装配，装配顺序清晰，便于准确定位各个组件在装配体中的位置。使用这个方法的前提条件是完成所有组件的建模操作。

在实际的装配过程中，多数情况都是利用已经创建好的零部件通过常用方式调入装配环境中，然后设置约束方式限制组件在装配体中的自由度，从而获得组件的定位效果。为方便管理复杂的装配体组件，可创建并编辑引用集，以便有效管理组件数据。具体的装配过程包括新建组件、添加组件、组件定位、移动组件、阵列组件、显示自由度、显示和隐藏约束、设置工作部件与显示部件等。

7.3.1 新建组件

通常在自顶向下的装配过程设计中采用新建组件的操作，这个组件可以是空的，也可以加入复制的几何模型。执行新建组件命令，主要有以下两种方式。

⚒ 菜单：选择"菜单"→"装配"→"组件"→"新建组件"命令。

⚒ 功能区：单击"主页"选项卡"装配"组中的"新建组件"按钮 🗂。

执行上述操作后，打开"新组件文件"对话框。设置相关参数后，单击"确定"按钮，弹出如图 7.7 所示的"新建组件"对话框。

1. 对象

⚒ 选择对象：允许选择对象，以创建为包含几何体的组件。

⚒ 添加定义对象：选中该复选框，可以在新组件部件文件中包含所有参数对象。

2. 设置

🔸 组件名：指定新组件名称。

🔸 引用集：在要添加所有选定几何体的新组件中指定引用集。

🔸 引用集名称：指定组件引用集的名称。

🔸 组件原点：指定绝对坐标系在组件部件内的位置。

- WCS：指定绝对坐标系的位置和方向与显示部件的 WCS 相同。
- 绝对坐标系：指定对象保留其绝对坐标位置。

🔸 删除原对象：选中该复选框，删除原始对象，同时将选定对象移至新部件。

图 7.7　"新建组件"对话框

图 7.8　"添加组件"对话框

7.3.2　添加组件与组件定位

执行自底向上装配的首要工作是将现有的组件导入装配环境，才能进行必要的约束设置，从而完成组件定位效果。执行添加组件命令，主要有以下两种方式。

🔸 菜单：选择"菜单"→"装配"→"组件"→"添加组件"命令。

🔸 功能区：单击"主页"选项卡"装配"组中的"添加组件"按钮 ⬚⁺。

执行上述操作后，弹出如图 7.8 所示的"添加组件"对话框。如果要进行装配的部件还没有打开，可以单击"打开"按钮，从磁盘目录中选择；已经打开的部件名称会出现在"已加载的部件"列表框中，可以从中直接选择，单击"确定"按钮，返回"添加组件"对话框。设置相关选项后，单击"确定"按钮，添加组件。

"添加组件"对话框中的部分选项说明如下。

1. 部件

🔸 选择部件：选择要添加到工作中的一个或多个部件。

🔸 已加载的部件：列出当前已加载的部件。

🔸 最近访问的部件：列出最近添加的部件。

🔸 打开：单击该按钮，打开"部件名"对话框，选择要添加到工作部件中的一个或多个部件。

2. 放置

"放置"选项组：用于插入组件的定位，包括"绝对原点""选择原点""通过约束"和"移动"。

🔸 绝对原点：插入的组件将放置在装配体坐标系的原点。

🔸 选择原点：插入组件之前，系统弹出"点"对话框，由用户指定放置点，用于指定组件在装配中的目标位置。

🔸 通过约束：按照几何对象之间的配对关系指定部件在装配图中的位置。

🔸 移动：插入组件之后，系统弹出"移动对话框"，可通过移动放置定位该组件。

3. 复制

"复制"选项组：用于在插入组件之后创建复制或阵列。其中"添加后重复"在定位方式不选择"绝对原点"时可用；"添加后创建阵列"仅在重复数量为 1 时可用。

🔸 无：仅添加一个组件实例。

🔸 添加后重复：用于添加一个新组件的其他组件。

🔸 添加后创建阵列：用于创建新添加组件的阵列。

4. 设置

"设置"选项组：用于设置组件的名称、引用集和图层，引用集是要引用的部件内容，可选择引用整个部件或者部件的某一类对象，图层选项可用于设置插入的组件在装配文件中的图层，可选择按部件的原始图层，也可设置为装配体的工作图层或指定图层。

🔸 名称：将当前所选组件的名称设置为指定的名称。

🔸 引用集：设置已添加组件的引用集。

🔸 图层选项：用于指定部件放置的目标层。

• 原始的：用于将部件放置到部件原来的层中。

• 工作的：用于将指定部件放置到装配图的工作层中。

• 按指定的：用于将部件放置到指定的层中。选择该选项，在其下端的"层"文本框中输入需要的层号即可。

7.3.3 组件阵列

在添加组件时，可设置一定的重复数量，从而添加多个相同组件到装配中，但这些组件之间没有确定的位置关系。对于装配体中按规律分布的重复组件，可使用组件阵列来创建。执行添加组件命令，主要有以下两种方式。

🔸 菜单：选择"菜单"→"装配"→"组件"→"阵列组件"命令。

🔸 功能区：单击"主页"选项卡"装配"组中的"阵列组件"按钮 📦⁺。

执行上述操作后，弹出如图 7.9 所示的"阵列组件"对话框。

在"要形成阵列的组件"选项组中选择要阵列的组件，在"阵列定义"选项组中定义布局方式和阵列参数，包含以下三种阵列布局方式。

🔸 线性：选择此方式，需要定义阵列的方向参考，选择一个方向矢量后，输入要生成的组件数量和距离，单击"确定"按钮即可完成阵列。

🔸 圆形：选择此方式，需要定义阵列的中心轴、中心点参考，选择轴和中心点参考之后，输入要生成的组件数量和角度，单击"确定"按钮即可完成阵列。

🔸 参考：参照已有的特征阵列规律来阵列组件，使用此方式阵列组件，组件将按照特征的阵列方式阵列，且每个组件添加了与源组件相同的约束。因此使用此阵列方式之前，被阵列的组件必须约束到某个阵列特征中。

7.3.4 移动组件

使用该命令可以在装配中移动并有选择地复制组件，可以选择并移动具有同一父项的多个组件。执行移动组件命令，主要有以下两种方式。

🔸 菜单：选择"菜单"→"装配"→"组件位置"→"移动组件"命令。

🔸 功能区：单击"主页"选项卡"装配"组中的"移动组件"按钮 。

执行上述操作后，弹出如图 7.10 所示的"移动组件"对话框。

图 7.9 "阵列组件"对话框

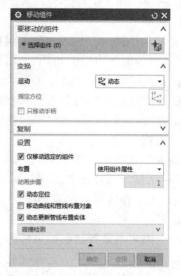

图 7.10 "移动组件"对话框

"移动组件"对话框中的部分选项说明如下。

1. 变换

🔸 距离：用于指定矢量和距离移动组件。

🔸 角度：用于指定矢量和轴点旋转组件。在"角度"文本框中输入要旋转的角度值。

🔸 点到点：用于采用点到点的方式移动组件。选择该选项，打开"点"对话框，提示先后选择两个点，系统根据这两点构成的矢量和两点间的距离，沿着这个矢量方向移动组件。

🔸 根据三点旋转：用于在两点间旋转所选的组件。选择该选项后，系统会打开"点"对话框，要求先后指定 3 个点，WCS 将原点落到第一个点，同时计算 1、2 点构成的矢量和 1、3 点构成的矢量之间的夹角，按照这个夹角旋转组件。

🔸 将轴与矢量对齐：用于在不知道角度或者角度不是整数的情况下，将两个组件调成同一个方向。

🔸 CSYS 到 CSYS：用于采用移动坐标方式移动所选组件。选择一种坐标定义方式定义参考坐标系和目标坐标系，则组件从参考坐标系的相对位置移动到目标坐标系中的对应位置。

🔸 动态：用于通过拖动、使用图形窗口中的输入框或通过"点"对话框来重定位组件。

🔸 通过约束：用于通过创建移动组件的约束来移动组件。

🔸 增量 XYZ：用于沿 X、Y 和 Z 坐标轴方向移动一个距离。如果输入的值为正，则沿坐标轴正向移动；反之，沿负向移动。

🔸 投影距离 🔲：根据投影的距离来移动组件。

2. 复制

🔸 不复制：在移动过程中不复制组件。

🔸 复制：在移动过程中复制组件。

🔸 手动复制：在移动过程中复制组件，并允许控制副本的创建时间。

3. 设置

🔸 仅移动选定的组件：用于移动选定的组件。约束到所选组件的其他组件不会移动。

🔸 动画步骤：在图形窗口中设置组件移动的步数。

🔸 动态定位：选中该复选框，对约束求解并移动组件。

🔸 移动曲线和管线布置对象：选中该复选框，对对象和非关联曲线进行布置，使其在约束中进行移动。

🔸 动态更新管线布置实体：选中该复选框，可以在移动对象时动态更新管线布置对象位置。

🔸 碰撞检测：用于设置碰撞动作选项。该下拉列表框中包括"无""高亮显示碰撞"和"在碰撞前停止"3 个选项。

7.3.5 替换组件

在装配过程中，可选取指定的组件将其替换为新的组件。执行替换组件命令，主要有以下两种方式。

🔸 菜单：选择"菜单"→"装配"→"组件"→"替换组件"命令。

🔸 功能区：单击"主页"选项卡"装配"组中的"替换组件"按钮 🔳。

执行上述操作后，弹出如图 7.11 所示的"替换组件"对话框。

"替换组件"对话框中的选项说明如下。

🔸 要替换的组件：选择一个或多个要替换的组件。

🔸 替换件：包括以下选项。

- 选择部件：在图形窗口、已加载列表或未加载列表中选择替换组件。
- 已加载的部件：在列表框中显示所有加载的组件。
- 未加载的部件：显示候选替换部件列表的组件。
- 浏览：浏览包含部件的目录。

🔸 维持关系：指定在替换组件后是否尝试维持关系。勾选"维持关系"复选框，可在替换组件时保持装配关系。它是先在装配中移去组件，并在原来位置加入一个新组件。系统将保留原来组件的装配条件，并沿用到替换的组件上，使替换的组件与其他组件构成关联关系。

🔸 替换装配中的所有事例：在替换组件时是否替换所有事例。勾选"替换装配中的所有事例"复选框，则当前装配体中所有重复使用的装配组件都将被替换。

🔸 组件属性：允许指定替换部件的名称、引用集和图层属性。

7.3.6 显示和隐藏约束

使用该命令可以控制选定的约束、与选定组件相关联的所有约束和选定组件之间的约束。执行显示和隐藏约束命令，主要有一种方式：选择"菜单"→"装配"→"组件位置"→"显示和隐藏约束"命令。执行上述操作后，弹出如图 7.12 所示的"显示和隐藏约束"对话框。利用该对话框选择装配对象（组件或约束），然后在"设置"选项组中选择"约束之间"单选按钮或"连接到组件"单选按钮，并设置是否更改组件可见性等。

图 7.11 "替换组件"对话框　　　　图 7.12 "显示和隐藏约束"对话框

"显示和隐藏约束"对话框中的部分选项说明如下。

⬇ 选择组件或约束：选择操作中使用的约束所属组件或各个约束。

⬇ 可见约束：用于指定在操作之后可见约束是为选定组件之间的约束，还是与任何选定组件相连接的所有约束。

⬇ 更改组件可见性：用于指定是否仅仅是操作结果中涉及的组件可见。

⬇ 过滤装配导航器：用于指定是否在装配导航器中过滤操作结果中未涉及的组件。

例如：在装配中选择一个约束符号，设置可见约束选项为"约束之间"，并勾选"更改组件可见性"复选框，然后单击"应用"按钮，则只显示该约束控制的组件；而如果在装配中选择一个组件，设置其可见约束选项为"连接到组件"，勾选"更改组件可见性"复选框，然后单击"应用"按钮，则显示所选组件及其约束（连接到）的组件。

7.3.7 显示自由度

该命令能显示装配体中组件的自由度。选择"菜单"→"装配"→"组件位置"→"显示自由度"选项，打开"组件选择"对话框，选择要显示自由度的组件，单击"确定"按钮，即可显示该组件的自由度。

7.3.8 删除组件

在装配构成中，可将指定的组件删除。在绘图区选取要删除的对象，单击右键，选择"删除"选项，即可将指定组件删除；对于在此之前已经进行约束设置的组件，执行该操作，将打开"移除组件"对话框，单击该对话框中的"删除"按钮，即可将约束删除，然后单击"确定"按钮，完成删除组件操作。

7.3.9 创建实例：冲孔模具的装配

为了更好地理解和熟练运用装配命令，通过具体装配一套冷冲压模具——冲孔模具为实例，熟悉自底向上装配方法的使用。冲孔模具先装配下模，再以下模为基准装配上模，将上模、下模两部分装配在一起，并用螺钉紧固。

1. 下模装配

（1）新建装配文件 1：选择"菜单"→"文件"→"新建"命令或单击"快速访问"工具栏中的"新建"按钮，弹出"新建"对话框。在"模板"选项组中选择"装配"，在"名称"文本框中输入 xiamu_asm.prt,单击"确定"按钮,进入装配环境。

(2)添加下模座组件:选择部件 xiamuzuo_model-1,"放置"选项组的"定位"方式选择"选择原点",指定原点(0,0,0);"重复"选项组的"数量"为 1;"复制"选项组的"多重添加"为"无",其他默认。添加下模座组件后效果如图 7.13 所示。

(3)添加导柱组件(导柱的底面到下模座底面距离为 5mm):选择部件 daozhu_model-3,"放置"选项组的"定位"方式选择"通过约束","重复"选项组的"数量"为 1;"复制"选项组的"多重添加"为"无",其他默认。单击"确定"按钮,弹出"装配约束"对话框。

➡ 在"类型"下拉列表框中选择"距离",先选择导柱的底面,然后选择下模座的底面,距离输入"−5",单击"应用"按钮;

➡ 在"类型"下拉列表框中选择"接触对齐","要约束的几何体"选项组的"方位"下拉列表框中选择"自动判断中心/轴",先选择导柱的中心线,然后选择下模座中的孔的中心线,单击"确定"按钮,完成一个导柱的添加,如图 7.14 所示。

➡ 同理添加另一根导柱,如图 7.15 所示,也可用其他的约束方法定位。

图 7.13　下模座组件　　图 7.14　距离约束和自动判断中心/轴约束　　图 7.15　导柱的装配

(4)添加凹模组件:选择部件 aomo_model-4,"放置"选项组的"定位"方式选择"通过约束","重复"选项组的"数量"为 1;"复制"选项组的"多重添加"为"无",其他默认。单击"确定"按钮,弹出"装配约束"对话框。

➡ 在"类型"下拉列表框中选择"接触对齐","要约束的几何体"选项组的"方位"下拉列表框中选择"接触",先选择凹模的底面,然后选择下模座的顶面上的凹面,如图 7.16 所示,单击"应用"按钮。

➡ 在"类型"下拉列表框中选择"接触对齐","要约束的几何体"选项组的"方位"下拉列表框中选择"自动判断中心/轴",先选择凹模的一个孔的中心线,然后选择下模座中对应的孔的中心线,如图 7.17 所示,单击"应用"按钮。

➡ 在"类型"下拉列表框中选择"接触对齐","要约束的几何体"选项组的"方位"下拉列表框中选择"自动判断中心/轴",先选择凹模的另一个孔的中心线,然后选择下模座中对应的另一个孔的中心线,单击"确定"按钮,完成凹模的装配,如图 7.18 所示。

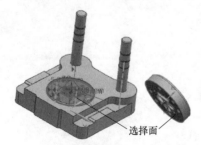 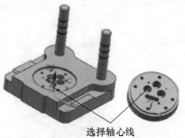 

图 7.16　接触约束　　　　图 7.17　自动判断中心/轴约束　　图 7.18　凹模的装配

（5）添加定位板组件：选择部件 dingweiban_model-5，"放置"选项组的"定位"方式选择"通过约束"，"重复"选项组的"数量"为1；"复制"选项组的"多重添加"为"无"，其他默认。单击"确定"按钮，弹出"装配约束"对话框。

↳ 在"类型"下拉列表框中选择"接触对齐"，"要约束的几何体"选项组的"方位"下拉列表框中选择"接触"，先选择定位板的底面，然后选择凹模上的对应的面，如图7.19所示，单击"应用"按钮。

↳ 定位板组件的孔的定位参照凹模组件相应位置的孔，采用自动判断中心/轴约束，装配后的定位板如图7.20所示。

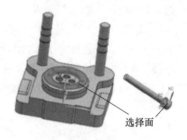

图7.19　接触约束　　　　图7.20　定位板的装配　　　　图7.21　接触约束

（6）添加内六角螺钉组件：选择部件 neiliujiaoluoding_model-20，"放置"选项组的"定位"方式选择"通过约束"，"重复"选项组的"数量"为1；"复制"选项组的"多重添加"为"无"，其他默认。单击"确定"按钮，弹出"装配约束"对话框。

↳ 在"类型"下拉列表框中选择"接触对齐"，"要约束的几何体"选项组的"方位"下拉列表框中选择"接触"，先选择内六角螺钉的头部的底面，然后选择定位板上的顶面，如图7.21所示，单击"应用"按钮。

↳ 在"类型"下拉列表框中选择"接触对齐"，"要约束的几何体"选项组的"方位"下拉列表框中选择"自动判断中心/轴"，先选择螺钉孔的中心线，然后选择定位板螺钉孔位置孔的中心线，如图7.22所示，单击"确定"按钮，完成内六角螺钉的装配，如图7.23所示。

↳ 组件阵列：单击"主页"选项卡"装配"组中的"阵列组件"按钮，在绘图区中选择已装配好的内六角螺钉，在"阵列定义"选项组的"布局"下拉列表框中选择"圆形"，"指定矢量"选择"ZC"方向，"指定点"输入（0，0，0）角度和方向选项组中"间距"下拉列表框中选择"数量和节距"选项，"数量"输入"4"，"节距角"输入"90"，单击"确定"按钮，完成四个内六角螺钉的装配，如图7.24所示（或者在"阵列定义"选项组的"布局"下拉列表框中选择"参考"，直接可完成四个内六角螺钉的装配）。

↳ 保存文件 xiamu_asm.prt。

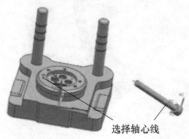

图7.22　自动判断中心/轴约束　　　　图7.23　一个螺钉的装配　　　　图7.24　螺钉的装配

2. 上模装配

（1）新建装配文件2：选择"菜单"→"文件"→"新建"命令或单击"快速访问"工具栏中的"新建"按钮 ，弹出"新建"对话框。在"模板"选项组中选择"装配"，在"名称"文本框中输入 shangmu_asm.prt，单击"确定"按钮，进入装配环境。

（2）添加上模座组件：选择部件 shangmozuo_model-22，"放置"选项组的"定位"方式选择"绝对原点"；"重复"选项组的"数量"为1；"复制"选项组的"多重添加"为"无"，其他默认。添加上模座组件后效果如图7.25所示。

（3）添加导套组件：选择部件 daotao_model-9，"放置"选项组的"定位"方式选择"通过约束"，其他默认。单击"确定"按钮，弹出"装配约束"对话框。

⚒ 在"类型"下拉列表框中选择"接触对齐"，"要约束的几何体"选项组的"方位"下拉列表框中选择"对齐"，先选择导套的顶面，然后选择上模座上的面，如图7.26所示单击"应用"按钮。

图7.25 上模座

图7.26 对齐约束

图7.27 自动判断中心/轴约束

⚒ 在"类型"下拉列表框中选择"接触对齐"，"要约束的几何体"选项组的"方位"下拉列表框中选择"自动判断中心/轴"，先选择导套的中心线，然后再选择上模座中对应的孔的中心线，如图7.27所示，单击"确定"按钮，完成单个导套的装配，如图7.28所示。

⚒ 同理装配另一个导套，也可采用组件阵列的方法，"布局"采用"参考"或"线性"，装配好的导套效果图如图7.29所示。

图7.28 单个导套的装配

图7.29 导套的装配

图7.30 接触约束

（4）添加模柄组件：选择部件 mobing_model-16，"放置"选项组的"定位"方式选择"通过约束"，其他默认。单击"确定"按钮，弹出"装配约束"对话框。

⚒ 在"类型"下拉列表框中选择"接触对齐"，"要约束的几何体"选项组的"方位"下拉列表框中选择"接触"，先选择导套的顶面，然后选择上模座上的面，如图7.30所示，单击"应用"按钮。

⚒ 在"类型"下拉列表框中选择"接触对齐"，"要约束的几何体"选项组的"方位"下拉列表框中选择"自动判断中心/轴"，先选择模柄的中心线，然后再选择上模座中对应的孔的中心线，如图7.31所示，单击"确定"按钮，完成模柄的装配，如图7.32所示。

（5）添加圆柱销组件：选择部件 yuanzhuxiao_model-17，"放置"选项组的"定位"方式选择"通过约束",其他默认。单击"确定"按钮,弹出"装配约束"对话框。

图 7.31 自动判断中心/轴约束   图 7.32 模柄的装配   图 7.33 接触约束

 ⬇ 在"类型"下拉列表框中选择"接触对齐","要约束的几何体"选项组的"方位"下拉列表框中选择"接触",先选择圆柱销的底面,然后选择上模座的下表面,如图 7.33 所示,单击"应用"按钮。

 ⬇ 在"类型"下拉列表框中选择"接触对齐","要约束的几何体"选项组的"方位"下拉列表框中选择"自动判断中心/轴",先选择圆柱销的中心线,然后再选择上模座中对应的孔的中心线,如图 7.34 所示,单击"确定"按钮,完成圆柱销的装配,如图 7.35 所示。

 ⬇ 保存文件 shangmu _ asm. prt。

图 7.34 自动判断中心/轴约束   图 7.35 圆柱销的装配 图 7.36 凸模固定板   图 7.37 接触约束

3. 工作部件装配

（1）新建装配文件 3：选择"菜单"→"文件"→"新建"命令或单击"快速访问"工具栏中的"新建"按钮 🗋，弹出"新建"对话框。在"模板"选项组中选择"装配"，在"名称"文本框中输入 workingpart _asm. prt，单击"确定"按钮，进入装配环境。

（2）添加凸模固定板组件：选择部件 tumogudingban _ model-13，"放置"选项组的"定位"方式选择"绝对原点"或"选择原点"，添加凸模固定板组件后，效果如图 7.36 所示。

（3）添加凸模 1 组件：选择部件 tumo3 _model-6，"放置"选项组的"定位"方式选择"通过约束"，其他默认。单击"确定"按钮，弹出"装配约束"对话框。

 ⬇ 在"类型"下拉列表框中选择"接触对齐","要约束的几何体"选项组的"方位"下拉列表框中选择"接触",先选择凸模 1 上的面,然后选择凸模固定板上的面,如图 7.37 所示,单击"应用"按钮。

 ⬇ 在"类型"下拉列表框中选择"接触对齐","要约束的几何体"选项组的"方位"下拉列表框中选择"自动判断中心/轴",先选择凸模 1 的中心线,然后再选择凸模固定板上对应孔的中心线,单击"确定"按钮,完成凸模 1 的装配,如图 7.38 所示。

 ⬇ 组件阵列:单击"主页"选项卡"装配"组中的"阵列组件"按钮 🎲⁺,在绘图区中选择已装配好的凸模 1,在"阵列定义"选项组的"布局"下拉列表框中选择"参考",单击"确定"按钮,完成凸模 1 的阵列,如图 7.39 所示。

 ⬇ 移动组件:选择"菜单"→"装配"→"组件位置"→"移动组件"命令,要移动的组件选择凸模 1，"变换"选项组"运动"下拉列表框选择"🖊 点到点"，指定出发点和指定目标点位置如图 7.40 所示，"复制"选项组"模式"下拉列表框选择"复制"，单击"应用"按钮，完成凸模 1 组件的移动如图 7.41 所示。

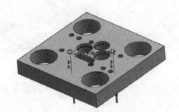
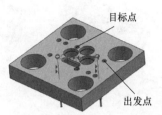

图 7.38　凸模 1 的装配　　　　　图 7.39　阵列组件　　　　　图 7.40　选择出发点和目标点

（4）添加凸模 2 组件：添加组件 tumo20_model-7，装配方法参考凸模 1 组件，可采用"接触"约束和"自动判断中心/轴"约束，如图 7.42 所示；采用组件阵列命令，如图 7.43 所示。

图 7.41　凸模 1 的装配　　　　　图 7.42　凸模 2 装配　　　　　图 7.43　阵列组件

（5）添加凸模 3 组件：添加组件 yixingtumo_model-8，装配方法参考凸模 1 组件，可采用"对齐"约束和两次"自动判断中心/轴"约束，如图 7.44 所示。

（6）添加凸模 4 组件：添加组件 tumo5_model-15，装配方法参考凸模 1 组件，可采用"对齐"约束、"接触"约束和"自动判断中心/轴"约束，如图 7.45 所示。

图 7.44　凸模 3 的装配　　　　　图 7.45　凸模 4 的装配　　　　　图 7.46　垫板的装配

（7）添加垫板组件：添加组件 dianban_model-14，装配方法可采用"接触"约束和两次"对齐"约束（或两次"自动判断中心/轴"约束），如图 7.46 所示。

（8）保存文件 workingpart_asm.prt。

4. 将工作部件装配到上模

（1）打开装配文件 shangmu_asm.prt，将 workingpart_asm.prt 部件作为组件添加到 shangmu_asm.prt 装配中，采用"接触"约束和两次"自动判断中心/轴"约束，如图 7.47 所示。

（2）添加 4 个内六角螺钉组件：添加组件 neiliujiaoluoding_model-19，可采用"接触"约束和"自动判断中心/轴"约束，组件阵列命令添加 4 个内六角螺钉，如图 7.48 所示。

（3）添加 4 个弹簧组件：添加组件 tanhuang_model-10，可通过移动组件命令完成 4 个弹簧的装配，如图 7.49 所示。

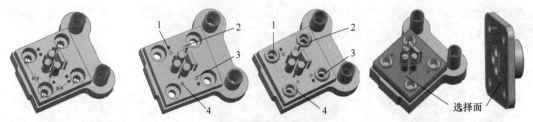

图 7.47 装配工作部件图　图 7.48 内六角螺　图 7.49 弹簧的装配　图 7.50 距离约束
钉的装配

（4）添加卸料板组件：添加组件 xieliaoban_model-21，可通过距离约束，首先选择卸料板的顶面，再选择凸模固定板的底面，两板之间的距离为-13.5，如图 7.50 所示。然后通过两次"自动判断中心/轴"约束，注意要选择合适的、相对应中心线对齐，完成卸料板的装配如图 7.51 所示。

（5）添加卸料板螺钉组件：添加组件 xieliaoluoding_model-12，可采用"接触"约束和"自动判断中心/轴"约束，组件阵列命令添加 4 个内六角螺钉，如图 7.52 所示。

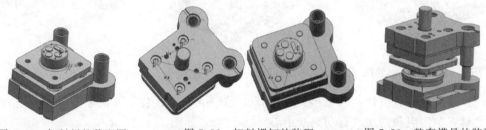

图 7.51 卸料板的装配图　　　图 7.52 卸料螺钉的装配　　　图 7.53 整套模具的装配

（6）保存文件 shangmu_asm.prt。

5. 整套模具的装配

打开装配文件 xiamu_asm.prt，将 shangmu_asm.prt 部件作为组件添加到 xiamu_asm.prt 装配中，采用"接触"约束和两次"自动判断中心/轴"约束，如图 7.53 所示，保存文件，完成整套模具的装配。

7.4 ⊃ 自顶向下装配

自顶向下装配的方法是指在上下文设计中进行装配，即在装配过程中参照其他部件对当前工作部件进行设计。例如，在一个组件中定义孔时需要引用其他组件中的几何对象进行定位，当工作部件是未设计完成的组件而显示部件是装配部件时，自顶向下装配方法非常有用。

当装配建模在装配上下文中，可以利用链接关系建立从其他部件到工作部件的几何关系。利用这种关联，可引用其他部件中的几何对象到当前工作部件中，再用这些几何对象生成几何体。这样，一方面提高了设计效率，另一方面保证部件之间的关联性，便于参数化设计。

7.4.1 装配方法一

该方法是先建立装配关系，但不建立任何几何模型，然后使其中的组件成为工作部件，并在其中设计几何模型，即在上下文中进行设计，边设计边装配，具体装配建模方法如下。

1. 打开一个文件

执行该装配方法，首先打开的是一个含有组件或者装配件的文件，或先在该文件中建立一个或多个组件。

2. 新建组件

单击选项卡"装配"→"组件"→"新建组件"按钮，打开"新建组件"对话框，此时如果单击"选择对象"按钮，可选取图形对象为新建组件。但由于该装配方法只创建一个空的组件文件，因此该处不需要选择几何对象。展开该对话框中的"设置"选项组，该选项组中包括多个列表及文本框和复选框，其含义和设置方法如下。

➡ 组件名：由于指定组件名称，默认为组件的存盘文件名。如果新建多个组件，可修改组件名便于区分其他组件。

➡ 引用集：在该列表中可指定当前引用集的类型，如果在此之前已经创建了多个引用集，则该列表中将包括模型、仅整个部件和其他。如果选择"其他"列表，可指定引用集的名称。

➡ 图层选项：用于设置产生的组件加到装配部件中的哪一层。选择"工件"选项表示新组件加到装配组件的工作层；选择"原始的"选项表示新组件保持原来的层位置；选择"按指定的"选项表示将新组件加到选中组件的指定层。

➡ 组件原点：用于指定组件原点采用的坐标系。如果选择"WCS"选项，设置组件原点为工作坐标；如果选择"绝对"选项，将设置组件原点为绝对坐标。

➡ 删除原对象：启用该复选框，则在装配中删除所选的对象。

设置新组件的相关信息后，单击"确定"按钮，即可在装配中产生一个含有所选部件的新组件，并把几何模型加入到新组件中。将该组件设置为工作部件，在组件环境添加并定位已有部件，这样在修改该组件时，可任意修改组件中添加部件的数量和分布方式。

7.4.2 装配方法二

这种装配方法是指在装配件中建立几何模型，然后再建立组件，即建立装配关系，并将几何模型添加到组件中去。与上一种装配方法不同之处在于：该装配方法打开一个不包含任何部件和组件的新文件，并且使用链接器将对象链接到当前装配环境中，其设置方法如下所述。

1. 打开文件并新建组件

打开一个文件，该文件可以是一个不含任何几何体和组件的新文件，也可以是一个含有几何体或者装配部件的文件，然后按照上述创建新组件的方法创建一个新的组件。新组件产生后，由于其不含任何几何对象，因此装配图形没有什么变化。完成上述步骤后，"类选择器"对话框重新出现，再次提示选择对象到新组件中，此时可选择取消对话框。

2. 建立并编辑新组件几何对象

新组件产生后，可在其中建立几何对象。首先必须改变工作部件到新组件中，然后执行建模操作，最常见的有以下两种建立对象的方法。

（1）建立几何对象 如果不要求组件间的尺寸相互关联，则改变工作部件到新组件，直接在新组件中用建模的方法建立和编辑几何对象。指定组件后，在导航区选择该组件，然后单击右键，在弹出的快捷菜单中单击"设为工作部件"按钮，即可将该组件转换为工作部件，然后新建组件或添加现有组件，并将其定位到指定位置。

（2）约束几何对象 如果要求新组件与装配中其他组件有几何连接线，则应在组件间建立链接关系。UG WAVE 技术是一种基于装配建模的相关性参数化设计技术，允许在不同部件之间建立参数之间的相关关系，即所谓的"部件间关联"关系，实现部件之间的几何对象的相关复制。

在组件之间建立链接关系的方法是：保持显示组件不变，按照上述设置组件的方法改变工作组件到新组件，然后单击菜单"插入"→"关联复制"→"WAVE 几何链接器"命令，打开"WAVE 几何链接器"对话框，如图 7.54 所示。该对话框用于链接其他组件中的点、线、面和体等到当前的工作组中，在"类型"列表中包含链接几何对象的多个类型，有复合曲线、点、基准、草图、面、面区域、体、镜像体、管线布置对象等，选择不同的类型后，则相对应的类型链接到工作部件中。

图 7.54　WAVE 几何链接器　　　　图 7.55　"部件间链接浏览器"对话框

为了检验 WAVE 几何链接的效果，可查看链接信息，并根据需要编辑链接信息。单击菜单"装配"→"WAVE"→"部件间链接浏览器"命令，打开"部件间链接浏览器"对话框，如图 7.55 所示，在该对话框中可浏览、编辑、断开所有已链接信息。

7.4.3　创建实例：根据凸模固定板创建垫板

如图 7.56 所示，根据已有凸模固定板组件相关地建立一个垫板组件，要求垫板中的特征来自凸模固定板的父面，若凸模固定板中父面的相关特征大小和形状改变时，装配中的垫板也相应改变。

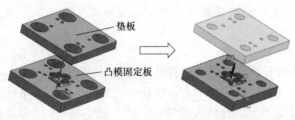

图 7.56　WAVE 技术实例

1. 创建装配文件

新建一个装配文件，将 tumogudingban_model-13 组件加载到新建的装配文件中。

2. 添加新组件

选择"装配"→"组件"→"新建组件"命令，出现"新组件文件"对话框，在"模板"选项卡中选中"模型"单选按钮，在"名称"文本框中输入"dianban.prt"，在"文件夹"下拉列表框中选择保持路径，单击"确定"按钮，弹出"类选择"对话框，不做任何操作，单击"确定"按钮，展开"装配导航器"如图 7.57 所示。

3. 设为工作部件

右击 dianban 组件，选择"设为工作部件"命令，如图 7.58 所示，将 dianban 组件设置为工作部件。

4. 创建 WAVE 几何链接

单击菜单"插入"→"关联复制"→"WAVE 几何链接器"命令，弹出"WAVE 几何链接

图 7.57 "装配导航器"对话框   图 7.58 设为工作部件

器"对话框，在"类型"下拉列表框中选择"复合曲线"选项，在图形区中选择相应的曲线，如图 7.59 所示，单击"确定"按钮，创建"链接的复合曲线（1）"。单击"部件导航器"按钮，展开"模型历史记录"特征树，可以看到已创建的 WAVE 链接复合曲线，如图 7.60 所示。

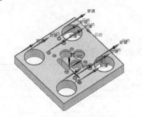

图 7.59 WAVE 复合曲线

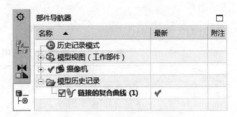

图 7.60 模型历史记录

5. 创建垫板

选择"拉伸"命令，选择刚创建的 WAVE 链接的复合曲线，设置"拉伸"参数，指定矢量为 ZC 方向，开始距离为 0，结束距离为 20，布尔运算为无，单击"确定"按钮，创建垫板如图 7.61 所示。

图 7.61 WAVE 垫板

图 7.62 垫板的装配

6. 保存文件

展开"装配导航器，"将新建的装配文件组件设为"工作部件"，保存文件，完成垫板组件的创建。将 dianban 组件重新加载到装配文件中，如图 7.62 所示，保存文件，完成垫板组件的装配。

7. 修改孔的直径

展开"装配导航器"，将凸模固定板组件设为工作部件，更改孔的直径，则垫板中相应孔的直径也做相应变化，如图 7.56 所示。当一个部件发生变化时，另一个基于该部件的特征所建立的特征也会发生相应的变化，二者是同步的，用这种方法建立关联几何对象可以减少修改设计的成本，并保持了设计的一致性。

7.5 ➡ 爆炸图

爆炸视图简称爆炸图，是在装配环境下把组成装配的组件拆分开，以更好地表达整个装配的组成状况，便于观察每个组件的一种方法。爆炸图通常用来表达装配体内部各组件之间的安装工艺和产品结构等的相互关系，有助于设计人员和操作人员清楚地查阅装配部件内各组件的装配关系。爆炸图在本质上也是一个视图，与其他用户定义的视图一样，一旦定义和命名就可以被添加到其他图形中。爆炸图与显示部件关联，并存储在显示部件中，用户可以在任何视图中显示爆炸图形，并对该图形进行任何的 UG 操作，该操作也将同时影响到非爆炸图中的组件。

"爆炸图"选项组中各命令含义如表 7.2 所示。

表 7.2 "爆炸图"选项卡中各主要按钮的功能含义

选 项	选项功能含义
新建爆炸图	在工作视图中新建爆炸图，可以在其中重定义组件以生成爆炸图
编辑爆炸图	重新编辑、定义当前爆炸图中选定的组件
自动爆炸组件	基于组件的装配约束重定位当前爆炸图中的组件
取消爆炸组件	将组件恢复到原先未爆炸的位置
删除爆炸图	删除未显示在任何视图中的装配爆炸图
隐藏爆炸图	隐藏工作视图中的装配爆炸图
显示爆炸图	显示工作视图中的装配爆炸图
追踪线	在爆炸图中创建组件的追踪线以指示组件的装配位置

7.5.1 新建爆炸图

使用该命令可创建新的爆炸图，组件将在其中以可见方式重定位，生成爆炸图。单击选项卡"装配"→"爆炸图"→"新建爆炸图"按钮，或者选择菜单按钮"装配"→"爆炸图"→"新建爆炸图"选项，打开"新建爆炸图"对话框，如图 7.63 所示。

在"新建爆炸图"对话框的"名称"文本框中输入新的名称，或者接受默认名称。系统默认的名称是以 Explosion ♯ 形式表示的，♯ 为从 1 开始的序号。在"新建爆炸图"对话框中单击"确定"按钮，即可完成创建。

7.5.2 编辑爆炸图

使用该命令，重新定位爆炸图中选定的一个或多个组件。单击选项卡"装配"→"爆炸图"→"编辑爆炸图"按钮，或者选择菜单按钮"装配"→"爆炸图"→"编辑爆炸图"选项，打开"编辑爆炸图"对话框，如图 7.64 所示。

图 7.63 "新建爆炸图"对话框

图 7.64 "编辑爆炸图"对话框

"编辑爆炸图"对话框中的选项说明如下。

🔩 选择对象:选择要捕捉爆炸的组件。

🔩 移动对象:移动选定的组件。

🔩 只移动手柄:移动手柄而不移动其他任何对象。

🔩 距离/角度:设置距离或角度以重新定位所选组件。

🔩 捕捉增量:选中该复选框,可以拖动手柄时移动的距离或旋转的角度设置捕捉增量。

🔩 取消爆炸:将选定的组件移回其未爆炸的位置。

🔩 原始位置:将所选组件移回其在装配中的原始位置。

编辑组件到满意位置后,在"编辑爆炸图"对话框中单击"应用"或"确定"按钮,完成爆炸图的编辑。

7.5.3 自动爆炸组件

自动爆炸组件是指通过输入统一的自动爆炸组件值,程序沿着每个组件的轴向、径向等矢量方向进行自动爆炸。单击选项卡"装配"→"爆炸图"→"自动爆炸组件"按钮,或者选择菜单按钮"装配"→"爆炸图"→"自动爆炸组件"选项,系统弹出"类选择"对话框,选择组件并确认后,打开"自动爆炸组件"对话框,如图 7.65 所示。

图 7.65 "自动爆炸组件"对话框

在该对话框的"距离"文本框中输入组件的自动爆炸位移值,即可创建自动爆炸组件。

7.5.4 取消爆炸组件

取消爆炸组件是指将组件恢复到未爆炸之前的位置。单击选项卡"装配"→"爆炸图"→"取消爆炸组件"按钮,或者选择菜单按钮"装配"→"爆炸图"→"取消爆炸组件"选项,选择组件然后单击"确定"按钮,即可将该组件恢复到未爆炸的位置。

7.5.5 删除爆炸组件

可以删除未显示在任何视图中的装配爆炸图,无法删除当前显示的爆炸图。单击选项卡"装配"→"爆炸图"→"删除爆炸图"按钮,或者选择菜单按钮"装配"→"爆炸图"→"删除爆炸图"选项,系统弹出"删除爆炸图"对话框,该对话框中列出了所有爆炸图的名称,在列表框中选择一个爆炸图,再单击"确定"按钮即可删除已建立的爆炸图。在图形窗口中显示的爆炸图,不能直接删除。如果要删除它,先要将其复位。

7.5.6 隐藏和显示视图中的组件

单击选项卡"装配"→"爆炸图"→"隐藏爆炸图"按钮,或者选择菜单按钮"装配"→"爆炸图"→"隐藏爆炸图"选项,即可隐藏工作视图中的装配爆炸图。

单击选项卡"装配"→"爆炸图"→"显示爆炸图"按钮,或者选择菜单按钮"装配"→"爆炸图"→"显示爆炸图"选项,即可显示工作视图中的装配爆炸图。

7.5.7 追踪线

在爆炸图中创建组件的追踪线,有利于指示组件的装配位置和装配方式,尤其表示爆炸组件在装配或者拆卸期间遵循的路径,如图 7.66 所示。单击菜单"装配"→"爆炸图"→"追踪线"命令,打开"追踪线"对话框。

在组件中选择起点（使追踪线开始的点），如图 7.67 所示选择螺钉底面的圆心，注意起始方向，如果起始方向不是设计所要的，那么可以在"起始方向"子选项区域内重新定义起始方向。

图 7.66　追踪线示例　　图 7.67　指定起始点　　图 7.68　指定终点　　图 7.69　创建一条追踪线

在"终止"选项组的"终止对象"下拉列表框中提供了"点"选项和"分量"选项。当选择"点"选项时，则指定另一点作为终点来定义追踪线；当选择"分量"选项时（在很难选择终点的情况下，可以使用该选项来选择追踪线应在其中结束的组件），则由用户在装配区域中选择追踪线在其中结束的组件，系统将使用组件的未爆炸位置来计算终点的位置。指定终点位置时同样要注意终止方向，如图 7.68 所示。

如果在所选起点和终点之间具有多种可能的追踪线，那么可以在"追踪线"对话框的"路径"选项组中单击"备选解"按钮来满足设计所要求的追踪线。在"追踪线"对话框中单击"应用"按钮，完成一条追踪线的创建，如图 7.69 所示。然后可以继续绘制追踪线，单击"确定"按钮结束创建。

7.6 ● 练习题

1. 冲床机构的装配

本练习包含创建 6 个零件文件，如图 7.70～图 7.75 所示，单位为 mm；创建 1 个装配体文件 punch-mechanism，并完成相关零件的装配和爆炸图的建立。

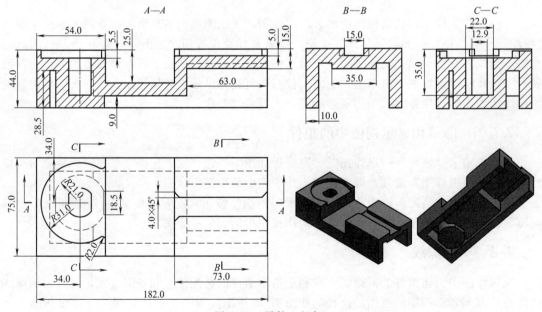

图 7.70　零件 1-机架

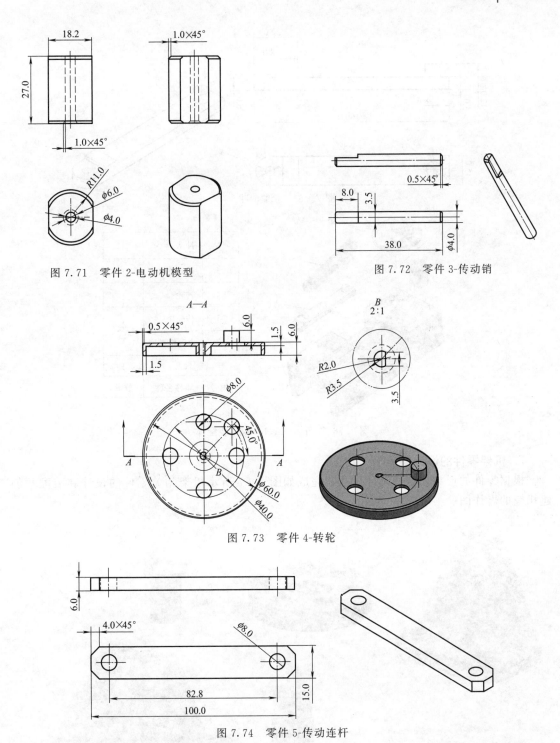

图 7.71　零件 2-电动机模型

图 7.72　零件 3-传动销

图 7.73　零件 4-转轮

图 7.74　零件 5-传动连杆

　　装配冲床转盘需要装配 4 个模型组件，底座在装配中为绝对原点放置，电动机和转盘为轴心重合，通过传动销连接，电动机底面和机架电动机槽底面贴合，转盘端面和机架电动机槽顶面贴合。装配冲头需要 2 个模型组件，冲头需要两个接触约束使它只能线性运动，传动连杆需要连接冲头和转盘，需要两个轴心重合。装配体 punch-mechanism，如图 7.76 所示。

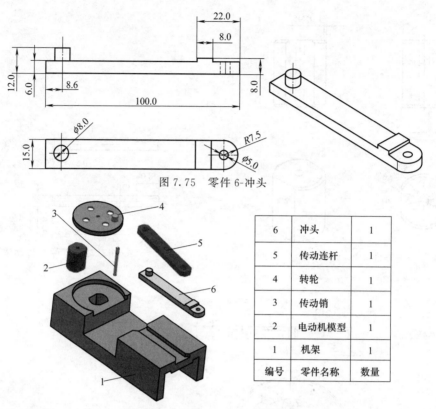

图 7.75　零件 6-冲头

6	冲头	1
5	传动连杆	1
4	转轮	1
3	传动销	1
2	电动机模型	1
1	机架	1
编号	零件名称	数量

图 7.76　punch-mechanism 装配体

2. 机架零件的设计与装配

根据零件的形状，自己设计尺寸，完成如图 7.77 所示机架相关零件的设计和装配并创建相应的爆炸图。

图 7.77　机架零件的设计与装配

第8章
工程图纸设计

利用 UG 建模功能创建的零件和装配模型，可以被引用到 UG 制图功能中快速生成二维工程图，UG 制图功能模块建立的工程图是由投影三维实体模型得到的，因此，二维工程图与三维实体模型完全相关联，模型的任何修改都会引起工程图的相应变化。

8.1 ➲ 工程图纸设计概述

工程图模块主要是为了满足零件加工和制造出图的需要。利用建模模块创建的三维实体模型，都可以利用工程图模块投影生成二维工程图，并且所生成的工程图与该实体模型是完全关联的。当实体模型改变时，工程图尺寸会同步自动更新，减少因三维模型的改变而引起的二维工程图更新所需的时间，从根本上避免了传统二维工程图设计尺寸之间的矛盾、丢线、漏线等常见错误，保证了二维工程图的正确性。

8.1.1 UG 制图特点

在 UG NX10.0 中，可以运用"制图"模块，在建模基础上生成平面工程图。由于建立的平面工程图是由三维实体模型投影得到的，因此，平面工程图与三维实体完全相关，实体模型的尺寸、形状，以及位置的任何改变都会引起平面工程图的相应更新，更新过程可由用户控制。UG 制图特点如下：

（1）可根据不同的需要，使用不同的投影方法、不同的图幅尺寸，以及不同的视图比例建立模型视图、局部放大视图、剖视图等各种视图；各种视图能自动对齐；自动生成剖面线并能进行相应的编辑。

（2）可对平面工程图进行各种半自动标注，且标注对象与基于它们所创建的视图对象相关；当模型变化和视图对象变化时，各种相关的标注都会自动更新。

（3）可在工程图中加入文字说明、标题栏、明细栏等注释。

（4）可以很方便地根据已有的三维模型来创建合格、准确的工程图。工程图纸可打印输出。

（5）UG 主模型利用 UG 装配机制建立的工程环境，所有工程参与者能共享三维设计模型，并以此为基础进行后续开发工作。

8.1.2 进入"制图"功能模块

选择"文件"→"新建"命令或单击"快速访问"工具栏中的"新建"按钮，打开"新建"对话框，如图 8.1 所示，切换到"图纸"选项卡；在模板过滤器中选择"引用现有部件"，然后在模板列表中选择所需的图纸模板，不同的模板对应不同的图纸规格；然后输入文件名和路径，接着在"要创建图纸的部件"选项组中单击"打开"按钮，系统弹出"选择主模型部件"对话框，如图 8.2 所示。

在模板过滤器的"关系"下拉列表中，可选择新建图纸的类型：一类是"独立的部件"，选择此方式，新建的图纸不引用任何外部模型，因而需要在文件内建立一个三维模型，然后创建二维视图。按 M 键即可切换到建模工作环境，然后按快捷键 Ctrl＋Shift＋D 切换到制图工作界面；另一类是"引用现有部件"，这种方式创建的图纸文件不包含模型，而是引用现有的一个部件文件，创建的图纸将与引用部件产生关联，删除了引用的部件或更改其位置之后，该图纸文件将无法打开。

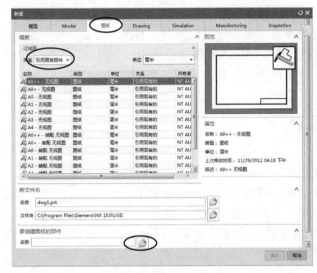

图 8.1 "新建"对话框

图 8.2 "选择主模型部件"对话框

在列表中选择已加载的部件或最近访问的部件，如果该部件没有被加载，可单击"打开"按钮，浏览到要生成图纸的部件并将其加载到对话框中，选择部件之后单击"确定"按钮，最后单击"新建"对话框上的"确定"按钮，即可进入 UG NX10.0 的制图工作界面，如图 8.3 所示。

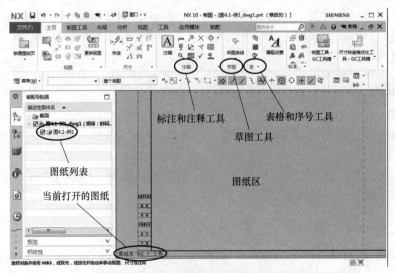

图 8.3 UG NX10.0 制图工作界面

在制图环境中，任何一个三维模型，都可以通过不同的投影方法、不同的图样尺寸和不同的比例创建灵活多样的二维工程图,建立的任何图形都将在创建的图纸页上完成。一个文件中可以添加多张图纸页,并且可以对已有的图纸页进行编辑。工程图的基本管理操作包括新建图纸页、打开图纸页、删除图纸页和编辑图纸页。

8.1.3 新建图纸页

图纸的建立可由两个途径来完成。可以先打开已有的 3D 模型或设计 3D 模型在建模环境,然后创建图纸;也可以在制图环境下创建基本视图时加载 3D 模型。

(1)在 UG 欢迎界面窗口中的单击"新建"按钮,在弹出的"新建"对话框中单击"图纸页"标签按钮,然后在模板列表中选择合适一个模板,在下方的"新文件名"选项区中输入新名称后,单击"确定"按钮,即可创建新的图纸页。

(2)在 UG 建模中的"应用模块"选项卡中单击"制图"按钮,然后进入制图环境。进入制图环境的后,单击"新建图纸页"按钮,弹出"图纸页"对话框。

🔸 使用模板:选中该单选按钮,选择所需的模板即可,如图 8.4 所示。可以在该对话框的模板列表中选择一个模板,可以预览该制图模板的形式,无需设置其他选项,单击"确定"按钮即可新建一张图纸页。

🔸 标准尺寸:选择该单选按钮,设置标准图纸的大小和比例,如图 8.5 所示。在该对话框的"大小"下拉列表中,选择从 A0~A4 国标图纸规格中的一种作为新建图纸的规格;还可以在"比例"下拉列表中设置图纸的比例,或者选择"定制比例"来设置所需的比例。

🔸 定制尺寸:选择该单选按钮,可以自定义设置图纸的大小和比例,如图 8.6 所示。该对话框中,可以在"高度"和"长度"文本框中自定义新建图纸的高度和长度,还可以在"比例"文本框中选择当前图纸的比例。

图 8.4 "使用模板"对话框

图 8.5 "标准尺寸"对话框

图 8.6 "定制尺寸"对话框

🔸 大小:用于指定图纸的尺寸规格。可以直接在其下拉列表中选择与零件尺寸相适应的图纸规格,图纸的规格随选择工程单位的不同而不同。

🔸 比例:用于设置工程图中各类视图的比例大小,系统默认的设置比例为 1:1。

🔸 图纸中的图纸页:列出工作部件中的所有图纸页。

🔸 图纸页名称:该文本框用于输入新建图纸页的名称,系统会自动按顺序排序,也可以根据需要指定相应的名称。

🔸 页号:图纸页编号由初始页号、初始次级编号,以及可选的次级页号分隔符组成。

　　🔸 版本：用于简述新图纸页的唯一版次。

　　🔸 单位：指定图纸页的单位。

　　🔸 投影：用于设置视图的投影角度方式。该对话框提供了两种投影角度方式，即第一象限角投影和第三象限角投影。按照中国的制图标准，应选择"第一象限角投影"和"毫米"公制选项。

8.1.4　删除图纸页

　　要删除图纸页，可以在部件导航器中查找到要删除的图纸页标识，选中后按鼠标右键，在弹出的快捷菜单中选择"删除"选项即可。

8.1.5　编辑图纸页

　　单击选项卡"主页"→"新建图纸页"下拉列表中的"编辑图纸页"选项，打开"图纸页"对话框，然后可对图纸页的名称、大小、测量单位和投影方式等进行相应的修改设置，单击"确定"按钮，即可完成对图纸页进行相应的编辑。

8.1.6　制图首选项设置

　　在制图环境中，为了更准确有效地创建图纸，还可以通过制图首选项进行相关的基本参数预设置，如线宽、隐藏线的显示、视图边界线的显示和颜色的设置等。

　　在制图环境中，选择"文件"→"首选项"→"制图"选项，打开"制图首选项"对话框。该对话框中包含多个设置项目，每个项目展开后又包含多个子项目。

　　🔸 常规/设置：该项目下可设置制图的常规设置，包括工作流、保留的注释、欢迎界面、常规（包括图纸页边界、表面粗糙度、焊接的设置）。

　　🔸 公共：该项目下可设置图纸的文本和尺寸的显示样式，以及尺寸的前缀和后缀、符号设置。

　　🔸 图纸格式：用于设置图纸的编号方式，以及标题栏的对齐位置。

　　🔸 视图：用于设置视图的各种显示格式和样式，例如显示视图标签、视图比例、截面线、断开线的显示样式等。

　　🔸 尺寸：用于设置尺寸的显示样式，例如尺寸的精度、公差样式，倒角标注的样式等。

　　🔸 注释：用于设置各种注释的样式，例如表面粗糙度的颜色和线宽、剖面线的图案和填充比例等。

　　🔸 表：用于设置表格的格式，例如零件明细表、折弯表、孔表等。

8.2　视图操作

　　一张工程图一般由多个不同方向、不同类型的视图构成，这样才能完整表达零件结构。NX 中可创建多种类型的视图，并能根据已有的视图快速创建其他的辅助视图。新建图纸页后，需要根据模型结构来考虑如何在图纸页上插入各种视图。插入的视图可以是基本视图、标准视图、投影视图、局部放大图、剖视图、半剖视图、旋转剖视图、断开视图和局部视图等。

8.2.1　基本视图

　　基本视图包括主（前）视图、后视图、俯视图、仰视图、左视图、右视图、正等测图和正三轴测图。

主视图是表达零件的关键视图，选择得是否合理，不但直接关系到零件结构形状表达得是否清楚，而且关系到其他视图数量和位置的确定，影响到看图和画图是否方便。因此，在选择主视图时，应首先确定零件的安放位置，再确定投影方向。一般情况下，选择最能表达零件特征的投影方向来创建主视图。

单击选项卡"主页"→"视图"→"基本视图"按钮，或者在选择"菜单"→"插入"→"视图（W）"→"基本（B）"命令，打开"基本视图"对话框，如图 8.7 所示。

创建添加"基本视图"的步骤如下：

（1）系统默认将加载的当前工作部件作为要为其创建基本视图的部件。

（2）选择一个要用作基本视图的模型视图。

（3）使用光标来指定一个屏幕位置放置视图。

图 8.7 "基本视图"对话框

图 8.8 "定向视图工具"对话框

图 8.9 "定向视图"窗口

用户可以在"模型视图"选项组中单击"定向视图工具"按钮，系统弹出如图 8.8 所示的"定向视图工具"对话框。利用该对话框可通过定义视图法向、X 向等来定向视图，在定向过程中可以在如图 8.9 所示的"定向视图"窗口中，选择参照对象及调整视角等。在"定向视图工具"对话框中执行某个操作后，视图的操作效果立即动态显示在"定向视图"窗口中，以便用户观察视图方向、调整并获得满意的视图方位，单击"定向视图工具"对话框中的"确定"按钮，完成定向视图操作。

8.2.2 投影视图

投影视图由主视图投影所得，主要包括俯视图、仰视图、左视图和右视图。当选择第一视角进行投影时，创建的俯视图在主视图的下方，左视图在主视图的右方；选择第三视角进行投影时，创建的是俯视图在主视图的上方，左视图在主视图的左方。

在大公司的正式图纸图框中，多数会有投影法特征标识。

单击选项卡"主页"→"视图"→"投影视图"按钮，或者在选择"菜单"→"插入"→"视图（W）"→"投影（J）"命令，打开"投影视图"对话框，如图 8.10 所示。此时可以接受系统自动指定的父视图，也可以单击"父视图"选项组中的"视图"按钮，从图纸页面上选择其他视图作为父视图，然后再采用放置基本视图的方法放置投影视图。创建"投影视图"示意图如图 8.11 所示。

在"投影视图"对话框的"铰链线"选项组中，从"矢量选项"下拉列表中选择"自动判断"选项或"已定义"选项。当选择"自动判断"选项时，系统基于图纸页中的父视图来自动判断投影矢量方向，此时可以设置是否勾选"关联"复选框和"反转投影方向"复选框；当选择"已定义"选项时，由用户手动定义一个矢量作为投影方向，也可以根据需要设置反转投影方向。

图 8.10　"投影视图"对话框

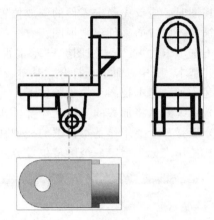

图 8.11　"投影视图"示意图

8.2.3　局部放大图

当视图中的部位比较小而又需要表达清楚时，则需要使用局部放大视图来表达。局部放大即指定的部位以一定的比例进行放大，而图形尺寸标注不会改变。

例如，单击选项卡"主页"→"视图"→"局部放大图"按钮，或者在选择"菜单"→"插入"→"视图（W）"→"局部放大图（D）"命令，打开"局部放大图"对话框，选择边界类型为"圆形"，在视图中放大部分选择一点作为放置中心点，指定圆形边界，然后设置放大比例为 2∶1，并在绘图区域适当的位置放置视图即可，如图 8.12 所示。

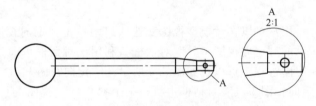

图 8.12　创建局部放大图

"局部放大图"部分选项说明如下。

（1）"类型"选项组。

➕ 圆形 ⊘：创建有圆形边界的局部放大图边界。

➕ 按拐角绘制矩形 ▭：通过选择对角线上的两个拐角点创建矩形局部放大图边界。

➕ 按中心和拐角绘制矩形 🖿：通过选择中心点和拐角点创建矩形局部放大图边界。

（2）"边界"选项组。

➕ 指定中心点：定义圆形边界的中心。

➕ 指定边界点：定义圆形边界的半径。

（3）"原点"选项组。

➕ 指定位置：指定局部放大图的位置。

➕ 移动视图：在局部放大图的过程中移动现有视图。

（4）"比例"选项组：默认局部放大图的比例因子大于父视图的比例因子。

（5）"父项上的标签"选项组：提供在父视图上放置标签的选项。

➕ 无 ▯：无边界。

+ 圆⬚：圆形边界，无标签。
+ 注释⬚：有标签但无指引线的边界。
+ 标签⬚：有标签和半径指引线的边界。
+ 内嵌⬚：标签内嵌在带有箭头的缝隙内的边界。
+ 边界⬚：显示实际视图边界。

8.2.4 断开视图

单击选项卡"主页"→"视图"→"断开视图"按钮，或者在选择"菜单"→"插入"→"视图（W）"→"断开视图（K）"命令，打开"断开视图"对话框。下面举例说明：

（1）在"断开视图"对话框的"类型"下拉列表中选择"常规"选项。

（2）选择现有的模型视图为主模型视图，方向采用默认的矢量方向。

（3）定义断裂线 1，在"断裂线 1"选项组中勾选"关联"复选框（将断开位置锚点与图纸的特征点关联），设置"偏置"（设置锚点与断裂线之间的距离）值为 0，在轴轮廓边上方捕捉位置合适的一点定义断裂线，如图 8.13 所示。

（4）定义断裂线 2，在"断裂线 2"选项组中勾选"关联"复选框，设置"偏置"值为 0，在轴轮廓边上方捕捉位置合适的一点定义断裂线，如图 8.14 所示。

图 8.13 定义断裂线 1

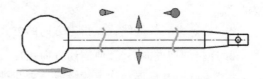

图 8.14 定义断裂线 2

（5）单击"确定"按钮，完成断开视图的创建，最后和原图比对效果如图 8.15 所示。

8.2.5 剖切视图

在工程图中创建零件模型的剖切视图是为了表达零件内部结构、形状。

单击选项卡"主页"→"视图"→"剖视图"按钮⬚，或者在选择"菜单"→"插入"→"视图（W）"→"剖视图（S）"命令，打开"剖视图"对话框，剖视图的创建与编辑的功能命令说明如下。

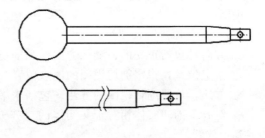

图 8.15 创建的断开视图

（1）"截面线"选项组。

+ "动态"定义截面线：若零件中有多种不同的孔类型、筋类型等组成，则可通过选择不同的剖切方法（简单剖/阶梯剖⬚、半剖⬚、旋转剖⬚、点到点剖⬚）来表达，如图 8.16 所示。

+ 用剖切面完全地剖开零件后生成的剖切视图称为全剖视图（简单剖），如图 8.16（a）所示。

+ 当物体具有对称平面时，向垂直于对称平面的投影面上投影所得的图形，可以以对称中心线为界，一半画成视图；另一半画成剖视图，这种组合的图形称为半剖视图，如图 8.16（b）所示。

假设用相交的剖切平面剖开机件，将其中一个剖切平面旋转到另一剖切平面所在的投影平面后向投影面投影所画的视图，称为旋转剖视图，如图 8.16（c）所示。

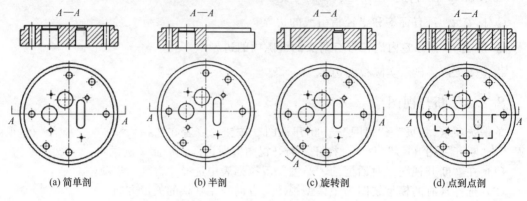

(a) 简单剖	(b) 半剖	(c) 旋转剖	(d) 点到点剖

图 8.16 可选剖切方法

选择现有的：如果利用"主页"选项卡中"视图"选项组中的"截面线"工具，创建了截面线，可以直接选择现有的截面线来创建剖视图，如图 8.16（d）所示。

（2）"铰链线"选项组。

"自动判断"铰链线：程序自动判断剖切方向，定义剖切位置后，用户即可任意定义铰链线。

"已定义"铰链线：以指定方向的方式来定义剖切方向。

反转剖切方向：使剖切方向相反。

"关联"复选框：确定铰链线是否与视图关联

（3）"截面线段"选项组：当确定剖切线后，此按钮自动激活，即可在图纸中选择截面线中的剖切点重新放置。

（4）"父视图"选项组：自动选择基本视图为父视图，还可以选择其他实体作为剖视图的父视图。

（5）"视图原点"选项组。

方向：包括正交的、继承方向的和剖切现有的。

指定位置：指定剖切视图的原点位置，以此放置剖切视图。

方法：放置剖切视图的方法，包括水平、竖直、垂直于直线、叠加等。

对齐：剖切实体相对于父实体的对齐方法，可以基于父视图放置、基于模型点放置和点到点放置等。

"光标跟踪"复选框：可以输入视图原点的坐标系相对位置。

（6）"设置"选项组。

设置：可以打开"设置"对话框设置截面线型，用户可以对剖切线的形状、尺寸、颜色、线型、宽度等参数进行编辑。

非剖切：如果是装配体，可以选择不需要剖切的组件，创建的剖切图将不包括非剖切组件。

8.2.6 局部剖视图

局部剖视图是用剖切平面局部地剖开机件所得的视图，是一种灵活的表达方法，用剖视的部分表达机件的内部结构，不剖的部分表达机件的外部形状。对一个视图采用局部剖视图表达时，剖切的次数不宜过多，否则会使图形过于破碎，影响图形的整体性和清晰性。局部视图常用于轴、连杆、手柄等实心零件上有小孔、槽、凹坑等局部结构需要表达其内部形状的零件。

单击选项卡"主页"→"视图"→"局部剖视图"按钮 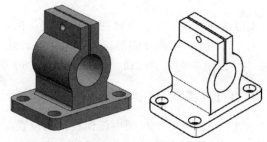，或者在选择"菜单"→"插入"→"视图（W）"→"局部剖视图（O）"命令，打开"局部剖视图"对话框。下面以图 8.17 所示的夹紧座零件为例，掌握在工程图中创建局部剖视图的方法。

图 8.17 夹紧座零件

（1）建立工程图纸，并投影出主视图和俯视图，如图 8.18 所示。

（2）右击主视图，在弹出的快捷菜单中选择"展开"命令，进入"展开"模式，效果如图 8.19 所示。

（3）选择"艺术样条"命令，在要进行局部剖切的位置绘制封闭曲线，如图 8.20 所示。

（4）单击鼠标右键，选择"扩大"，退出展开模式，如图 8.21 所示。

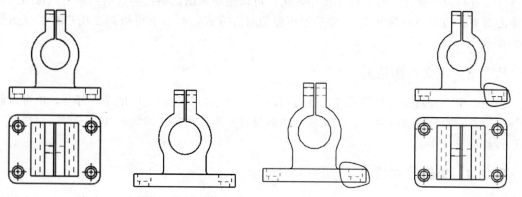

图 8.18 投影视图　　图 8.19 "展开"模式　　图 8.20 绘制封闭曲线　　图 8.21 退出"展开"模式

（5）选择"局部剖视图"按钮 ，打开"局部剖视图"对话框，首先选中"主视图"，然后"定义基点"，选择俯视图中的相应圆弧中心，默认系统给出的"指定矢量"，如图 8.22 所示，再"选择曲线"，如图 8.23 所示，单击"确定"按钮，完成局部剖视图的创建，如图 8.24 所示。

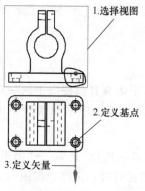 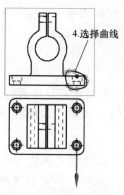 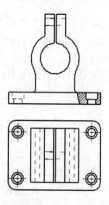

图 8.22 定义基点和矢量　　图 8.23 选择截面线　　图 8.24 局部剖视图

8.3 ⊙ 工程图的编辑

UG 制图模块提供了各种视图的管理功能，包括添加各种视图、对齐视图和编辑视图等。UG NX10.0 中的视图编辑命令集中在"主页"选项卡中的"视图"→"移动/复制视图"菜单中，可用于视图的移动、复制、对齐、边界的修改、组件的显示和隐藏等。

8.3.1 移动/复制视图

在 UG NX 中，工程图中任何视图的位置都是可以被改变的，其中移动和复制视图操作都可以改变视图在图形窗口中的位置。两者的不同之处是，前者将原视图直接移动到指定的位置，后者在原视图的基础之上新建一个副本，并将该副本移动到指定位置。

8.3.2 对齐视图

一般而言，视图之间应该对齐，但 UG 在自动生成视图时是可以任意放置的，需要用户根据需要进行对齐操作。在 UG 制图中，用户可以拖动视图，系统会自动判断用户意图（包括中心对齐、边对齐多种方式），并显示可能的对齐方式，基本上可以满足用户对于视图放置的要求。

8.3.3 定义视图边界

该命令用于重新定义视图边界，既可以缩小视图边界只显示视图的某一部分，也可以放大视图边界显示所有视图对象。定义视图边界是将视图以所定义的矩形线框或封闭曲线为界限进行显示的操作。

8.3.4 编辑截面线

在工程制图中，可以使用不同的剖面线来表示不同的材质及不同的零部件。在一个装配体的剖视图中，各不同零件的剖面线也应该有所不同。

在工程图中选择要修改的剖面线，然后单击鼠标右键，弹出快捷菜单中，选择"编辑"命令，打开"剖面线"对话框。可以在该对话框"设置"选项组中的"图样"下拉列表中选择剖面线的类型；在"距离"文本框中输入剖面线的间距；在"角度"文本框中输入剖面线的角度；可以设置剖面线的颜色；更改剖面线的线宽样式等。

单击选项卡"主页"→"注释"→"剖面线"按钮 ▨，或者在选择"菜单"→"插入"→"注释（A）"→"剖面线（O）"命令，可以添加剖面线。

8.3.5 视图相关编辑

视图相关编辑是指对视图中图形对象的显示进行编辑，同时不影响其他视图中同一对象的显示。有关视图操作是对视图的宏观操作，而视图相关编辑是对视图中的线条对象进行编辑。

单击选项卡"主页"→"视图"→"视图相关编辑"按钮 ▦，或者在选择"菜单"→"编辑"→"视图（W）"→"视图相关编辑（E）"命令，或者选择视图后单击鼠标右键，选择"视图相关编辑（E）"命令，打开"视图相关编辑"对话框。首先选择要编辑的视图，对话框中的选项才被激活。该对话框中主要选项和按钮的含义说明如下。

(1)"添加编辑"选项组：用于选择要进行哪种类型的视图编辑操作。

🔸 擦除对象 ⧉⁺⦗：擦除选择的对象，如曲线、边等。尺寸并不是删除，只是使被擦除的对象不可见而已。再次单击"擦除对象"按钮，可使被擦除的对象重新显示。

🔸 编辑完全对象 ⦗⁺⧉：在选定的视图或图纸页中部件对象的显示方式，包括颜色、线型和线宽。

🔸 编辑着色对象 ⦗⁺▮：用于控制视图中对象的局部着色和透明度。

🔸 编辑对象段 ⦗⁺⧉：用于编辑视图中所选对象的某个片段的显示方式。单击该按钮后，可以在"线框编辑"面板中设置对象的颜色、线型和线宽选项。

🔸 编辑剖视图的背景 ⧉⫽：编辑剖视图背景线。在建立剖视图时，可以有选择地保留背景线，而使用背景线编辑功能，不但可以删除已有的背景线，而且还可添加新的背景线。

(2)"删除编辑"选项组：用于删除前面所进行的某些编辑操作。

🔸 删除选择的擦除 ⦗⁺⧉：该按钮用于删除前面所进行的擦除操作，使删除的对象重新显示出来。单击该按钮时，将打开"类选择"对话框，此时已擦除的对象会在视图中加亮显示，然后选取编辑的对象，此时所选对象将会以原来的颜色、线型和线宽在视图中显示出来。

🔸 删除选择的编辑 ⦗⁺⧉：该按钮用于删除对所选视图进行的某些修改操作，使编辑的对象恢复原来的显示状态。单击该按钮，将打开"类选择"对话框，此时已编辑的对象会在视图中加亮显示，然后选取编辑的对象，此时所选对象将会以原来的颜色、线型和线宽在视图中显示出来。

🔸 删除所有编辑 ⦗⁺⧉：该按钮用于删除对所选视图前期进行的所有编辑，让所有编辑过的对象全部恢复原来的显示状态。

(3)"转换相依性"选项组：用于设置对象在视图与模型之间进行转换。

🔸 模型转换到视图 ▱：用于转换模型中存在的单独对象到视图中。

🔸 视图转换到模型 ▱：用于转换视图中存在的单独对象到模型中。

8.4 ◈ 图纸尺寸标注

尺寸是用来表达零件形状大小及其相互位置关系的。零件工程图上所标注的尺寸应满足齐全、清晰、合理的要求。标注零件时，一般首先应对零件各组成部分结构形状的作用及其与相邻零件的有关表面之间的关系有所了解，在此基础上分清尺寸的主次，确定设计标准，从设计基准出发标注主要尺寸。其次，从方便加工的角度考虑形状工艺基准，按形体分析的方法，确定形体形状所需的定形尺寸和定位尺寸等非主要尺寸。

8.4.1 标注尺寸

尺寸标注用于标识对象的尺寸大小。由于 UG 制图模块和三维实体造型模块是完全关联的，因此，在图纸中进行标注尺寸就是直接引用三维模型真实的尺寸，具有实际的意义，因此无法像二维 CAD 软件中的尺寸可以进行改动，如果要改动零件中的某个尺寸参数需要在三维实体中修改。如果三维模型被修改，图纸中的相应尺寸会自动更新，从而保证了图纸与模型的一致性。

制图环境中的零件图尺寸标注方法与草图环境中草图尺寸标注是完全相同的。"尺寸"选项组中包含了 9 种常用的尺寸类型，各尺寸类型标注方式和使用方法见表 8.1。

表 8.1　尺寸标注含义和使用方法

选　项	选　项　含　义
快速	由系统自动推断出选用哪种尺寸标准类型进行尺寸标注，默认包括所有的尺寸标注形式
线性	用于标注所选对象间的水平、竖直、平行、垂直尺寸等，根据用户指针的移动方向确定尺寸方向
斜倒角	用于标注 45°倒角的尺寸，不支持对其他角度的倒角进行标注
角度	用于标注图纸中所选两直线之间的角度
径向	用于标注图纸中所选圆或圆弧的径向尺寸，但标注不过圆心
厚度	用于标注两要素之间的厚度，测量两条曲线之间的距离
弧长	用于创建一个圆弧的弧长尺寸来测量圆弧周长
周长尺寸	用于创建周长约束以控制选定直线和圆弧的集体长度
坐标	创建一个坐标尺寸，测量从公共点沿一条坐标基线到某一对象上位置的距离

8.4.2　编辑尺寸

双击标注的尺寸，打开该尺寸对应的对话框，在"设置"选项组中单击"设置"按钮 $^A\!A$，打开"设置"对话框，可以进行相应的编辑。

➜ 文字：该选项控制文字的对齐方式。

➜ 直线/箭头：该选项控制尺寸线、延伸线和箭头的样式。

➜ 前缀/后缀：对于不同的尺寸类型，可设置的前缀和后缀也不同。

➜ 公差：该选项用于为尺寸设置一定的公差。

➜ 双：该选项用于设置双尺寸的显示，可以以不同的单位显示同一个尺寸。

➜ 窄：该选项只用于线性尺寸，当延伸线的间距太小，不足以放置尺寸文字时，可通过该选项设置尺寸文字的处理方式，例如可以将文字带引线放置在尺寸线之外。

➜ 尺寸线：该选项只用于线性尺寸，当延伸线的间距太小，不足以放置箭头时，可以设置尺寸线的样式。

➜ 文本：分别设置尺寸单位、方向和位置、格式、尺寸文本和公差文本等。

➜ 参考：可将尺寸转换为参考尺寸。

8.4.3　插入中心线

制图模块中的中心线工具全部集中在"主页"→"注释"→"中心标记" ⊕ ▾ 下拉列表中，如图 8.25 所示。

图 8.25　中心线标注工具

"中心标记"下拉列表中包含了 8 种不同的中心线标注，各标注方式的含义见表 8.2。

表 8.2　中心线标注含义

选　　项	选　项　含　义
中心标记 ✛	创建通过点或圆弧的中心标记
螺柱圆中心线 ✪	创建完整或者不完整的螺栓圆中心线，螺栓圆的半径始终等于从螺栓圆中心到选择第一个点的距离
圆形中心线 ○	创建通过点或圆弧的完整或不完整圆形中心线，圆形中心线的半径始终等于从圆形中心线中心到选取第一点的距离
对称中心线 ╫	创建对称中心线，致命几何体中的对称位置
2D 中心线 ⊕	可以在两条边、两条曲线或两个点之间创建 2D 中心线，还可以使用曲线或控制点来限制中心线的长度
3D 中心线 ⊟	可以根据圆柱面或圆锥面的轮廓来创建中心线符号，面可以是任意形式的非球面或扫掠面，其后紧接线性或非线性路径
自动中心线 ✪	自动创建中心标记，圆形中心线和圆柱中心线
偏置中心点符号 ╈	创建偏置中心点符号，该符号表示某一个圆弧的中心，该中心处于偏离其真正中心的某一位置

8.4.4　文本注释

使用该命令创建和编辑注释及标签。通过对表达式、部件属性和对象属性的引用来导入文本，文本可包括由控制字符序列构成的符号或用户定义的符号。

单击选项卡"主页"→"注释"选项组→"注释"按钮 Ⓐ，或者在选择"菜单"→"插入"→"注释（A）"→"注释（N）"命令，系统弹出"注释"对话框。

8.4.5　插入表面粗糙度符号

零件的表面粗糙度是指加工面上具有的较小间距和峰谷所组成的微观几何形状特性，一般由所采用的加工方法和其他因素形成。可以创建一个表面粗糙度符号来指定表面参数，如表面粗糙度、处理或涂层、模式、加工余量和波纹。

单击选项卡"主页"→"注释"选项组→"表面粗糙度符号"按钮 √，或者在选择"菜单"→"插入"→"注释（A）"→"表面粗糙度符号（S）"命令，系统弹出"表面粗糙度符号"对话框。

（1）符号　该对话框中总共有 9 个粗糙度符号，可将其分为 3 类。

第一类：零件表面的加工方法。

📥 开放的（基本符号）√：表示表面可由任何方法获得。当不加注粗糙度参数值或有关说明（例如表面处理、局部热处理状况等）时，仅适用于简化代号标注。

📥 需要移除材料 √：基本符号上加一短线，表示表面是用去除材料的方法获得的。例如车、铣、钻、磨、剪切、抛光、腐蚀、电火花加工、气割等。

📥 禁止移除材料 √：基本符号及一小圆，表示表面是用不去除材料的方法获得的。例如铸造、冲压变形、热轧、冷轧、粉末冶金等。

第二类是标注参数及有关说明。

📥 开放的，修饰符 √：表示表面可由任何方法获得，但在符号上需标注说明或参数。

📥 修饰符，需要除料 √：表示表面是用去除材料的方法获得的，但在符号上需标注说明或参数。

📥 修饰符，禁止除料 √：表示表面是用不去除材料的方法来获得的，但在符号上需标注说明或参数。

第三类是表面的粗糙度要求。

➕ 修饰符，全圆符号✔：表示表面是用去除材料的方法获得的，但在符号上需标注说明或参数，且所有表面具有相同粗糙度要求。

➕ 修饰符，需要除料，全圆符号✔：表示表面是用去除材料的方法获得的，但在符号上需标注说明或参数，且所有表面具有相同粗糙度要求。

➕ 修饰符，禁止除料，全圆符号✔：表示表面是用不去除材料的方法来获得的，但在符号上需标注说明或参数，且所有表面具有相同粗糙度要求。

（2）填写格式　表面粗糙度符号的填写格式所包含的字母，以及符号文本、粗糙度、圆括号选项等的含义如下。

➕ a1、a2：粗糙度高度参数的允许值（单位为 μm）。

➕ b：加工方法、镀涂或其他表面处理。

➕ c：取样长度（单位为 mm）。

➕ d：加工纹理方向符号。

➕ e：加工余量（单位为 mm）。

➕ f1、f2：粗糙度间距参数值（单位为 μm）。

➕ 圆括号：是指是否为粗糙度符号添加圆括号，它有 4 种添加方式：无（不添加）、左（添加在粗糙度符号左边）、右（添加在粗糙度符号右边）和两者皆是（添加在粗糙度符号两边）。

➕ Ra 单位：Ra 是指在取样长度内，轮廓偏距的算术平均值，它代表粗糙度参数值。此单位有两种表示方法，一是以微米为单位的粗糙度；二是以标准公差代号为等级的粗糙度，如 IT。

8.4.6　插入其他符号

各命令按钮的功能含义见表 8.3。

表 8.3　可插入的其他符号

选 项	选 项 含 义
特征控制框	创建单行、多行或复合的形位公差特征控制框
符号标注	创建带或不带指引线的标识符号
目标点符号	创建用于进行尺寸标注的目标点符号
基准特征符号	创建基准特征符号，可以设置基准标识符、其他选项、指引线和原点
焊接符号	创建一个焊接符号来指定焊接参数，如类型、轮廓形状、大小、长度或间距，以及精加工方法
相交符号	创建相交符号，该命令能创建产生圆角处的两条相交直线
剖面线	在指定的边界内创建剖面线图样
基准目标	创建基准目标，从中设置基准目标的类型选项，以及相应的参数、选项和参照
图像	在图纸页上放置光栅图像（jpg、png 或 gif 格式文件）
区域填充	在指定的边界内创建图案或填充

除了表面粗糙度符号之外，工程图中还有其他的注释符号，这些命令符号都集中在选项卡"主页"→"注释"选项组中，如图 8.26 所示。

图 8.26　其他注释符号

8.4.7 形位公差标注

为了提高产品质量，使其性能优良和有较长的使用寿命，除应给定零件恰当的尺寸公差及表面粗糙度外，还应规定适当的几何精度，以限制零件要素的形状和位置公差，并将这些要求标注在图纸上。

形位公差是将几何、尺寸和公差符号组合在一起形成的组合符号，它用于表示标注对象与参考基准之间的位置和形状关系。在 UG NX10.0 中，形位公差的标注是用特征控制框完成的。

单击选项卡"主页"→"注释"选项组→"特征控制框"按钮 ，或者在选择"菜单"→"插入"→"注释（A）"→"特征控制框（E）"命令，系统弹出"特征控制框"对话框，如图 8.27 所示。

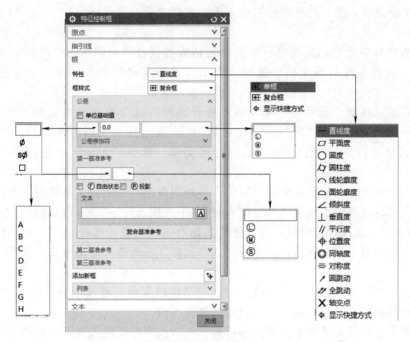

图 8.27 特征控制框

⬇ "特性"选项组：包括 14 个形位公差符号。

⬇ "框样式"选项组：包括单框和复合框。单框就是单行并列的标注框；复合框就是两行并列的标注框。

⬇ "公差"选项组：主要用来设置形位公差标注的公差值、形位公差遵循的原则，以及公差修饰等。

⬇ "主基准参考"选项组：主要用来设置主基准及相应的原则、要求。

⬇ "第一基准参考"选项组：主要用来设置第一基准及相应的原则、要求。

⬇ "第二基准参考"选项组：主要用来设置第二基准及相应的原则、要求。

在"框样式"下拉列表中选择框样式，然后在"公差"选项组的文本框中输入形位公差的值；在"第一基准参考"选项组中的下拉列表中，选择参考基准；同样可在"第二基准参考"和"第三基准参考"选项组选择次要的参考基准；接着展开"指引线"选项组，在要创建指引线的对象是选择一点单击，移动鼠标，在合适的位置单击，从而放置该特征对话框。

8.4.8　表格注释

"表格"选项组上的工具是用于列出零件项目、参数和标题栏等。

单击选项卡"主页"→"表"选项组→"表格注释"按钮 ，或者在选择"菜单"→"插入"→"表格（B）"→"表格注释（T）"命令，系统弹出"表格注释"对话框。按信息提示在图纸右下角处指明表格的放置位置，放置后程序自动插入表格。

　"原点"选项组用于指定表格的插入点。

　"指引线"选项组用于为表格添加一条指引线。

　"表大小"选项组用于设置表格的行数、列数和列宽。

　"设置"选项组用于设置表格的样式及表格文字的样式。

（1）合并单元格：对于已经生成的表格，可以对单元格进行编辑，按住鼠标左键拖曳指针，选择多个单元格，然后展开鼠标右键菜单，选择"合并单元格"命令，可将所选的单元格合并。

（2）取消合并单元格：是指将合并的单元格拆散成合并前的状态。取消合并单元格的操作过程为，选择合并的单元格，执行"取消合并单元格"命令，即可将合并的单元格拆散。

（3）删除所选区域：选择某个单元格，展开鼠标右键菜单，然后选择"选择"命令，在子菜单中可以选择"行""列"或"表区域"，从而选择单元格所在的行、列或整个表格。选中单元格或行、列之后，展开鼠标右键菜单，选择"删除"命令，即可删除所选区域。

（4）插入行或列：当标题栏中所填写的内容较多而插入的表格又不够时，就需要插入行或列。插入表格行或列的工具有"上方插入行""下方插入行""插入标题行""左边插入列"和"右边插入列"。选择行与列时，需要注意光标的选择位置，选择行时，必须将光标靠近所选行的最左端或最右端。同理，选择列时，将光标靠近所选列的最上端或最下端，否则不能被选中。

（5）调整大小：是指调整选定行或选定列的高度或宽度。若选定行，使用"调整大小"工具只能调整其高度值，若选定列，则只能调整宽度值。

（6）添加文本：双击某个单元格，即可弹出一个文本框，输入文字之后按 Enter 键，即可在该单元格中添加文本。

（7）编辑文本：是指使用"注释编辑器"来编辑选定单元格的文本。首先选择有文本的单元格，然后在"表格"选项组上单击"编辑文本"按钮，弹出"文本"对话框，通过此对话框可对单元格中的文本进行文字、符号、文字样式、文字高度等选项的设置。

8.4.9　零件明细表

零件明细表是直接从装配导航器中列出的组件派生而来的，所有零件可以通过明细表为装配创建物料清单。在创建装配过程中的任意时间创建一个或多个零件明细表，将零件明细表设置为随着装配变化自动更新，或将零件明细表限制为进行按需更新。

单击选项卡"主页"→"表"选项组→"零件明细表"按钮 ，或者在选择"菜单"→"插入"→"表格（B）"→"零件明细表（P）"命令，系统弹出"零件明细表"对话框。接着在图纸页中指明零件明细表的位置，即可创建零件明细表，如图 8.28 所示。创建的零件明细表第 1 列为部件号，第 2 列为部件名称，第 3 列为部件数量。

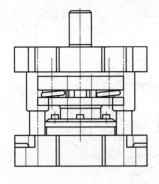

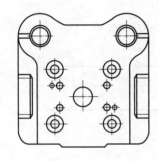

PC NO	PART NAME	QTY
22	SHANGMOZUO_MODEL–22	1
21	DAOTAO_MODEL–9	2
20	MOBING_MODEL–16	2
19	YUANZHUXIAO_MODEL–17	1
18	WORKINGPART_ASM	1
17	TUMOGUDINGBAN_MODEL–13	1
16	TUMO3_MODEL–6	3
15	TUMO20_MODEL–7	5
14	YIXINGTUMO_MODEL–8	1
13	TUM05_MODEL–15	1
12	DIANBAN_MODEL–14	1
11	NEILIUJIAOLUODING_MODEL–19	4
10	TANHUANG_MODE–10	1
9	SPRING_CYLINDER_COMPRESSION_4	4
8	XIELIAOBAN_MODEL–21	1
7	XIELIAOLUODING_MODEL–12	4
6	SHANGMU_ASM2	1
5	NEILIUJIAOLUODING_MODEL–20	4
4	DINGWEIBAN_MODEL–5	2
3	AOMO_MODEL–4	1
2	DAOZHU_MODEL–3	3
1	XIAMOZU0_MODEL–1	1
PC NO	PART NAME	QTY

图 8.28　创建零件明细表

8.5 ⟶ 设计实例

创建实例 1：绘制夹紧座工程图，如图 8.29 所示。

夹紧座由底板、座体、简单孔、沉头孔和螺纹孔组成。该夹紧座通过顶部的螺栓将轴或圆柱杆夹紧，通过底板上的螺纹孔固定在基座上。在绘制该实例时，可以首先创建基本视图和投影视图，在对其中的各种孔进行局部剖切，以清晰表达其结构；然后添加水平、竖直、圆弧半径、轴孔直径等尺寸；最后添加注释文本和图纸标题栏，即可完成该夹紧座工程图的绘制。

（1）新建图纸页，打开模型文件，进入制图模块，选择"新建图纸页"按钮 ▦，在"大小"下拉列表中选择"A3-297×420"选项，其他保存默认。

（2）添加视图，选择"基本视图"按钮 ▦，"模型视图"选项组中"要使用的模型视图"选择"俯视图"，"比例"选择"1：1"，在工作区合适位置放置俯视图，如图 8.30 所示。

（3）将俯视图旋转 90°，选中俯视图后按鼠标右键，选择"设置（S）"选项或双击俯视图的边界框，打开"设置"对话框，选择"角度"选项，输入值为 90°，单击"确定"按钮，完成俯视图的旋转，如图 8.31 所示。

（4）创建投影视图，选择"投影视图"按钮 ▦，"父视图"选择俯视图，向正上方投影，在合适位置放置主视图，如图 8.32 所示。

（5）视图不显示边界框，选择"文件（F）"→"首选项（P）"→"制图（D）"命令，系统弹出"制图首选项"对话框，选择"视图"选项卡，在"边界"选项组中，禁用"显示"复选框，单击"确定"按钮，完成视图不显示边界框设置，如图 8.33 所示。

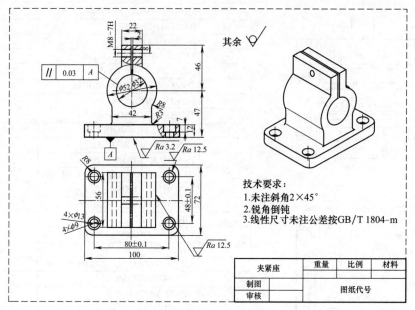

图 8.29　夹紧座工程图

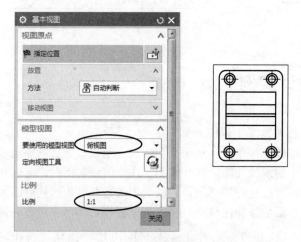

图 8.30　创建俯视图

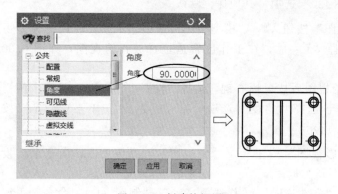

图 8.31　创建俯视图

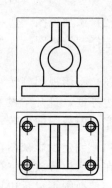

图 8.32　创建投影视图（主视图）

（6）显示隐藏线：双击视图的边界框，打开"设置"对话框，选择"隐藏线"选项，将

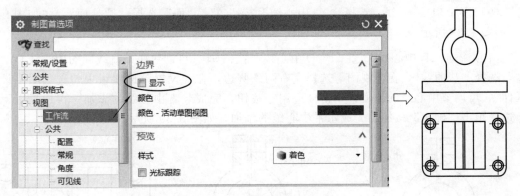

图 8.33　视图不显示边界框

"不可见"该为"虚线"线型，单击"确定"按钮，完成隐藏线的显示，如图 8.34 所示。

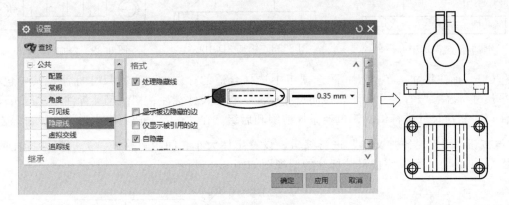

图 8.34　显示隐藏线

（7）添加局部剖视图，参照图 8.17 所示的例图的步骤，添加局部剖视图 1，如图 8.35 所示；同理添加局部剖视图 2，如图 8.36 所示。

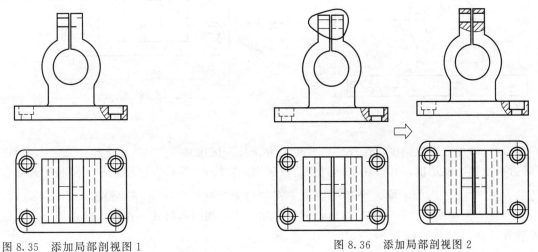

图 8.35　添加局部剖视图 1　　　　　　　　　图 8.36　添加局部剖视图 2

（8）添加中心标记，选择"中心标记"按钮 ⊕，"位置"选择"圆弧中心"，添加中心线 1，如图 8.37 所示。

（9）添加 3D 中心线，选择"3D 中心线"按钮 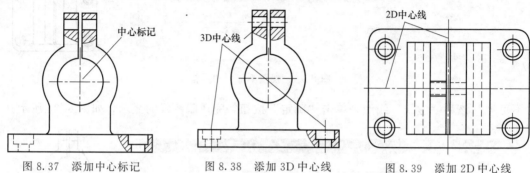，"面"选择"圆柱面"，添加中心线 2，如图 8.38 所示。

（10）添加 2D 中心线，选择"2D 中心线"按钮 （可创建两条直线间的中心线），"类型"选择"从曲线"，在俯视图上选择左右两条侧边，在"设置"选项组中勾选"单独设置延伸"，可调节中心线的长度，单击"应用"按钮，完成竖直中心线的添加；再选择上下两条边，单击"确定"按钮，完成水平中心线的添加，如图 8.39 所示。

图 8.37　添加中心标记　　　　图 8.38　添加 3D 中心线　　　　图 8.39　添加 2D 中心线

（11）标注尺寸，在"尺寸"选项组中选择合适的标注方法进行尺寸标注。其中包括：水平尺寸标注、竖直尺寸标注、径向尺寸标注、直径尺寸标注、螺纹尺寸标注等。双击尺寸标注可对相应尺寸进行编辑，包括添加前缀和后缀，在"设置"选项组中选择"设置"右边的 按钮，可对"附加文本"进行编辑，设置字体大小、间距等格式。完成尺寸标注的主视图如图 8.40 所示，完成尺寸标注的俯视图如图 8.41 所示。

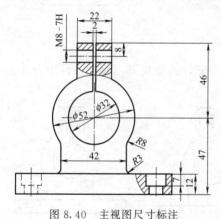

图 8.40　主视图尺寸标注

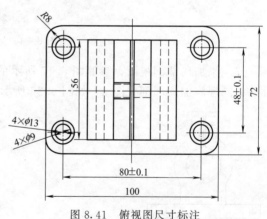

图 8.41　俯视图尺寸标注

（12）添加表面粗糙度，选择"表面粗糙度符号"按钮 √，"类型"选择"普通"，勾选"带折线创建"复选框，并按住鼠标到合适位置创建折线；"属性"选项组中"除料"选择合适的方法，"文本框"中输入合适的数值，在"设置"选项组中选择"设置"右边的 按钮，可对"粗糙度的数值"进行编辑，设置字体大小、间距等格式，在图形区选择合适的位置放置即可，如图 8.42 所示。

（13）添加基准特征符号，选择"基准特征符号"按钮 ，"指引线"选项组中"类型"选择" 基准"选项，点击"选择终止对象"，选择主视图上的底边，放置基准特征符号。

（14）添加形位公差，选择"特征控制框"按钮 ，"指引线"选项组中"类型"选择

"普通"选项,选择主视图上的一条圆弧;"样式"选项组中"短划线侧"选择"右"选项;"框"选项组中"特性"选择"平行度"选项,"框样式"选择"单框"选项,"公差"为 0.03,"第一基准参考"选择 A,在图形区选择合适的位置放置即可,如图 8.43 所示。

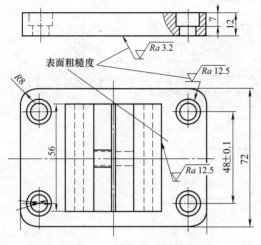

图 8.42　添加表面粗糙度

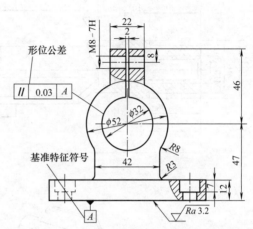

图 8.43　添加基准特征符号和形位公差

(15)插入表格并添加文本注释。选择"表格注释"按钮，"列数"输入 5，"行数"输入 4，"列宽"输入 36，在图纸右下端创建表格即可。选中要合并的单元格单击鼠标右键,选中"合并单元格"。双击单元格,填写文本后按回车键即可完成文本输入,然后设置字体大小和位置,如图 8.44 所示。

夹紧座	重量	比例	材料
制图		图纸代号	
审核			

图 8.44　插入表格并添加文本注释

(16)添加技术要求,选择"注释"按钮 **A**,在文本框中输入技术要求,在图形区合适位置放置即可,然后设置字体大小,如图 8.45 所示。

(17)添加视图,选择"基本视图"按钮，"模型视图"选项组中"要使用的模型视图"选择"等轴测图"，"比例"选择"1∶1",在工作区合适位置放置即可,如图 8.46 所示。

技术要求:
1.未注斜角 2×45°
2.锐角倒钝
3.线性尺寸未注公差按 GB/T 1804-m

图 8.45　添加技术要求

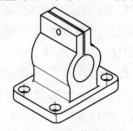

图 8.46　添加等轴测图

(18)保存文件,完成夹紧座工程图的绘制。

创建实例 2:绘制螺纹拉杆工程图,如图 8.47 所示。

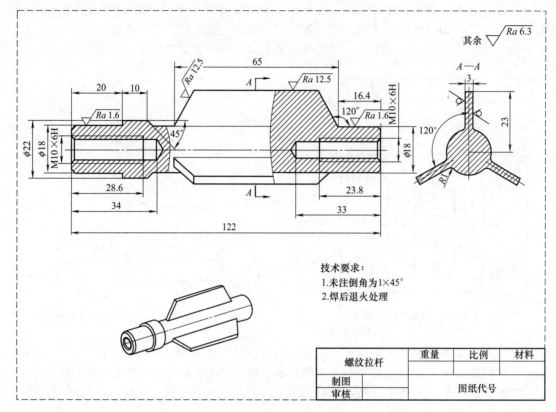

技术要求:
1.未注倒角为1×45°
2.焊后退火处理

螺纹拉杆	重量	比例	材料
制图		图纸代号	
审核			

图 8.47 螺纹拉杆工程图

　　螺纹拉杆由螺纹杆、锥形块和定位板组成。该工程图图纸大小为 A3,绘图比例为 2:1。在绘制该实例时,可以首先创建基本视图,再创建基本视图上螺纹孔的局部剖切视图,以及向右端投影的全剖视图;然后添加水平、竖直、角度等的尺寸,以及添加表面粗糙度;最后,添加注释文本和图纸标题栏,即可完成该螺纹拉杆工程图的绘制。

　　创建实例 3:绘制大通盖工程图,如图 8.48 所示。

　　在绘制该实例时,可以首先创建右边的基本视图,再创建基本视图的旋转剖视图;然后添加水平、竖直、角度等的尺寸,以及添加表面粗糙度;最后,添加注释文本和图纸标题栏,即可完成该大通盖工程图的绘制。

　　附例 1:夹紧座零件的建模过程。

　　(1) 以 XC-YC 平面为草图平面,绘制草图 1,如图 8.49 所示。

　　(2) 创建拉伸实体 1,"指定矢量"为 ZC 方向;"开始"值为 0,"结束"值为 12;单击"确定"按钮,完成拉伸实体 1 的创建,如图 8.50 所示。

　　(3) 以 YC-ZC 平面为草图平面,绘制草图 2,如图 8.51 所示。

　　(4) 创建拉伸实体 2,"指定矢量"为 XC 方向;"开始"值为 28,"结束"值为 −28;单击"确定"按钮,完成拉伸实体 2 的创建,如图 8.52 所示。

　　(5) 创建简单孔 1,"直径"为 7,"深度限制"选择"直至下一个",创建如图 8.53 所示的简单孔。

　　(6) 创建简单孔 2,"直径"为 7,"深度限制"选择"直至下一个",创建如图 8.54 所

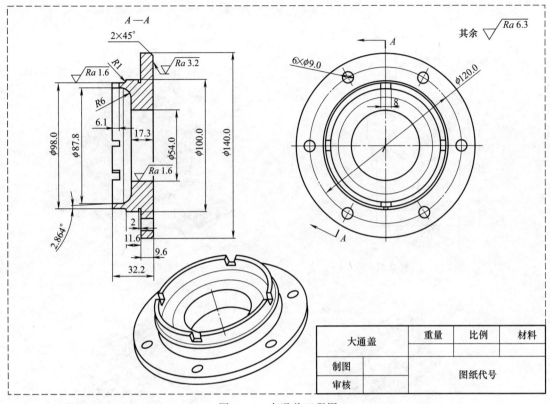

图 8.48　大通盖工程图

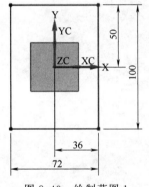

图 8.49　绘制草图 1

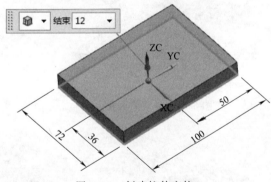

图 8.50　创建拉伸实体 1

示的简单孔。

　　（7）创建螺纹孔，选择"符号螺纹"，选择简单孔 2 作为螺纹的放置面，并将螺纹的"大径"改为 8，创建螺纹特征如图 8.55 所示。

　　（8）创建沉头孔，"类型"选择"常规孔"，"形状"选择"沉头孔"，"沉头直径"为13，"沉头深度"为 7，"直径"为 9，"深度限制"选择"直至下一个"，创建的沉头孔如图8.56 所示。

　　（9）阵列特征，"布局"选择"线性"，"方向 1"选项组中"指定矢量"为 $-$YC 方向，"数量"为 2，"节距"为 80；"方向 2"选项组中"指定矢量"为 $-$XC 方向，"数量"为 2，"节距"为 48；创建阵列特征，如图 8.57 所示。

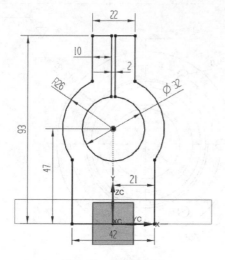

图 8.51　绘制草图 2

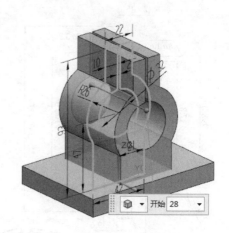

图 8.52　创建拉伸实体 2

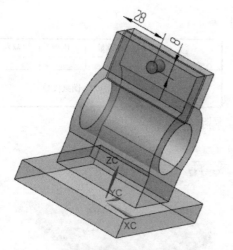

图 8.53　创建简单孔 1

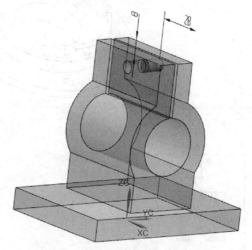

图 8.54　创建简单孔 2

图 8.55　创建符号螺纹

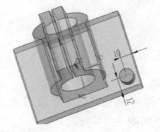

图 8.56　创建沉头孔

图 8.57　创建阵列特征

（10）创建倒圆角 1，选择要倒圆角的边，输入半径值为 8，如图 8.58 所示。

（11）创建倒圆角 2，选择要倒圆角的边，输入半径值为 3，如图 8.59 所示。

（12）创建倒圆角 3，选择要倒圆角的边，输入半径值为 8，如图 8.60 所示。

（13）将辅助平面、辅助曲线隐藏，保存文件，完成夹紧座零件的创建。

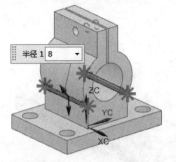
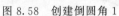

图 8.58　创建倒圆角 1

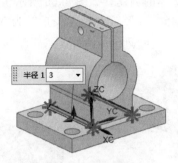

图 8.59　创建倒圆角 2

图 8.60　创建倒圆角 3

附例 2：螺纹拉杆零件的建模过程。

（1）以 YC-ZC 平面为草图平面，绘制草图 1，如图 8.61 所示。

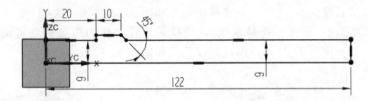

图 8.61　绘制草图 1

（2）创建旋转实体，"指定矢量"为 YC 方向；"开始"值为 0，"结束"值为 360；单击"确定"按钮，完成旋转实体的创建，如图 8.62 所示。

（3）创建简单孔 1，"直径"为 8，"深度"为 34，"顶锥角"为 118，创建如图 8.63 所示的简单孔 1。

（4）创建简单孔 2，"直径"为 8，"深度"为 33，"顶锥角"为 118，创建如图 8.64 所示的简单孔 2。

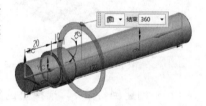

图 8.62　创建旋转实体

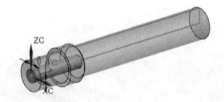

图 8.63　创建简单孔 1

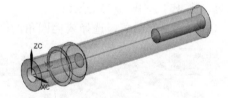

图 8.64　创建简单孔 2

（5）以 YC-ZC 平面为草图平面，绘制草图 2，如图 8.65 所示。

（6）创建拉伸实体，"指定矢量"为 XC 方向；"开始"值为 −1.5，"结束"值为 1.5；

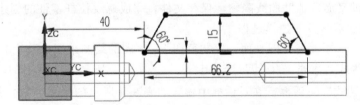

图 8.65　绘制草图 2

单击"确定"按钮，完成拉伸实体的创建，如图 8.66 所示。

（7）阵列特征，"布局"选择"圆形"，"指定矢量"为 YC 方向，"指定点"为（0，0，0），"数量"为 3，"节距角"为 120；创建阵列特征，如图 8.67 所示。

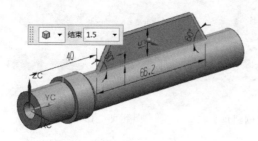

图 8.66　创建拉伸实体

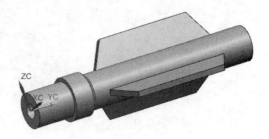

图 8.67　阵列特征

（8）创建螺纹孔 1，选择"符号螺纹"，选择简单孔 1 作为螺纹的放置面，并将螺纹的"大径"改为 10，"长度"为 28.6，创建螺纹孔 1 如图 8.68 所示。

（9）创建螺纹孔 2，选择"符号螺纹"，选择简单孔 2 作为螺纹的放置面，并将螺纹的"大径"改为 10，"长度"为 23.8，创建螺纹孔 2 如图 8.69 所示。

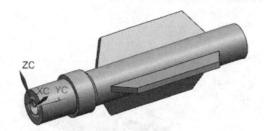

图 8.68　创建螺纹孔 1

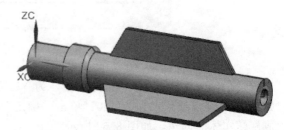

图 8.69　创建螺纹孔 2

（10）创建倒斜角 1，选择要倒斜角的边，"横截面"选择"偏置和角度"，"距离"为 1，"角度"为 45，如图 8.70 所示。

（11）创建倒斜角 2，选择要倒斜角的边，"横截面"选择"偏置和角度"，"距离"为 1，"角度"为 45，如图 8.71 所示。

（12）创建倒圆角，选择要倒圆角的边，输入半径值为 1，如图 8.72 所示。

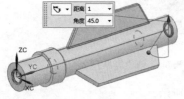

图 8.70　创建倒斜角 1

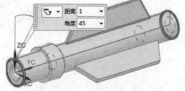

图 8.71　创建倒斜角 2

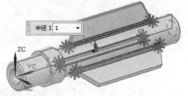

图 8.72　创建倒圆角

（13）将辅助平面、辅助曲线隐藏，保存文件，完成螺纹拉杆零件的创建。

附例 3：大通盖零件的建模过程。

（1）以 XC-YC 平面为草图平面，绘制草图 1，草图的绘制采用参数化驱动设计。

① 创建表达式，单击"工具"选项卡中，"使用工具"选项组中的"表达式"按钮，弹出"表达式"对话框。在对话框中输入如表 8.4 所示的尺寸参数，每输入一个参数后，单击"接受编译"按钮，系统将自动计算出"值"。单击"确定"按钮，完成参数的

定义及输入。

表 8.4　草图 1 中的尺寸参数

名称	公式	类型	单位
α	2.864	数字	角度
B	1.2 * d3	数字	长度
b0	2	数字	长度
B1	B+2	数字	长度
b2	1.8 * B	数字	长度
D	50	数字	长度
D0	(2 * D+2.5 * d3)/2	数字	长度
D1	D−2	数字	长度
D2	(2 * D+5 * d3)/2	数字	长度
d3	8	数字	长度
D4	D−6	数字	长度
e	1.2 * d3	数字	长度
e1	e+2	数字	长度
e2	8	数字	长度
m	32.25	数字	长度

② 绘制草图 1，先绘制草图的大致形状，然后按照图 8.73 所示标注尺寸参数，完成草图 1 的绘制。

（2）创建旋转实体，"指定矢量"为 YC 方向；"开始"值为 0，"结束"值为 360；单击"确定"按钮，完成旋转实体的创建，如图 8.74 所示。

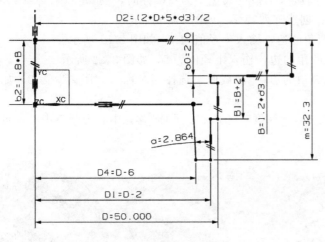

图 8.73　绘制草图 1

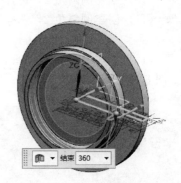

图 8.74　创建旋转实体

（3）创建基准平面，距离 XC-YC 距离为 60，如图 8.75 所示。

（4）以基准平面为草图平面，绘制草图 2，如图 8.76 所示。

（5）创建拉伸实体 1，"拉伸曲线"选择草图 2，"指定矢量"为 ZC 方向；"开始"值为 0，"结束"值为 160；"布尔"选择"求差"，单击"确定"按钮，完成拉伸实体 1 的创建，如图 8.77 所示。

（6）同理完成拉伸实体 2 的创建（或采用圆形阵列拉伸实体 1 的方法完成），如图 8.78 所示。

（7）创建简单孔 1，"直径"为 9，"深度"选择"贯通体"，孔中心距离原点距离为 60，创建如图 8.79 所示的简单孔 1。

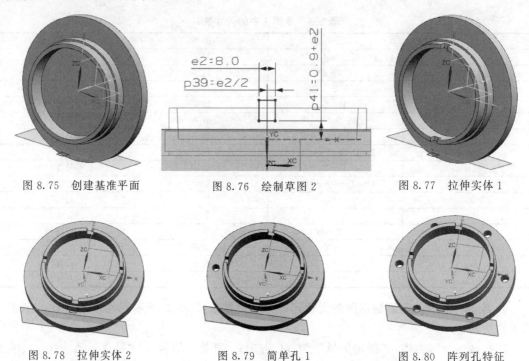

图 8.75　创建基准平面　　　　图 8.76　绘制草图 2　　　　图 8.77　拉伸实体 1

图 8.78　拉伸实体 2　　　　图 8.79　简单孔 1　　　　图 8.80　阵列孔特征

（8）阵列特征，"布局"选择"圆形"，"指定矢量"为 YC 方向，"指定点"为（0，0，0），"数量"为 6，"节距角"为 60；创建阵列特征，如图 8.80 所示。

（9）创建倒圆角 1，选择要倒圆角的边，输入半径值为 1，如图 8.81 所示。

（10）创建倒圆角 2，选择要倒圆角的边，输入半径值为 6，如图 8.82 所示。

（11）创建倒斜角 2，选择要倒斜角的边，"横截面"选择"对称"，"距离"为 2，如图 8.83 所示。

（12）创建简单孔 2，"直径"为 54，"深度"选择"贯通体"，孔中心为圆弧中心，创建如图 8.84 所示的简单孔 2。

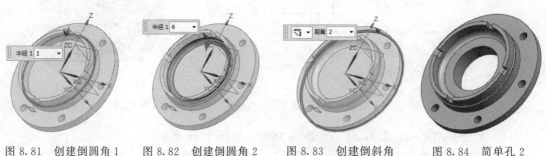

图 8.81　创建倒圆角 1　　图 8.82　创建倒圆角 2　　图 8.83　创建倒斜角　　图 8.84　简单孔 2

（13）将辅助平面、辅助曲线隐藏，保存文件，完成大通盖零件的创建。

8.6 ◯ 练习题

完成下列工程图纸的绘制，如图 8.85～图 8.86 所示。

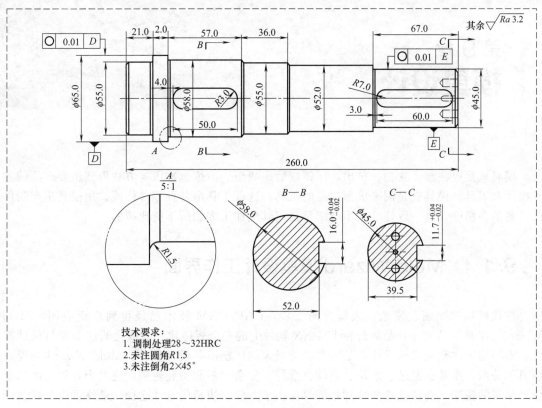

图 8.85　练习题 1

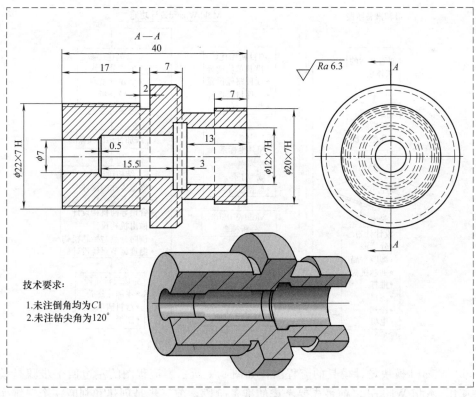

图 8.86　练习题 2

第9章
模具设计

模具就是以注塑、吹塑、挤出、压铸或锻压成型、冶炼、冲压等方法得到所要产品的各种模子和工具。模具就是用来成型用品的工具,这种工具由各种零件构成。用模具生产制件所具备的高精度、高一致性、高生产率是任何其他加工方法所不能比拟的。

9.1 ● Mold Wizard 模具设计工作界面

现代模具向精密、复杂、大型方向发展,CAD/CAM 技术已经得到广泛应用,Mold Wizard(注塑模具向导)是运行在 UG NX 软件上的一个智能化、参数化的注塑模具设计模块,专门用于注塑模具的设计,是一个功能强大的注塑模具设计软件。Mold Wizard 为设计模具的分型、型腔、型芯、滑块、嵌件、推杆、复杂型芯和型腔轮廓创建电火花加工的电极以及模具的模架、浇注系统和冷却系统等提供了方便、快捷的设计途径,最终可以生成与产品参数相关的、可用于数控加工的三维模具。

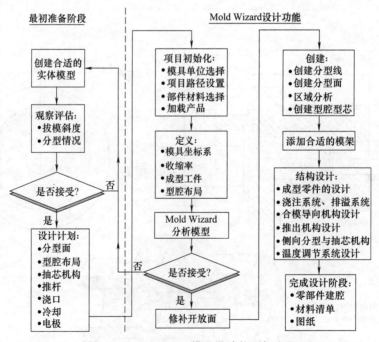

图 9.1 Mold Wizard 模具设计的一般流程

Mold Wizard 模块设计模具的流程图,如图 9.1 所示。流程图的左边四个步骤是模具设计者在使用 Mold Wizard 之前最先要考虑的准备阶段,前三步是创建和判断一个三维实体模型能否用于模具设计，一旦确定使用该模型作为模具设计的依据，则必须考虑怎样进行下一步的模具设计，这就是第四步所表示的意义。流程图的右边是使用 Mold Wizard 进行模具设计的全过程，它遵循模具设计的一般规律，包括从读取产品模型开始，如何确定和构造拔模方向、收缩率、分型面、型芯、型腔、滑块、模架及其标准零部件、模腔布局、浇注系统、冷却系统、模具零部件清单等。

单击选项卡"应用模块"→选项组"特定于工艺"→"注塑模"按钮 ![图标]，即可添加"注塑模向导"选项卡，如图 9.2 所示。

图 9.2 "注塑模向导"选项卡

⬇ 初始化项目 ![图标]：是指加载需要进行模具设计的产品零件，并设置这个设计方案的单位、存放路径等。载入零件后，系统将产生用于存放布局、型芯、型腔等的一系列文件。

⬇ 多腔模设计 ![图标]：是指在一个模具里面生成多个塑料制品的型芯和型腔。

⬇ 模具坐标 ![图标]：是指模具设计过程中所使用的坐标系，该坐标系用于设置模具的顶出方向和电极进给方向等，以便合理地设计模具。通常＋ZC 轴为塑料产品的顶出方向，也是电极进给的方向。

⬇ 收缩率 ![图标]：液体塑料凝固成固态塑料制品而产生的收缩，用于补偿塑件收缩的一个比例因子。

⬇ 工件 ![图标]：是指用来加工成模具型芯和型腔的一定尺寸的模坯。

⬇ 型腔布局 ![图标]：是指产品模型在成型镶件中的位置，对于在一个模具放置多个相同产品或多个不同产品的情况下，可用它来设置模腔的数量和位置。

⬇ "注塑模工具"选项组：是指为了顺利完成分模过程而对产品模型进行的各种操作，例如修补各种孔、槽及修剪修补块等。帮助用户创建分型几何体，包括实体补片、曲面补片、分割实体及扩大曲面等。在分型之前，可以使用这些功能来为产品模型的内部开口部分创建分型面和实体。

⬇ "分型"选项组：是指根据产品模型的形状将成型镶件分割成为型芯和型腔的过程，包括创建分型线、分型面和型腔型芯等，它是模具设计的关键步骤。

⬇ 模架库 ![图标]：是指按照实际的要求选择合适的标准模架，将模具固定在一定类型的注塑机上生产塑料制品。

⬇ 标准件库 ![图标]：是指模具设计中，用于固定、导向的标准组件，包括螺钉、导向柱、电极、镶块、定位环等。

⬇ 设计顶杆 ![图标]：是指分模时将塑件顶出模腔的器件。

⬇ 滑块和浮升销库 ![图标]：滑块是指在分模时零件上通常有侧向的凸出或者凹进的特征，需要创建侧向运动的模块，在分模时提前滑动离开，以使模具能够顺利地开模分离零件成品。

⬇ 子镶块库 ![图标]：是指由于模具具有比较细长的形状，或者具有难以加工的位置，为模具的制造添加难度和成本，此时一般采用标准件，添加实体，或者从型芯或型腔毛坯上分割获得实体创建出单独的模块。

　　♣ 浇口库 ![icon]：是指用于液态塑料进入零件成型区域的入口，它影响到液态塑料流动速度、方向等。

　　♣ 流道 ![icon]：是指液态塑料流入进杯口而又未到浇口之前的通道，它影响液态塑料进入模腔后的热学和力学性能。

　　♣ "冷却工具"选项组：是指由于生成塑料制品时，模具由于受热而产生一定的变形，从而影响产品的精度及导致成品变形等，冷却系统的作用即为减小此种变形。

　　♣ 腔体 ![icon]：是指在型芯或者型腔上需要安装标准件的区域建立空腔并且留出间隙。使用此功能时，所有与之相交的零件部分都将自动切除标准件部分，并且保持尺寸及形状与标准件的相关性。

　　♣ 物料清单 ![icon]：是指根据模具的装配状态产生的与装配信息有关的模具部件列表，也称为明细表。

　　♣ "模具图纸"选项组：是指根据实际的工艺要求，创建出模具工程图，可以在其上添加不同的视图或者截面图，它包括装配图纸，组件图纸和孔表。

9.2 ⟶ 模具设计初步设置

9.2.1 加载产品模型

　　Mold Wizard 添加产品模型与通常的打开模型不同，它需要通过特有的加载命令。进入 UG NX 建模环境后，打开需要创建相关模具的模型，然后单击选项卡"注塑模向导"→"初始化项目"按钮 ![icon]，打开"初始化项目"对话框。

　　♣ 路径：用于设置项目中各种文件存放路径，模具设计项目的默认路径与参考零件路径相同，可以单击"浏览"按钮，设置其他路径。

　　♣ Name：项目默认名称与参考零件相同。选择项目名称时需要注意，在模具设计项目中，项目名称包含在项目中的每一个文件名中。如 * _core_106.prt，其中 * 为项目名称，core 表示型芯，项目名称的长度最少为 10 个字符。

　　♣ 材料：设置参考零件的材料，如 ABS 等。在该下拉列表中选择材料后，系统自动将该材料对应的收缩率添加到"收缩率"文本框中。

　　♣ 收缩率：设置材料的收缩率，各种材料的收缩率可以查阅相关塑料手册。

　　♣ 配置：设置模板目录。在安装目录 MoldWizard/pre-parElsntri 的下面，存放一些路径模板，例如 Mold V1，这些零件模板可用于初始化模具项目。

　　完成项目的初始化后，Mold Wizard 会自动创建用于存放布局、型腔、型芯等一系列的 prt 文件，在"窗口"中可以进行查看。

　　完成项目的初始化后，系统会自动使用装配克隆功能，创建一个装配结构的复制品，而在项目目录文件夹下生成一些大量装配文件，并自动命名。在"装配导航器"窗口中可以看到加载产品后生成的装配结构，各部件名称和含义，参见表 9.1 所示。

表 9.1 自动生成的装配部件名称含义

按钮	含义和使用方法
Layout	该文件用来安排产品的布局。确定包含型腔和型芯的产品子装配相对模架的位置。可以包含多个 Prod 子集,即一个项目可以做几个产品模型
Misc	用于定义标准件,如定位环、浇口套等,Misc 节点分为 Side-a 和 Side-b,Side-a 用于 a 板所有的部件,Side-b 用于 b 板的所有部件
Fill	是放置流道和浇口的文件,流道和浇口用于在模板上创建切口
Cool	是定义冷却水道的文件,冷却零件用于在模板上创建切口,冷却标准件也使用该目录作为默认父部件
Prod	节点,用于将指定的零件组成在一起,指定的零件包括收缩、型芯、型腔、顶出等。Prod 节点也包括顶针、滑块、斜导柱等零件
Core	型芯部件
Cavity	型腔部件
Trim	修饰节点,包含用于模具修剪的各种几何体,这些几何体用于创建电极、镶块和滑块等
Parting	分型部件,包含毛坯和收缩部件的副本,用于创建型芯和型腔,分型面创建于分型部件中
Molding	模具零件,是产品模型零件的一个副本,模具特征(拔模斜度、分割面等)被添加到该零件中。如果改变收缩率将不会影响到这些模具特征
Shrink	收缩部件,也是产品模型的一个副本,收缩部件是产品模型应用收缩率后产生的
Var	该部件包含模具和各种标准件的各种公式,例如螺栓的螺距等参数都存放在该部件中

9.2.2 设定模具坐标系

模具坐标系在整个模具设计过程中起着非常重要的作用,它直接影响到模具模架的装配及定位,同时它也是所有标准件加载的参照加载。在模具设计过程中,需要定义模具坐标系,MoldWizard 假定绝对坐标系的 +ZC 方向作为模具的开模方向,XC-YC 是模具装配的分型面。

单击选项卡"注塑模向导"→选项组"主要"→"模具 CSYS"按钮，打开"模具 CSYS"对话框,该对话框用于设置模具装配模型的坐标系。

💠 当前 WCS:模具装配模型的坐标系与参考模型的坐标系相同。

💠 产品实体中心:模具装配模型的坐标系位于零件的实体中心,坐标轴方向保持不变。

💠 选定面的中心:将模具装配模型的坐标系原点设置在指定曲面上,并且位于曲面的中心。

💠 锁定 XYZ 位置:指在重新定义模具 CSYS 的时候,锁定某个坐标平面的位置不变。

9.2.3 更改产品收缩率

塑料受热膨胀,遇冷收缩,因而热加工方法得到的塑料制品,冷却后其尺寸一般小于相应的模具尺寸,所以在模具设计的时候,必须把塑料件收缩量补偿到模具的相应尺寸中去,这样才有可能得到符合设计要求的塑料制品。模具的实际尺寸为实际成品尺寸加上收缩率的尺寸。

单击选项卡"注塑模向导"→选项组"主要"→"收缩"按钮，打开"缩放体"对话框。在"类型"选项组中可以设置各种收缩的类型;在"缩放点"中可以设置收缩的中心,从而使模具设计更符合生产实际中的情况;在"比例因子"选项组中可以设置产品的收缩率。

💠 均匀：是指产品在 X、Y、Z 各个方向上的收缩程度是相同的,只有一个参数设置收缩率的大小。

♣ 轴对称 ⊡：是指用一个或者多个指定的比例值进行缩放，也就是在指定轴的方向设置比例值，其他方向的缩放比例值相同。

♣ 常规 ⊞：是指可以设置产品在 X、Y、Z 三个方向上的各自收缩率。

9.3 ➲ 工件和型腔布局

9.3.1 工件设计

工件又称为"毛坯"，作为模具设计的一个部分，它是用来生成模具型芯和型腔的实体，并且与模架相连接。所以，工件尺寸的确定必须以型芯或者型腔的尺寸为依据。当进入"工件"命令时，系统会默认提供一个推荐值来产生一个能包容产品的成型工件。

单击选项卡"注塑模向导"→选项组"主要"→"工件"按钮 ⬡，打开"工件"对话框。在该对话框中可以设置工件的类型、工件的定义方法、工件的尺寸（包括工件截面草图曲线的编辑和 Z 方向的拉伸尺寸）。

9.3.2 型腔布局

型腔是指模具闭合时用来填充塑料成型制品的空间，型腔布局包括型腔数目的确定和型腔的排列。在模具设计的早期阶段，就应该考虑模具的加工方式和制造成本，而模具型腔数目的确定和型腔的排列是影响成本的本质因素。

1. 型腔数目的确定

根据生产效率和制件的精度要求确定型腔数目，然后选定注塑机。选定后根据注塑机技术参数确定型腔数目。

♣ 单型腔：在一套模具中只有一个型腔，也就是在一个成型周期内只能生产一个塑件的模具。这种模具结构简单、制造方便、成本较低、生产效率不高，不能充分发挥设备的潜力。主要用于成型较大的塑件和形状复杂或嵌件较多的塑件，也用于小批量生产或新产品试制的场合。

♣ 多型腔：在一套模具中有两个以上的型腔，也就是在一个成型周期内，可同时生产两个以上的塑件的模具。这种模具生产效率高，设备的潜力能充分发挥，但模具的结构比较复杂，成本高。主要用于生产批量较大的场合或成型较小的塑件。

2. 型腔布局的确定

单击选项卡"注塑模向导"→选项组"主要"→"型腔布局"按钮 ⬚，打开"型腔布局"对话框。

根据需要来确定型腔布局的类型，有矩形（平衡或线性）和圆形（径向和恒定）。"编辑"插入腔，可以设定"刀槽"，也就是考虑加工过程中，型腔固定在模具中的方式。"自动对准中心"，可以在布局生成后，将坐标系移动到模具的中心位置。

9.4 ➲ 分型

分型面为了将已成型好的塑件从模具型腔内取出或为了满足安放嵌件及排气等成型的需

要，根据塑料件的结构，将直接成型塑件的那一部分模具分成若干部分的接触面。它直接影响制件的质量、模具结构及成型工艺性，确定模具的分型面是模具设计中的重要环节。

在模具设计中，必须先确定合理的脱模方向和分型线，进而由脱模方向和分型线生成分型面。将工件分离成型芯和型腔、定义分型线，以及创建分型面是一个比较复杂的设计流程，尤其是在处理较为复杂的分型线和分型面时，其设计流程更为复杂。Mold Wizard 中分型的步骤如下。

（1）设定顶出方向及定义模具坐标轴的 Z 轴方向。

（2）设置一个合适的成型工件作为型芯和型腔的实体。

（3）创建必要的修补几何体，即对产品模型上的孔或槽进行修补。

（4）创建分型线。

（5）创建分型面。

（6）如果创建了多个分型面，则将分型面缝合为一个面。

（7）提取型腔和型芯区域。

（8）创建型腔和型芯。

9.4.1　分型前的准备——"检查区域"

对模型进行分析，定位模具的开模方向，即让产品在开模时留在动模板上；确认产品模型有正确的斜度，以便产品能够顺利脱模；考虑如何设计封闭特征，如镶块等；合理设计分型线和选择合适大小的成型工件。

单击选项卡"注塑模向导"→选项组"分型刀具"→"检查区域"按钮，打开"检查区域"对话框。在该对话框中包含了计算、面、区域和信息 4 个选项卡。

1. "计算"选项卡

主要利用计算分析对以下功能进行设定。

- 定义产品实体的脱模方向。
- 编辑产品实体的脱模方向。
- 重新设置脱模方向和型芯型腔区域。

2. "面"选项卡

- 分析面是否具有足够的拔模斜度。
- 发现底切区域和底切边，底切区域是指在型腔或型芯侧均不可见的面。
- 发现交叉面，交叉面是指既位于型芯侧，也位于型腔侧的曲面。
- 发现拔模角度为 0° 的垂直面。
- 列出拔模角度为正或者负的曲面数量。
- 列出型芯或型腔侧补丁环的数量。
- 改变特定面组的颜色，例如正负面、底切区域或交叉区域。
- 利用引导线、基准面或者曲线分割面。
- 面拆分和面拔模分析。

3. "区域"选项卡

- 发现型芯和型腔区域，为型芯和型腔面分配颜色。
- 发现分型面。
- 将产品中的面分成型芯面和型腔面，以及显示分型线环。
- 利用其中的设置选项可以显示内环、分型边和不完整的环。

4. "信息"选项卡

🔸 获取面的信息，例如角度、面积等。

🔸 获取模型性质，例如总体尺寸、体积面积等。

🔸 发现尖角，例如锐边和小面等。

9.4.2 分型

单击选项卡"注塑模向导"→选项组"分型刀具"→"设计分型面"按钮 🔹，打开"设计分型面"对话框。该对话框主要用于模具分型面的主分型面设计。可以用此工具来创建主分型面、编辑分型面、编辑分型段和设置公差等。

1. 分型线

"分型线"区域用来收集在"区域分析"过程中抽取的分型线。如果之前没有抽取分型线，则"分型段"列表不会显示分型线的分型段、删除分型面和分型线数量等信息。

2. 创建分型面

只有在确定了分型线的基础上，"创建分型面"的选项才会显示出来。该选项组中提供了 3 种主分型面的创建方法：拉伸、有界平面和条带曲面。

🔸 拉伸：该方法适合分型线不在同一平面中的主分型面的创建。创建分型面的方法是手工选择产品一侧的分型线，在指定拉伸方向后，单击"应用"按钮，创建产品一侧的分型面，其余侧的分型面也按此法创建。

🔸 有界平面：是指以分型、引导线及 UV 百分比控制形成的平面边界，通过自修剪而保留需要的部分有界平面。若产品底部为平面，或者产品拐角处的底部面为平面，可使用此方法来创建分型面。其中"第一方向"和"第二方向"为分型面的展开方向。

🔸 条带曲面：是无数条平行于 XC-YC 坐标平面的曲线沿着一条或多条相连的引导线排列而成的面。若分型线已设计了分型段，则"条带曲面"类型与"扩大曲面补片"工具相同。若产品分型线在一个平面内，且没有设计引导线，可创建"条带曲面"类型的主分型面。

3. 编辑分型线

该选项组主要用于手工选择产品分型线或分型段。单击"选择分型线"，即可在产品模型中选择分型线，然后单击"应用"按钮，所选择的分型线将列于"分型线"区域中的"分型段"列表中。如果单击"遍历分型线"按钮，可打开"遍历分型线"对话框，有助于产品边缘较长的分型线的选择。

4. 编辑分型段

该选项组的功能是选择要创建的主分型面的分型段，以及编辑引导线的长度、方向和删除等。

🔸 选择分型或引导线：激活该选项，在产品中选择要创建分型面的分型段和引导线，则引导线就是主分型面的截面曲线。

🔸 选择过渡曲线：过渡曲线是主分型面某一部分的分型线。过渡曲线可以是单段分型线，也可以是多段分型线。在选择过渡曲线后，主分型面将按照指定的过渡曲线进行创建。

🔸 编辑引导线：引导线是主分型面的截面曲线，其长度及方向决定了主分型面的大小和方向。

5. 设置

用来设置各段主分型面之间的缝合公差，以及分型面的长度。

9.5 ➡ 抽取区域

在创建型腔和型芯之前创建型腔区域和型芯区域，为了创建分型面还必须先创建分型线，分部件分型线可以在抽取区域时创建，也可以手工创建。

分型线为区域的边界，提取区域将会被分给型腔或型芯，然后用于修剪型腔或型芯。如果修补正确，系统会自动识别区域，但是对于一些竖直交叉面来说，软件无法识别，此时用户需要自己指定这些面属于哪一区域。

单击选项卡"注塑模向导"→选项组"分型刀具"→"定义区域"按钮 ，打开"定义区域"对话框。该对话框中各选项的含义如下。

定义区域："所有面"用以显示塑件所有面的数量；"未定义的面"显示的是无法确定属于哪一个区域的曲面；"型腔区域"用以显示型腔面的数量；"型芯区域"用以显示型芯的数量。也可以自行设定自定义的区域。

创建新区域：创建一个新区域。

选择区域面：为区域指定曲面。

搜索区域：单击该按钮，可以借用终止面和边界来选择大量的曲面。但是需要注意的是，该方法只可以用于所选的区域中没有孔的凹和凸的塑件。

创建区域：勾选该复选框创建区域。

创建分型线：勾选该复选框，然后选择分型线所在的平面来创建分型线。

9.6 ➡ 型腔和型芯

9.6.1 曲面补片

在模具设计过程中，绝大多数存在于零件表面开放到孔和槽都要被封闭，那些需要封闭的孔和槽就是需要修补的地方。实体修补是使用材料去填充一个空隙，并将该填充的材料加到以后的型腔、型芯或模具的侧抽芯来补偿实体修补所移去的面和边，而片体修补则是用于覆盖一个开放的曲面并确定覆盖于零件壁厚的那一侧。

初始化后的 parting 文件中都包含一个实体和几个种子片体，其实体连接至 shrink 文件中的父级实体，而那些种子体其中之一就是成型镶件的父级实体，还有一些种子体连接到型腔和型芯文件。

1. 边修补

边修补是通过一个封闭的环来修补一个开口区域，生成的曲面片体来修补孔。"边修补"命令的应用范围极广，特别是修补曲面形状复杂的孔时，其优越性更明显，且生成的补片面很光顺，将大大减少设计人员的工作量。

单击选项卡"注塑模向导"→选项组"分型刀具"→"曲面修补"按钮 ，打开"边修补"对话框。该对话框提供了 3 种选择类型：面、体、移刀。"边修补"命令修补的对象为单个平面或圆弧面内的孔，若是一个孔位于两个面交接处，则不能使用此命令进行修补。"边修补"命令在注塑模设计模块和建模模块下都可以使用。

2. 修剪区域补片

"修剪区域补片"是通过构建封闭产品模型的开口区域，在开始创建修剪区域的补片之前，要首先创建一个能够吻合开口区域的实体。

单击选项卡"注塑模向导"→选项组"注塑模工具"→"修剪区域补片"按钮 ，打开"修剪区域补片"对话框。该对话框中各选项的含义如下。

- 选择体：选择要修补的片体。
- 体/曲线：边界选项组中类型选择之一。当边界对象为相切、相连的边线时选择"体/曲线"类型。
- 移刀：边界选项组中类型选择之一。当边界对象不是相切、相连的边线时选择"移刀"类型。
- 选择对象：选择边界的对象。
- 选择区域：在修补的实体上选择要保留或者舍弃的区域。
- 保持：将保留选择的区域。
- 舍弃：将舍弃选择的区域。

3. 扩大曲面补片

"扩大曲面补片"命令用于提取体上面的面，并通过控制 U 和 V 方向动态调节滑块来扩大曲面，扩大后的曲面可以作为补片被复制到型腔或型芯。最后选取要保留或舍弃的修剪区域并得到补片。"扩大曲面补片"命令主要用来修补形状简单的平面和曲面上的破孔，也可以用来创建主分型面。

单击选项卡"注塑模向导"→选项组"注塑模工具"→"扩大曲面补片"按钮 ，打开"扩大曲面补片"对话框。该对话框中各选项的含义如下。

- 选择面：该选项用于选择包含破孔的面（即目标面），选择之后会自动产生显示扩大的曲面预览。
- 选择对象：激活此选项后，在产品中可选择修剪扩大曲面的边界（选择孔边线）。用户也可以在图形区中通过拖曳扩大曲面的控制手柄来更改曲面的大小。在手柄变色（浅蓝色）后，也可以通过手动的输入值来改变 U、V 方向的百分比。
- 选择区域：在扩大曲面内选择要保留的补片区域。
- 保持：将保留选择的区域。
- 舍弃：将舍弃选择的区域。
- 更改所有大小：勾选此复选框，在改变扩大曲面的任意 U、V 方向时，其余侧的百分比值也将随之改变。若取消勾选此复选框，将只改变其中一侧的曲面大小。
- 切到边界：勾选此复选框，将扩大曲面修剪到指定边界。若取消勾选此复选框，将只创建扩大曲面，而不生成破孔补片。
- 作为曲面补片：勾选此复选框，可将扩大曲面补片转换为 Mold Wizard 的曲面补片，应用于以后的补片。

9.6.2 型腔和型芯设计

单击选项卡"注塑模向导"→选项组"分型刀具"→"定义型腔和型芯"按钮 ，打开"定义型腔和型芯"对话框。该对话框中各选项的含义如下。

- 所有区域：选择此选项，可同时创建型腔和型芯。
- 型腔区域：自动创建型腔。

型芯区域：自动创建型芯。

选择片体：当程序不能完全拾取分型面时，可以手动选择片体或者曲面来添加或者取消多余的分型面。

抑制分型：撤销创建的型腔和型芯部件（包括型腔和型芯的所有部件信息）。

检查交互查询：勾选此复选框，程序将自动检查分型面的边界数，以及是否有缝隙、交叉、重叠的现象。

缝合公差：为主分型面与补片缝合时所取的公差范围值，若间隙大，此值可以取得大一些，若间隙小，此值可以取得小一些，一般情况下保留默认值。有时型腔、型芯分不开，便与缝合公差的取值有很大的关系。

1. 分割型腔或型芯

若用户没有对产品进行项目初始化操作，而直接进行型腔或型芯的分割操作，则需要手工添加或删除分型面。

若用户对产品进行了初始化操作，则在"选择片体"区域的列表中选择"型腔区域"选项，然后单击"应用"按钮，程序会自动选择并缝合型腔区域面、主分型面和型腔侧曲面补片。如果缝合的分型面没有间隙、重叠或交叉等问题，程序会自动分割出型腔部件。

2. 分型面的检查

当缝合的分型面出现问题时，可选择"菜单"→"分析（L）"→"检查几何体（X）"命令，打开"检查几何体"对话框，在其中对分型面中存在的交叉、重叠或间隙等问题进行检查。单击"信息"按钮，则会打开"信息"对话框，通过该对话框，用户可以查看分型面检查的信息。

9.7 ➲ 设计实例

例 1：游戏手柄模型的分模过程。

游戏手柄模型如图 9.3 所示，模具设计过程需要考虑以下问题。

（1）游戏手柄模型的 XC-YC 平面与动定模板安装面重合，可直接设定为模具坐标系。

（2）游戏手柄模型的上表面通孔可采用常用的片体修补命令进行修补。

（3）游戏手柄模型的分型线在一个平面内，可直接采用"有界平面"的方法创建分型面，然后直接提取区域得到分型修剪片体。

图 9.3 游戏手柄模型

1. 模型的加载和项目初始化

（1）在建模模块中，打开已创建好的部件文件 example-1.prt。

（2）单击选项卡"应用模块"→选项组"特定于工艺"→"注塑模"按钮🖳，添加"注塑模向导"选项卡。

（3）单击选项卡"注塑模向导"→"初始化项目"按钮 ，打开"初始化项目"对话框。设置项目中各种文件存放的路径；项目默认名称与参考零件相同；设置参考零件的材料为 ABS；"收缩率"为 1.006；"配置"选择 Mold V1；单击"确定"按钮，完成项目的初始化，如图 9.4 所示。

（4）完成项目的初始化后，在"装配导航器"窗口中可以看到加载产品后生成的装配结构及各部件名称，如图 9.5 所示。

（5）完成项目的初始化后，在"窗口"中可以查看，Mold Wizard 自动创建的用于存放布局、型腔、型芯等一系列的 prt 文件，如图 9.6 所示。

图 9.4　加载游戏手柄模型　　　　图 9.5　"装配导航器"中的文件　　　　图 9.6　"窗口"中查看文件

2. 模具坐标系的设定

单击选项卡"注塑模向导"→选项组"主要"→"模具 CSYS"按钮 ，打开"模具 CSYS"对话框。"更改产品位置"选项组中选择"产品实体中心"，"锁定 XYZ 位置"选项组中选择"锁定 Z 位置"，单击"确定"按钮，完成模具坐标系的设定。

3. 设定产品的收缩率

由于在项目初始化时已经设定了产品的收缩率，在此就不用进行设置了。

4. 工件的设计

（1）单击选项卡"注塑模向导"→选项组"主要"→"工件"按钮 ，打开"工件"对话框。"尺寸"选项组中，单击"绘制截面"按钮 ，打开"线性尺寸"对话框，双击图中的尺寸线，修改线性尺寸，如图 9.7 所示。单击"完成"按钮，退出草图模式。

（2）在"设置"选项组中，"开始"选择"值"，"距离"为 -25，"结束"选择"值"，"距离"为 35，单击"确定"按钮，完成工件的定义，如图 9.8 所示。

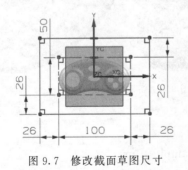

图 9.7　修改截面草图尺寸

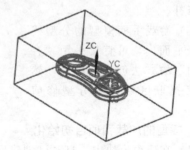

图 9.8　创建的工件

5. 型腔的布局

（1）单击选项卡"注塑模向导"→选项组"主要"→"型腔布局"按钮 ，打开"型腔布局"对话框。"布局类型"选择"矩形",勾选"平衡"选项,"指定矢量"为 −YC 方向;"平衡布局设置"选项组中"型腔数"为 2,"间隙距离"为 0;"生成布局"选项组中,单击"开始布局"按钮,生成如图 9.9 所示的布局。

（2）"编辑布局"选项组中,单击"自动对准中心"按钮,如图 9.10 所示。

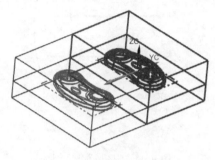

图 9.9　型腔布局

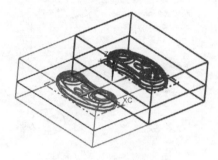

图 9.10　自动对准中心

（3）单击"关闭"按钮,完成型腔的布局。

6. 曲面修补（边修补）

单击选项卡"注塑模向导"→选项组"分型刀具"→"曲面修补"按钮◈,打开"边修补"对话框。"环选择"选项组中"类型"选择"面",在图形区中选择孔所在的平面,单击"应用"按钮,完成所选面上孔的修补,如图 9.11 所示。继续修补,将上表面上的孔全部修补后,按"取消"按钮,完成孔的修补,如图 9.12 所示。

图 9.11　曲面补片

图 9.12　曲面补片结果

7. 检查区域

（1）单击选项卡"注塑模向导"→选项组"分型刀具"→"检查区域"按钮▱,打开"检查区域"对话框,如图 9.13 所示。"计算"选项卡中,单击"计算"按钮▤,系统自动进行计算,计算完成后,在"提示栏"中显示计算时间。

（2）单击"区域"选项卡中的"设置区域颜色"按钮✿,如图 9.14 所示,型腔区域为"23▉",型芯区域为"20▉",未定义区域为"11▉",模型即显示不同的颜色,如图 9.15 所示。

（3）定义型腔区域,勾选"指派到区域"选项组中的"型腔区域"复选框,选择如图 9.16 所示的 4 个面,单击"应用"按钮,将这 4 个面设置为型腔区域。

（4）定义型芯区域,勾选"指派到区域"选项组中的"型芯区域"复选框,选择如图 9.17 所示的 7 个面,单击"应用"按钮,将这 7 个面设置为型芯区域。

图 9.13 "计算"选项卡　　　　　图 9.14 "区域"选项卡

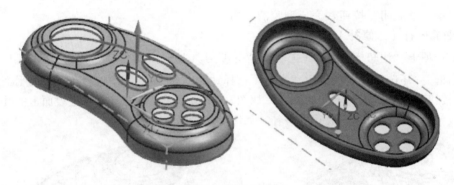

图 9.15 设置区域颜色

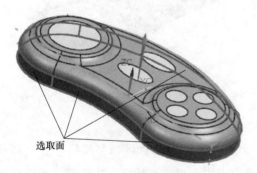 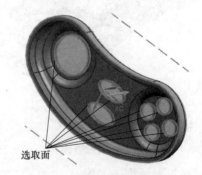

图 9.16 定义"型腔区域"　　　　图 9.17 定义"型芯区域"

（5）设置定义"型腔区域"和"型芯区域"后，对话框中显示，型腔区域为"27■"，型芯区域为"27■"，未定义区域为"0■"，如图 9.18 所示，单击"取消"按钮，完成区域的检查。

8. 定义区域

单击选项卡"注塑模向导"→选项组"分型刀具"→"定义区域"按钮，打开"定义区域"对话框，如图 9.19 所示。其中，"型腔区域"为 27，"型芯区域"为 27，"所有面"为 54，勾选"创建区域"复选框，勾选"创建分型线"复选框，单击"应用"按钮后，对话框中"型腔区域"和"型芯区域"前面显示为 ✔，如图 9.20 所示，单击"取消"按钮，完成区域的定义。

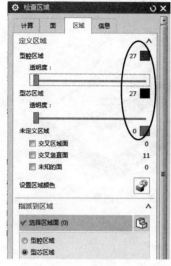

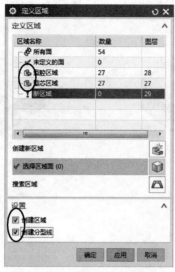

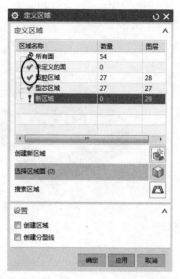

图 9.18 "区域"选项卡　　　图 9.19 "定义区域"对话框　　　图 9.20 完成"定义区域"设置

9. 设计分型面

单击选项卡"注塑模向导"→选项组"分型刀具"→"设计分型面"按钮 🔺，打开"设计分型面"对话框。系统采用"有界平面"的方法，自动创建分型面，如图 9.21 所示，单击"应用"按钮，完成分型面的创建，单击"取消"按钮，退出"设计分型面"对话框。

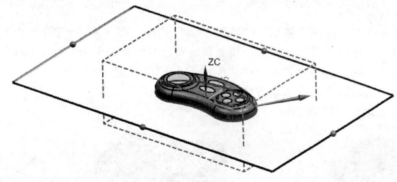

图 9.21 创建分型面

10. 创建型腔和型芯

（1）单击选项卡"注塑模向导"→选项组"分型刀具"→"定义型腔和型芯"按钮 🔲，打开"定义型腔和型芯"对话框。"选择片体"选项组中，选择"型腔区域"，单击"应用"按钮，系统弹出"查看分析结果"对话框，单击"确定"按钮，完成型腔的定义。

（2）选择"型芯区域"，单击"应用"按钮，系统弹出"查看分析结果"对话框，单击"确定"按钮，完成型芯的定义。单击"取消"按钮，退出"定义型腔和型芯"对话框。

（3）查看分型结果，在"窗口"中可以查看，选择 example-1_cavity_002.prt 文件，创建的型腔，如图 9.22 所示；选择 example-1_core_006.prt 文件，创建的型芯，如图 9.23 所示。

11. 创建模具分解视图

（1）切换窗口，在"窗口"中选择 example-1_top_000.prt 文件，如图 9.24 所示。在装配导航器中，将 example-1_top_000.prt 文件设为工作部件（右击鼠标选择即可），如图 9.25 所示。

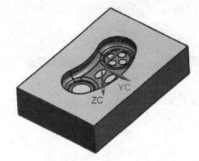
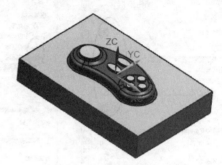

图 9.22　创建的型腔　　　　　　　　图 9.23　创建的型芯

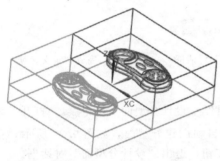
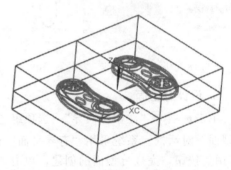

图 9.24　example-1_top.prt 文件模型　　　　图 9.25　设为工作部件

（2）创建爆炸图，选择"菜单"→"装配（A）"→"爆炸图（X）"→"新建爆炸图（N）"命令，系统弹出"新建爆炸图"对话框，接受系统默认的名称，单击"确定"按钮。

（3）编辑爆炸图，选择"菜单"→"装配（A）"→"爆炸图（X）"→"编辑爆炸图（E）"命令，设置型腔为移动对象，沿 Z 轴方向移动 100mm，如图 9.26 所示；设置游戏手柄模型为移动对象，沿 Z 轴方向移动 50mm，如图 9.27 所示。

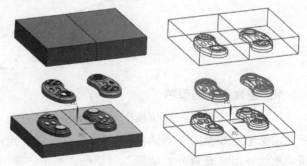

图 9.26　移动型腔组件　　　　　　　图 9.27　移动游戏手柄模型组件

12. 保存文件

选择"文件（F）"→"保存（S）"→"全部保存（N）"，保存所有文件，完成游戏手柄模型的分模过程。

例 2：手机上盖模型的分模过程。

手机上盖模型如图 9.28 所示，模具设计过程需要考虑以下问题。

（1）手机上盖模型的 XC-YC 平面与动定模板安装面重合，可直接设定为模具坐标系。

（2）手机上盖模型的上表面通孔可采用常用的片体修补法进行修补。

（3）手机上盖模型的两侧表面通孔，分模后会出现"倒钩"现象，模具设计时需进行侧向分型及抽芯机构的设计。

图 9.28　手机上盖模型

1. 模型的加载和项目初始化

（1）在建模模块中，打开已创建好的部件文件 example-2.prt。

（2）单击选项卡"应用模块"→选项组"特定于工艺"→"注塑模"按钮，添加"注塑模向导"选项卡。

（3）单击选项卡"注塑模向导"→"初始化项目"按钮，打开"初始化项目"对话框。设置项目中各种文件存放的路径；项目默认名称与参考零件相同；设置参考零件的材料为 ABS；"收缩率"为 1.006；"配置"选择 Mold V1；单击"确定"按钮，完成项目的初始化，如图 9.29 所示。

（4）完成项目的初始化后，在"装配导航器"窗口中可以看到加载产品后生成的装配结构及各部件名称，如图 9.30 所示。

（5）完成项目的初始化后，在"窗口"中可以查看 Mold Wizard 自动创建的用于存放布局、型腔、型芯等一系列的 prt 文件，如图 9.31 所示。

图 9.29　加载手机上盖模型　　　图 9.30　"装配导航器"中的文件　　　图 9.31　"窗口"中查看文件

2. 模具坐标系的设定

单击选项卡"注塑模向导"→选项组"主要"→"模具 CSYS"按钮，打开"模具 CSYS"对话框。"更改产品位置"选项组中选择"产品实体中心"，"锁定 XYZ 位置"选项组中选择"锁定 Z 位置",单击"确定"按钮,完成模具坐标系的设定。

3. 设定产品的收缩率

由于在项目初始化时已经设定了产品的收缩率,在此就不用进行设置了。

4. 工件的设计

(1)单击选项卡"注塑模向导"→选项组"主要"→"工件"按钮 🞖,打开"工件"对话框。"尺寸"选项组中,单击"绘制截面"按钮 📄,打开"线性尺寸"对话框,双击图中的尺寸线,修改线性尺寸,如图 9.32 所示。单击"完成"按钮,退出草图模式。

(2)在"设置"选项组中,"开始"选择"值","距离"为-25,"结束"选择"值","距离"为 45,单击"确定"按钮,完成工件的定义,如图 9.33 所示。

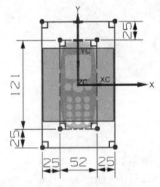

图 9.32　修改截面草图尺寸

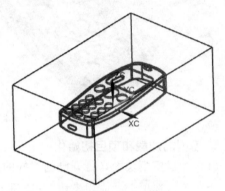

图 9.33　创建的工件

5. 型腔的布局

(1)单击选项卡"注塑模向导"→选项组"主要"→"型腔布局"按钮 🗊,打开"型腔布局"对话框。"布局类型"选择"矩形",勾选"平衡"选项,"指定矢量"为 XC 方向;"平衡布局设置"选项组中"型腔数"为 2,"间隙距离"为 0;"生成布局"选项组中,单击"开始布局"按钮,生成如图 9.34 所示的布局。

(2)"编辑布局"选项组中,单击"自动对准中心"按钮,如图 9.35 所示。

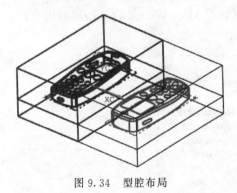

图 9.34　型腔布局

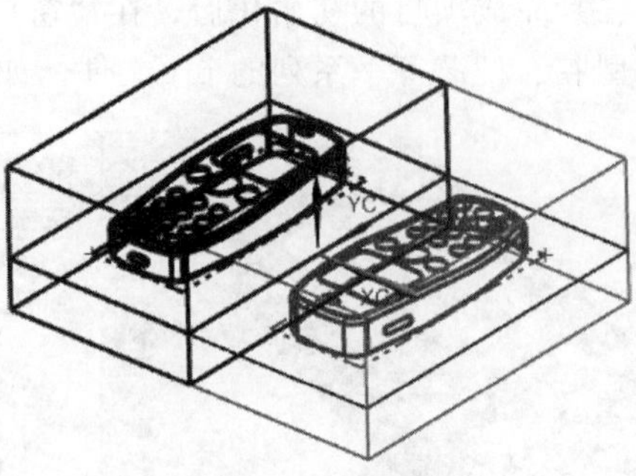

图 9.35　自动对准中心

(3)单击"关闭"按钮,完成型腔的布局。

6. 曲面修补(边修补)

(1)单击选项卡"注塑模向导"→选项组"分型刀具"→"曲面修补"按钮 ◈,打开"边修补"对话框。"环选择"选项组中"类型"选择"面",在图形区中选择上表面,系统自动识别孔(注意把包含音量两个椭圆小孔的大孔去掉,按住 Shift 键,再次选择即可),单击

"应用"按钮，完成所选面上孔的修补，如图 9.36 所示。

（2）继续修补上表面上的孔，选择两个椭圆小孔所在的面，按"应用"按钮，完成上表面孔的修补，如图 9.37 所示。

（3）同理，修补侧孔 1，如图 9.38 所示。修补侧孔 2，如图 9.39 所示。

（4）单击"取消"按钮，退出曲面修补。

图 9.36 曲面补片 1　　图 9.37 曲面补片 2　　图 9.38 曲面补片 3　　图 9.39 曲面补片 4

7. 检查区域

（1）单击选项卡"注塑模向导"→选项组"分型刀具"→"检查区域"按钮 ⛰，打开"检查区域"对话框，如图 9.40 所示。"计算"选项卡中，单击"计算"按钮 ▤，系统自动进行计算，计算完成后，在"提示栏"中显示计算时间。

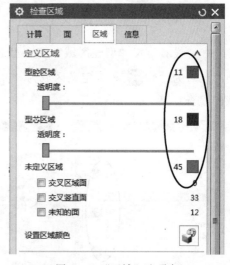

图 9.40 "计算"选项卡　　　　　　　　图 9.41 "区域"选项卡

（2）单击"区域"选项卡中的"设置区域颜色"按钮 ，如图 9.41 所示，型腔区域为"11■"，型芯区域为"18■"，未定义区域为"45■"，模型即显示不同的颜色，如图 9.42 所示。

（3）定义型腔区域，勾选"指派到区域"选项组中的"型腔区域"复选框，选择模型外侧的所有■的面，包括两个侧孔周围■的面，单击"应用"按钮，完成型腔区域的定义，如图 9.43 所示。

（4）定义型芯区域，勾选"指派到区域"选项组中的"型芯区域"复选框，选择如图 9.44 所示的 25 个面，单击"应用"按钮，将这些面设置为型芯区域。

图 9.42　设置区域颜色

图 9.43　定义"型腔区域"

选取面

图 9.44　定义"型芯区域"

（5）设置定义"型腔区域"和"型芯区域"后，对话框中显示，型腔区域为"31■"，型芯区域为"43■"，未定义区域为"0■"，如图 9.45 所示，单击"取消"按钮，完成区域的检查。

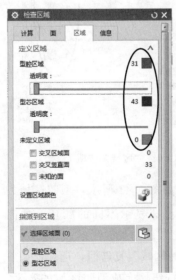

图 9.45　"区域"选项卡

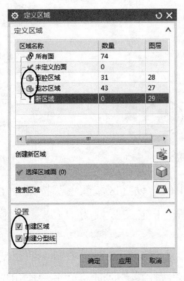

图 9.46　"定义区域"对话框

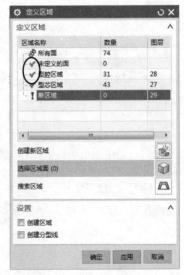

图 9.47　完成"定义区域"设置

8. 定义区域

单击选项卡"注塑模向导"→选项组"分型刀具"→"定义区域"按钮，打开"定义区域"对话框,如图 9.46 所示。其中,"型腔区域"为 31,"型芯区域"为 43,"所有面"为 74,勾选"创建区域"复选框,勾选"创建分型线"复选框,单击"应用"按钮后,对话框中"型腔区域"和"型芯区域"前面显示为 ✔,如图 9.47 所示,单击"取消"按钮,完成区域的定义。

9. 设计分型面

单击选项卡"注塑模向导"→选项组"分型刀具"→"设计分型面"按钮 , 打开"设计分型面"对话框。系统采用"有界平面"的方法,自动创建分型面,如图 9.48 所示,单击"应用"按钮,完成分型面的创建,单击"取消"按钮,退出"设计分型面"对话框。

图 9.48 创建分型面

10. 创建型腔和型芯

(1)单击选项卡"注塑模向导"→选项组"分型刀具"→"定义型腔和型芯"按钮 ![], 打开"定义型腔和型芯"对话框。"选择片体"选项组中,选择"型腔区域",单击"应用"按钮,系统弹出"查看分析结果"对话框,单击"确定"按钮,完成型腔的定义。

(2)选择"型芯区域",单击"应用"按钮,系统弹出"查看分析结果"对话框,单击"确定"按钮,完成型芯的定义。单击"取消"按钮,退出"定义型腔和型芯"对话框。

(3)查看分型结果,在"窗口"中可以查看,选择 example-2_cavity_002.prt 文件,创建的型腔,如图 9.49 所示;选择 example-2_core_006.prt 文件,创建的型芯,如图 9.50 所示。

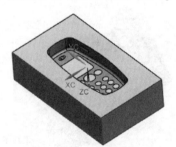

图 9.49 创建的型腔

图 9.50 创建的型芯

11. 创建滑块 1

(1)在"窗口"中选择 example-2_cavity_002.prt 文件,系统将在图形区显示创建的型腔组件。

(2)选择"应用模块"选项卡→"设计"选项组→"建模"按钮,进入建模环境中。

(3)定义拉伸特征,选择"拉伸"命令。选择如图 9.51 所示的面,作为拉伸曲线草图平面;进入草图模式后,选择"投影曲线"命令,绘制如图 9.52 所示的草图曲线,单击

"完成草图"按钮，退出草图模式；"拉伸方向"选择 YC 方向；"限制"选项组中"开始"选择"值"，"距离"为 0，"结束"选择"直至选定"，然后选择如图 9.53 所示的面；"布尔"选择"无"；单击"确定"按钮，完成拉伸实体 1 的创建，如图 9.54 所示。

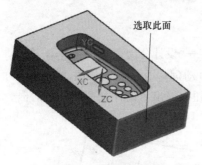

图 9.51　选择拉伸草图放置面

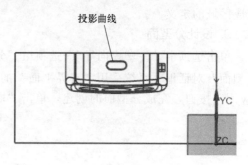

图 9.52　绘制草图

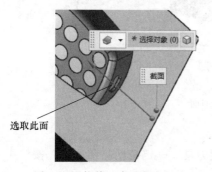

图 9.53　拉伸"直至选定"

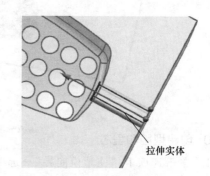

图 9.54　创建拉伸实体

（4）布尔"求交"，目标体选择型腔，工具体选择拉伸实体，如图 9.55 所示，"设置"选项组中，勾选"保存目标"复选框，单击"确定"按钮，完成布尔"求交"操作。

（5）布尔"求差"，目标体选择型腔，工具体选择拉伸实体，如图 9.56 所示，"设置"选项组中，勾选"保存工具"复选框，单击"确定"按钮，完成布尔"求差"操作。

图 9.55　创建"求交"特征

图 9.56　创建"求差"特征

（6）将滑块 1 转换为型芯子装配组件。在"装配导航器"界面中，选中 example-2_cavity_002.prt 文件，右击鼠标按钮，在弹出的快捷菜单中选择"WAVE"→"新建级别"，系统弹出"新建级别"对话框，单击"指定部件名"按钮，弹出"选择部件名"对话框，在"文本名中"输入 example-2_slide1.prt，单击"OK"按钮，返回"新建级别"对话框。单击"类选择"按钮，在图形区选择拉伸实体，单击"确定"按钮，返回"新建级别"对话框，再次单击"确定"按钮，此时在"装配导航器"界面中显示出刚创建的滑块 1 的名称，如图 9.57 所示。

（7）将拉伸实体隐藏。创建的滑块 1 如图 9.58 所示，型腔上去掉滑块后的效果如图 9.59 所示。

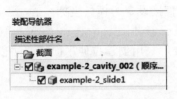

图 9.57 装配导航器

图 9.58 滑块 1

图 9.59 型腔效果

12. 创建滑块 2

滑块 2（example-2_slide2.prt）创建方法参见创建滑块 1（example-2_slide1.prt）的步骤。

13. 创建模具分解视图

（1）切换窗口，在"窗口"中选择 example-2_top_000.prt 文件，如图 9.60 所示。在装配导航器中，将 example-2_top_000.prt 文件设为工作部件（右击鼠标选择即可），如图 9.61 所示。

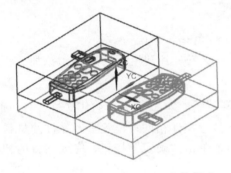

图 9.60 example-2_top.prt 文件模型

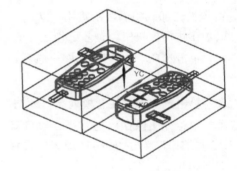

图 9.61 设为工作部件

（2）创建爆炸图，选择"菜单"→"装配（A）"→"爆炸图（X）"→"新建爆炸图（N）"命令，系统弹出"新建爆炸图"对话框，接受系统默认的名称，单击"确定"按钮。

（3）编辑爆炸图，选择"菜单"→"装配（A）"→"爆炸图（X）"→"编辑爆炸图（E）"命令，设置型腔为移动对象，沿 Z 轴方向移动 100mm；设置手机上盖模型为移动对象，沿 Z 轴方向移动 50mm；再设置四个滑块为移动对象，向型腔外侧移动距离为 30mm，如图 9.62 所示。

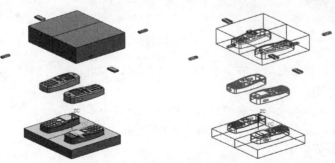

图 9.62 移动手机上盖型组件

14. 保存文件

保存所有文件，完成手机上盖模型的分模全过程。

例 3：胶垫模型的分模过程。

胶垫模型如图 9.63 所示，模具设计过程需要考虑以下问题。

（1）胶垫模型的 XC-YC 平面与动定模板安装面重合，可直接设定为模具坐标系。

（2）胶垫模型的上表面通孔可采用常用的片体修补命令进行修补。

（3）胶垫模型的分型线不在一个平面内，可设置过渡曲线，采用创建拉伸平面的方法创建分型面。

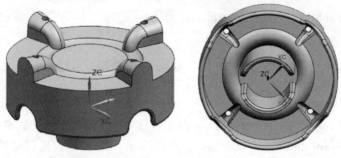

图 9.63　胶垫模型

1. 模型的加载和项目初始化

（1）在建模模块中，打开已创建好的部件文件 example-3.prt。

（2）单击选项卡"应用模块"→选项组"特定于工艺"→"注塑模"按钮 💲，添加"注塑模向导"选项卡。

（3）单击选项卡"注塑模向导"→"初始化项目"按钮 📄，打开"初始化项目"对话框。设置项目中各种文件存放的路径；项目默认名称与参考零件相同；设置参考零件的材料为 ABS；"收缩率"为 1.006；"配置"选择 Mold V1；单击"确定"按钮，完成项目的初始化，如图 9.64 所示。

图 9.64　加载胶垫模型　　　图 9.65　"装配导航器"中的文件　　　图 9.66　"窗口"中查看文件

（4）完成项目的初始化后，在"装配导航器"窗口中可以看到加载产品后生成的装配结构及各部件名称，如图 9.65 所示。

（5）完成项目的初始化后，在"窗口"中可以查看 Mold Wizard 自动创建的用于存放布局、型腔、型芯等一系列的 prt 文件，如图 9.66 所示。

2. 模具坐标系的设定

单击选项卡"注塑模向导"→选项组"主要"→"模具 CSYS"按钮 ⬆，打开"模具

CSYS"对话框。"更改产品位置"选项组中选择"产品实体中心","锁定 XYZ 位置"选项组中选择"锁定 Z 位置",单击"确定"按钮,完成模具坐标系的设定。

3. 设定产品的收缩率

由于在项目初始化时已经设定了产品的收缩率,在此就不用进行设置了。

4. 工件的设计

(1) 单击选项卡"注塑模向导"→选项组"主要"→"工件"按钮 ,打开"工件"对话框。"尺寸"选项组中,单击"绘制截面"按钮 ,打开"线性尺寸"对话框,双击图中的尺寸线,修改线性尺寸,如图 9.67 所示。单击"完成"按钮,退出草图模式。

(2) 在"设置"选项组中,"开始"选择"值","距离"为−35,"结束"选择"值","距离"为 45,单击"确定"按钮,完成工件的定义,如图 9.68 所示。

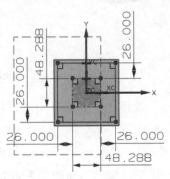

图 9.67 修改截面草图尺寸

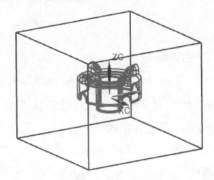

图 9.68 创建的工件

5. 型腔的布局

(1) 单击选项卡"注塑模向导"→选项组"主要"→"型腔布局"按钮 ,"布局类型"选择"矩形",勾选"平衡"选项,"指定矢量"为−YC 方向;"平衡布局设置"选项组中"型腔数"为 2,"间隙距离"为 0;单击"开始布局"按钮,生成如图 9.69 所示的布局 1。

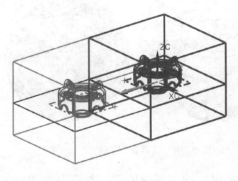

图 9.69 型腔布局 1

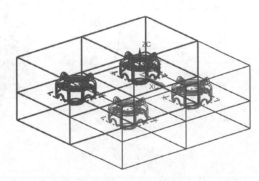

图 9.70 一模四腔

(2) 继续布局,"产品"选项组中"选择体"再选中刚创建的型腔,"指定矢量"为 XC 方向;单击"开始布局"按钮,生成如图 9.70 所示的一模四腔的布局。

(3)"编辑布局"选项组中,单击"自动对准中心"按钮,坐标系自动对准中心。

(4) 单击"关闭"按钮,完成型腔的布局。

6. 曲面修补(边修补)

单击选项卡"注塑模向导"→选项组"分型刀具"→"曲面修补"按钮 ,打开"边修补"对话框。"环选择"选项组中"类型"选择"体",在图形区中选择模型实体,单击"应用"按钮,完成所选体上 4 个通孔的修补,如图 9.71 所示。单击"取消"按钮,退出"边修补"对话框。

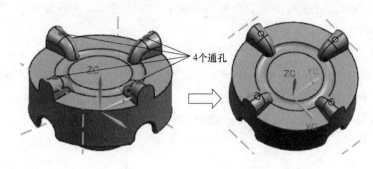

图 9.71 曲面补片

7. 检查区域

(1)单击选项卡"注塑模向导"→选项组"分型刀具"→"检查区域"按钮 ▱，打开"检查区域"对话框,在"计算"选项卡中,单击"计算"按钮 ，系统自动进行计算,计算完成后,在"提示栏"中显示计算时间。

(2)单击"区域"选项卡中的"设置区域颜色"按钮 ，如图 9.72 所示,型腔区域为"30 ■",型芯区域为"83 ■",未定义区域为"5 ■",模型即显示不同的颜色,如图 9.73 所示。

图 9.72 "区域"选项卡

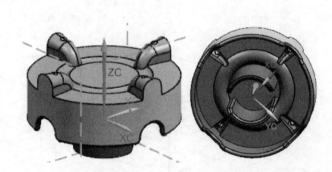

图 9.73 设置区域颜色

(3)定义型腔区域,勾选"指派到区域"选项组中的"型腔区域"复选框,选择如图 9.74 所示的 1 个面,单击"应用"按钮,将这个面设置为型腔区域。

(4)定义型芯区域,勾选"指派到区域"选项组中的"型芯区域"复选框,选择如图 9.75 所示的 4 个面,单击"应用"按钮,将这 4 个面设置为型芯区域。

(5)设置定义"型腔区域"和"型芯区域"后,对话框中显示,型腔区域为"31 ■",型芯区域为"87 ■",未定义区域为"0 ■",如图 9.76 所示,单击"取消"按钮,完成区域的检查。

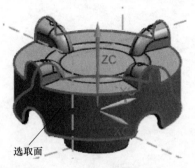

图 9.74　定义"型腔区域"

图 9.75　定义"型芯区域"

8. 定义区域

单击选项卡"注塑模向导"→选项组"分型刀具"→"定义区域"按钮 ，打开"定义区域"对话框，如图 9.77 所示。其中，"型腔区域"为 31，"型芯区域"为 87，"所有面"为 118，勾选"创建区域"复选框，勾选"创建分型线"复选框，单击"应用"按钮后，对话框中"型腔区域"和"型芯区域"前面显示为 ，如图 9.78 所示，单击"取消"按钮，完成区域的定义。

图 9.76　"区域"选项卡

图 9.77　"定义区域"对话框

图 9.78　完成"定义区域"设置

9. 设计分型面

（1）定义过渡曲线，单击选项卡"注塑模向导"→选项组"分型刀具"→"设计分型面"按钮 ，打开"设计分型面"对话框。选择"编辑分型段"选项组中"选择过渡曲线"，在工作区选择如图 9.79 所示的 8 条曲线，单击"应用"按钮，完成过渡曲线的定义。

（2）"分型段"选项组中显示 8 段分型线，选择"分型段 1"，"创建分型面"选项组中采用"拉伸"的方法，"拉伸方向"为 −XC 方向，距离为 100，如图 9.80 所示，单击"应用"按钮，完成分型段 1 上分型面 1 的创建。

（3）选择"分型段 2"，"创建分型面"选项组中采用"扫掠"的方法，"第一方向"为 −XC 方向，距离为 100，"第二方向"为 YC 方向，距离为 100，如图 9.81 所示，单击"应用"按钮，完成分型段 2 上分型面 2 的创建。

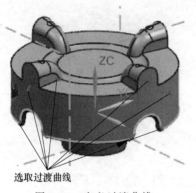

图 9.79 定义过渡曲线

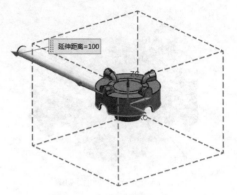

图 9.80 创建分型面 1

（4）同理，分别选择"拉伸"和"扫掠"的方法，注意拉伸和扫掠方向的定义，最后完成分型面的创建，如图 9.82 所示。

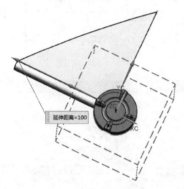

图 9.81 创建分型面 2

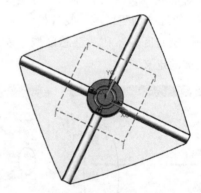

图 9.82 创建分型面

10. 创建型腔和型芯

（1）单击选项卡"注塑模向导"→选项组"分型刀具"→"定义型腔和型芯"按钮 ，打开"定义型腔和型芯"对话框。"选择片体"选项组中，选择"型腔区域"，单击"应用"按钮，系统弹出"查看分析结果"对话框，单击"确定"按钮，完成型腔的定义。

（2）选择"型芯区域"，单击"应用"按钮，系统弹出"查看分析结果"对话框，单击"确定"按钮，完成型芯的定义。单击"取消"按钮，退出"定义型腔和型芯"对话框。

（3）查看分型结果，在"窗口"中可以查看，选择 example-3_cavity_002.prt 文件，创建的型腔，如图 9.83 所示；选择 example-3_core_006.prt 文件，创建的型芯，如图 9.84 所示。

（4）观察创建的型芯，中间部分需要继续分割出小型芯。

图 9.83 创建的型腔

图 9.84 创建的型芯

11. 创建小型芯

（1）在"窗口"中选择 example-3_core_006.prt 文件，系统将在图形区显示创建的型芯组件。

（2）选择"应用模块"选项卡→"设计"选项组→"建模"按钮，进入建模环境中。

（3）定义拉伸特征，选择"拉伸"命令。选择型芯的顶面作为拉伸曲线草图平面，如图 9.85 所示；进入草图模式后，选择"投影曲线"命令，绘制如图 9.86 所示的投影草图曲线。选择"圆弧"命令按钮，采用"中心和端点定圆弧"，绘制两条圆弧曲线，如图 9.87 所示。单击"完成草图"按钮，退出草图模式；"拉伸方向"选择 ZC 方向；"限制"选项组中"开始"选择"值"，"距离"为 0，"结束"选择"直至选定"，然后选择型芯的底面；"布尔"选择"无"；单击"确定"按钮，完成拉伸实体 1 的创建，如图 9.88 所示。

图 9.85 拉伸草图放置平面

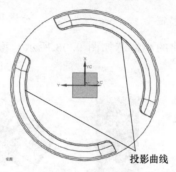

图 9.86 投影曲线

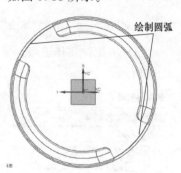

图 9.87 绘制圆弧

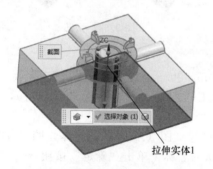

图 9.88 创建拉伸实体 1

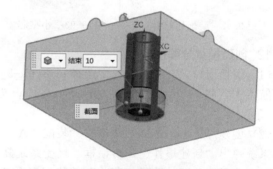

图 9.89 创建拉伸实体 2

（4）创建拉伸实体 2——小型芯头部，以创建的型芯底面作为拉伸曲线草图平面，绘制直径为 40 的圆，沿 ZC 方向拉伸距离为 10mm，创建的拉伸实体 2 与拉伸实体 1 进行布尔求和运算，创建的拉伸实体 2，如图 9.89 所示。

（5）布尔"求交"，目标体选择型腔，工具体选择拉伸实体，如图 9.90 所示，"设置"选项组中，勾选"保存目标"复选框，单击"确定"按钮，完成布尔"求交"操作。

（6）布尔"求差"，目标体选择型腔，工具体选择拉伸实体，如图 9.91 所示，"设置"选项组中，勾选"保存工具"复选框，单击"确定"按钮，完成布尔"求差"操作。

（7）将小型芯转换为型芯子装配组件。在"装配导航器"界面中，选中 example-3_core_006.prt 文件，右击鼠标按钮，在弹出的快捷菜单中选择"WAVE"→"新建级别"，系统弹出"新建级别"对话框，单击"指定部件名"按钮，弹出"选择部件名"对话框，在"文本名中"输入 example-3_core1.prt，单击"OK"按钮，返回"新建级别"对话框。单击"类选择"按钮，在图形区选择拉伸实体，单击"确定"按钮，返回"新建级别"对话框，再次单击"确定"按钮，此时在"装配导航器"界面中显示出刚创建的小型芯的名称，如图9.92所示。

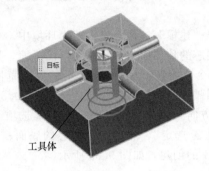

图9.90　创建"求交"特征

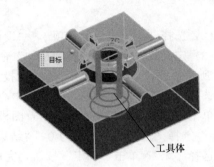

图9.91　创建"求差"特征

（8）将拉伸实体隐藏。创建的小型芯如图9.93所示，型芯上去掉小型芯后的效果如图9.94所示。

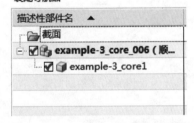

图9.92　装配导航器

图9.93　小型芯

图9.94　型芯

12. 创建模具分解视图

（1）切换窗口，在"窗口"中选择example-3_top_000.prt文件，如图9.95所示。在装配导航器中，将example-3_top_000.prt文件设为工作部件（右击鼠标选择即可），如图9.96所示。

（2）创建爆炸图，选择"菜单"→"装配（A）"→"爆炸图（X）"→"新建爆炸图（N）"命令，系统弹出"新建爆炸图"对话框，接受系统默认的名称，单击"确定"按钮。

（3）编辑爆炸图，选择"菜单"→"装配（A）"→"爆炸图（X）"→"编辑爆炸图（E）"命令，设置型腔、胶垫模型、小型芯为移动组件，移动至合适的位置，生成爆炸图，如图9.97所示。

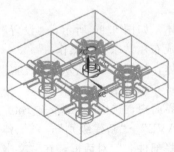

图9.95　example-3_top.prt
文件模型

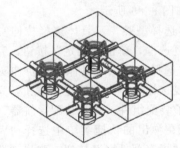

图9.96　设为工作部件

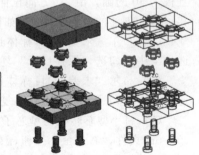

图9.97　胶垫模型爆炸图

13. 保存文件

保存所有文件，完成胶垫模型的分模全过程。

附例 1：游戏手柄模型的建模过程。

（1）以 XC-YC 平面为草图平面，绘制草图 1，如图 9.98 所示。

（2）创建拉伸实体 1，"指定矢量"为 ZC 方向；"开始"值为 0，"结束"值为 10；单击"确定"按钮，完成拉伸实体 1 的创建，如图 9.99 所示。

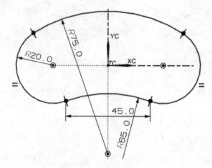
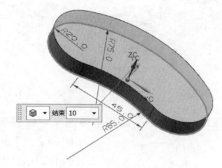

图 9.98　绘制草图 1　　　　　　　　　　图 9.99　创建拉伸实体 1

（3）创建倒圆角 1，选择要倒圆角的边，输入半径值为 5，如图 9.100 所示。

（4）创建凸台，"直径"为 28，"高度"为 2，"锥角"为 0，定位选择"点落在点上"，然后选择圆弧的圆心；分别创建两个凸台，如图 9.101 所示。

（5）创建抽壳特征，"类型"选择"移除面，然后抽壳"，"要穿透的面"选择拉伸实体的底面，"厚度"为 2，单击"确定"按钮，完成抽壳特征的创建，如图 9.102 所示。

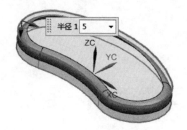

图 9.100　创建倒圆角 1　　　　图 9.101　创建凸台　　　　图 9.102　创建抽壳特征

（6）创建简单孔 1，"类型"选择"常规孔"，"指定点"选择凸台的圆心点，设置孔的"直径"为 20，"深度"为 10，单击"确定"按钮，完成简单孔的创建，如图 9.103 所示。

（7）以 XC-YC 平面为草图平面，绘制草图 2，如图 9.104 所示。绘制椭圆 1，中心点坐标（0，2，0），"长半轴"为 8，"短半轴"为 4；椭圆 2，中心点坐标为（0，15，0）。

（8）创建拉伸实体 2，"指定矢量"为 ZC 方向；"开始"值为 0，"结束"值为 20；"布尔"为"求差"，单击"确定"按钮，完成拉伸实体 2——孔特征的创建，如图 9.105 所示。

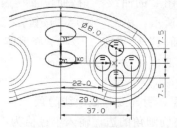

图 9.103　创建简单孔 1　　　　图 9.104　绘制草图 2　　　　图 9.105　创建孔特征

（9）创建倒圆角 2，选择要倒圆角的边，输入半径值为 5，如图 9.106 所示。

（10）创建倒圆角 3，选择要倒圆角的边，输入半径值为 2，如图 9.107 所示。

（11）创建倒圆角 4，选择要倒圆角的边，输入半径值为 5，如图 9.108 所示。

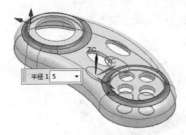 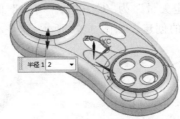 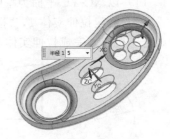

图 9.106　创建倒圆角 2　　　　图 9.107　创建倒圆角 3　　　　图 9.108　创建倒圆角 4

（12）将辅助平面和草图隐藏，保存文件，完成游戏手柄模型的创建。

附例 2：手机上盖模型的建模过程。

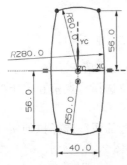

图 9.109　绘制草图 1

（1）以 XC-YC 平面为草图平面，绘制草图 1，上下圆的圆心约束在 Y 轴上，左右圆的圆心约束在 X 轴上，且对应半径相等，如图 9.109 所示。

（2）创建拉伸实体 1，"指定矢量"为 ZC 方向；"开始"值为 0，"结束"值为 30；单击"确定"按钮，完成拉伸实体 1 的创建，如图 9.110 所示。

（3）以 YC-ZC 平面为草图平面，绘制草图 2，绘制两条相切圆弧，施加尺寸约束，如图 9.111 所示。

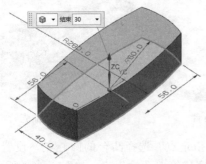 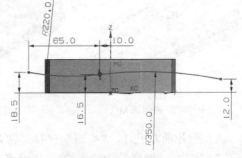

图 9.110　创建拉伸实体 1　　　　　　　图 9.111　绘制草图 2

（4）以 XC-ZC 平面为草图平面，绘制草图 3，绘制一条圆弧，圆心约束在 ZC 轴上，如图 9.112 所示。

（5）创建扫掠曲面，选择"插入"→"扫掠（W）"→"扫掠（S）"命令，"截面"选取草图 3 的曲线；"引导线"选择草图 2 的曲线；"截面位置"选择"沿引导线任何位置"，"对齐"选择"参数"；如图 9.113 所示，单击"确定"按钮，完成扫掠曲面的创建。

（6）创建修剪体，选择"插入"→"修剪（T）"→"修剪体（T）"命令，"目标"选择拉伸实体，"工具"选择创建的扫掠曲面，调整方向，如图 9.114 所示，单击"确定"按钮，完成修剪体的创建。

（7）隐藏对象。将扫掠曲面、引导线、截面线隐藏。

（8）创建倒圆角 1，选择要倒圆角的边，输入半径值为 10，如图 9.115 所示。

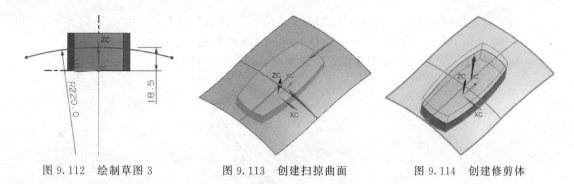

图 9.112　绘制草图 3　　　　　图 9.113　创建扫掠曲面　　　　　图 9.114　创建修剪体

（9）创建倒圆角 2，选择要倒圆角的边，输入半径值为 6，如图 9.116 所示。

（10）创建倒圆角 3，选择要倒圆角的边，输入半径值为 3，如图 9.117 所示。

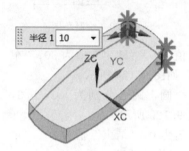
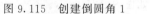
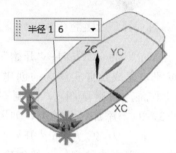
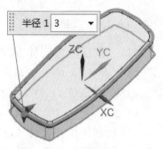

图 9.115　创建倒圆角 1　　　　　图 9.116　创建倒圆角 2　　　　　图 9.117　创建倒圆角 3

（11）创建抽壳特征，"类型"选择"移除面，然后抽壳"，"要穿透的面"选择拉伸实体的底面，"厚度"为 1.5，单击"确定"按钮，完成抽壳特征的创建，如图 9.118 所示。

（12）以 XC-YC 平面为草图平面，绘制草图 4，绘制椭圆，中心点坐标（0，50，0），"长半轴"为 5，"短半轴"为 2.5，如图 9.119 所示。

（13）创建腔体，单击"常规"按钮，打开"常规腔体"对话框，单击"选择步骤"中的"放置面"按钮🔲，选择上表面作为放置面；单击鼠标中键确认，或者再单击"选择步骤"中的"放置面轮廓"按钮🔲，选择草图 4 作为放置面轮廓；单击"选择步骤"中的"底面"按钮🔲，"过滤器"选择"收集器"，"底面"选择"偏置"，"从放置面起"为 0.5；单击"选择步骤"中的"底面轮廓曲线"按钮🔲，"过滤器"选择"收集器"，"锥角"为15；单击"确定"按钮，完成腔体的创建，如图 9.120 所示。

（14）以 XC-YC 平面为草图平面，绘制草图 5（两个椭圆），中心点分别为（-2，50，0）和（2，50，0），"长半轴"为 1，"短半轴"为 0.5，旋转角度为 120°，如图 9.121 所示。

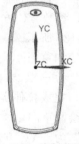

图 9.118　创建抽壳特征　　　　　图 9.119　绘制草图 4　　　　　图 9.120　创建腔体

(15) 创建拉伸实体 2，"指定矢量"为 ZC 方向；"开始"值为 0，"结束"值为 30；"布尔"为"求差"，单击"确定"按钮，完成拉伸实体 2 的创建，如图 9.122 所示。

(16) 以 XC-YC 平面为草图平面，绘制草图 6，如图 9.123 所示。

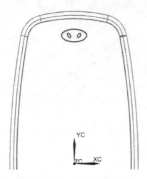
图 9.121　绘制草图 5

图 9.122　创建拉伸实体 2

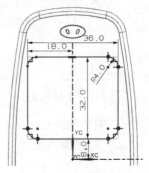
图 9.123　绘制草图 6

(17) 创建拉伸实体 3，"指定矢量"为 ZC 方向；"开始"值为 0，"结束"值为 30；"布尔"为"求差"，单击"确定"按钮，完成拉伸实体 3 的创建，如图 9.124 所示。

(18) 以 XC-YC 平面为草图平面，绘制草图 7，绘制三个圆，圆心分别为（0，−3，0），（−14，−3，0）和（14，−3，0），添加尺寸约束，如图 9.125 所示。

(19) 创建拉伸实体 4，"指定矢量"为 ZC 方向；"开始"值为 0，"结束"值为 30；"布尔"为"求差"，单击"确定"按钮，完成拉伸实体 4 的创建，如图 9.126 所示。

图 9.124　创建拉伸实体 3

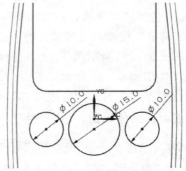
图 9.125　绘制草图 7

图 9.126　创建拉伸实体 4

(20) 以 XC-YC 平面为草图平面，绘制草图 8，绘制一个圆，如图 9.127 所示。

(21) 创建拉伸实体 5，"指定矢量"为 ZC 方向；"开始"值为 0，"结束"值为 30；"布尔"为"求差"，单击"确定"按钮，完成拉伸实体 5 的创建，如图 9.128 所示。

(22) 阵列特征，"要形成阵列的特征"选择拉伸实体 5；"布局"选择"线性"，设置参数 XC 方向的数量为 3，XC 偏移为 12；参数 YC 方向的数量为 4，偏距为 −10，单击"确定"按钮，完成阵列特征的创建如图 9.129 所示。

(23) 以 YC-ZC 平面为草图平面，绘制草图 9，如图 9.130 所示。

(24) 创建拉伸实体 6，"指定矢量"为 −XC 方向；"开始"值为 0，"结束"值为 50；"布尔"为"求差"，单击"确定"按钮，完成拉伸实体 6 的创建，如图 9.131 所示。

(25) 以 XC-ZC 平面为草图平面，绘制草图 10，如图 9.132 所示。

(26) 创建拉伸实体 7，"指定矢量"为 −YC 方向；"开始"值为 0，"结束"值为 70；"布尔"为"求差"，单击"确定"按钮，完成拉伸实体 7 的创建，如图 9.133 所示。

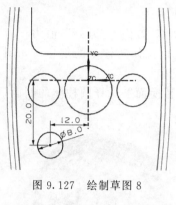

图 9.127 绘制草图 8

图 9.128 创建拉伸实体 5

图 9.129 阵列特征

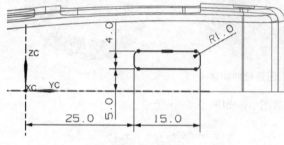

图 9.130 绘制草图 9

图 9.131 创建拉伸实体 6

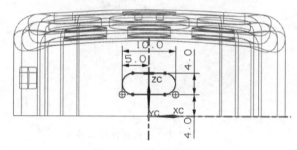

图 9.132 绘制草图 10

图 9.133 创建拉伸实体 7

（27）将辅助平面和草图隐藏，保存文件，完成手机上盖模型的创建。

附例 3：胶垫模型的建模过程。

（1）创建圆柱体，直径为 48，高为 14.5，"指定矢量"为 ZC 方向，"指定点"为圆心，创建的圆柱体如图 9.134 所示。

（2）以 YC-ZC 平面为草图平面，绘制草图 1，如图 9.135 所示。

（3）创建旋转体：将草图 1 绕 ZC 轴旋转 360°，"布尔"为"求差"，创建旋转体如图 9.136 所示。

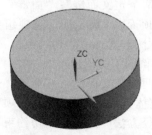

图 9.134 创建圆柱体

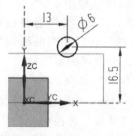

图 9.135 绘制草图 1

图 9.136 创建旋转体

（4）以圆柱体顶面为草图平面，绘制草图 2，如图 9.137 所示。

（5）创建拉伸实体 1，"截面"选择草图 2，"指定矢量"为 ZC 方向；"开始"值为 -5，"结束"值为 14.5；"布尔"为"无"，单击"确定"按钮，完成拉伸实体 1 的创建，如图 9.138 所示。

（6）替换面，"要替换的面"选择拉伸实体 1 的外侧面，"替换面"选择圆柱体的侧面，如图 9.139 所示，单击"确定"按钮，完成面的替换。

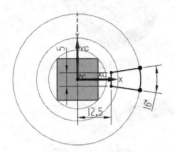 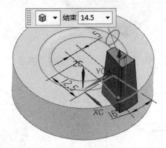 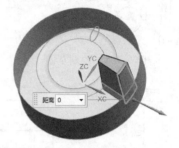

图 9.137 绘制草图 2　　　　　图 9.138 创建拉伸实体 1　　　　　图 9.139 替换面

（7）以 XC-ZC 平面为草图平面，绘制草图 3，如图 9.140 所示。

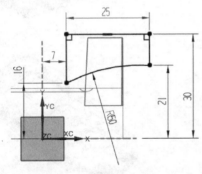 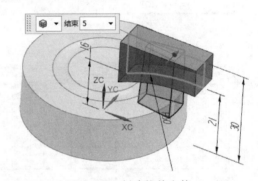

图 9.140 绘制草图 3　　　　　　　　　图 9.141 创建拉伸实体 2

（8）创建拉伸实体 2，"截面"选择草图 3，"指定矢量"为 YC 方向；"开始"选择"对称值"，"距离"为 5；"布尔"为"求差"，如图 9.141 所示，单击"确定"按钮，完成拉伸实体 2 的创建。

（9）创建倒圆角 1，选择要倒圆角的边，输入半径值为 7，如图 9.142 所示。

（10）创建相交曲线，选择"菜单"→"插入"→"派生曲线（U）"→"相交（I）"命令，"第一组"选项组中"指定平面"选择 XC-ZC 平面；"第二组"选项组中"选择面"选择拉伸实体 1 与拉伸实体 2 相交的面；如图 9.143 所示，单击"确定"按钮，完成相交曲线的创建。

（11）创建面倒圆 1，选择"面倒圆"命令，"类型"选择"两个定义面链"；"面链"选项组中"面链 1"选择拉伸实体侧面，"面链 2"选择拉伸实体顶面；"横截面"选项组中"截面方向"选择"扫掠截面"，"脊线"选择相交曲线，"半径方法"选择"相切约束"，然后选择相切曲线，如图 9.144 所示，单击"确定"按钮，完成面倒圆 1 的创建。

（12）创建面倒圆 2，选择"面倒圆"命令，"类型"选择"两个定义面链"；"面链"选项组中"面链 1"选择拉伸实体另一侧面，"面链 2"选择拉伸实体顶面；"横截面"选项组中"截面方向"选择"扫掠截面"，"脊线"选择相交曲线，"半径方法"选择"相切约束"，然后选择相切曲线，如图 9.145 所示，单击"确定"按钮，完成面倒圆 2 的创建。

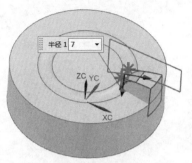

图 9.142　创建倒圆角 1

相交线

选择面

图 9.143　创建相交曲线

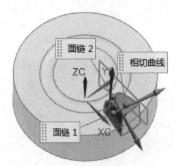

图 9.144　创建面倒圆 1

（13）圆形阵列实体 1，如图 9.146 所示。

（14）布尔求和，将工作区的实体进行布尔求和，成为一个实体。

（15）创建抽壳特征，"类型"选择"移除面，然后抽壳"，"要穿透的面"选择实体的底面，"厚度"为 1.5，单击"确定"按钮，完成抽壳特征的创建，如图 9.147 所示。

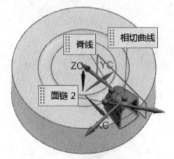

图 9.145　创建面倒圆 2

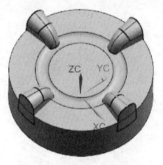

图 9.146　阵列实体

图 9.147　创建抽壳特征

（16）以 XC-ZC 平面为草图平面，绘制草图 4，如图 9.148 所示。

（17）创建拉伸实体 3，"截面"选择草图 4，"指定矢量"为 YC 方向；"开始"值为 0，"结束"值为 29；"布尔"为"求差"，单击"确定"按钮，完成拉伸实体 3 的创建，如图 9.149 所示。

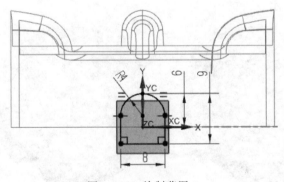

图 9.148　绘制草图 4

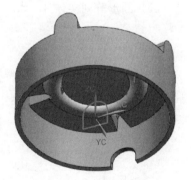

图 9.149　创建拉伸实体 3

（18）圆形阵列实体 2，如图 9.150 所示。

（19）创建倒圆角 2，选择要倒圆角的边，输入半径值为 2，如图 9.151 所示。

（20）创建倒圆角 3，选择要倒圆角的边，输入半径值为 0.75，如图 9.152 所示。

图 9.150 圆形阵列实体 2

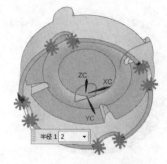
图 9.151 创建倒圆角 2

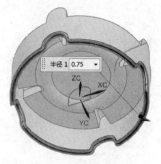
图 9.152 创建倒圆角 3

（21）选择如图 9.153 所示的平面为草图平面，绘制草图 5，如图 9.154 所示。

（22）创建拉伸实体 4，"截面"选择草图 5，"指定矢量"为−ZC 方向；"开始"值为 0，"结束"值为 22；"布尔"为"求和"；"偏置"选项组中"偏置"选择"对称"，"结束"为 1；单击"确定"按钮，完成拉伸实体 4 的创建，如图 9.155 所示。

图 9.153 选择草图平面

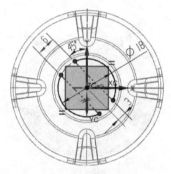
图 9.154 绘制草图 5

图 9.155 创建拉伸实体 4

（23）以 XC-YC 平面为草图平面，绘制草图 6，一个直径为 2 的圆，如图 9.156 所示。

（24）创建拉伸实体 5，"截面"选择草图 6，"指定矢量"为 ZC 方向；"开始"值为 0，"结束"值为 29；"布尔"为"求差"，单击"确定"按钮，完成拉伸实体 5——孔的创建，如图 9.157 所示。

（25）圆形阵列实体 3，如图 9.158 所示。

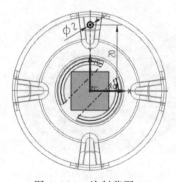
图 9.156 绘制草图 6

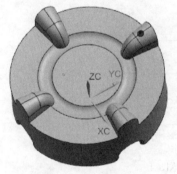
图 9.157 创建拉伸实体 5

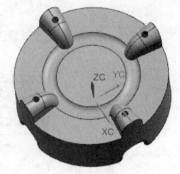
图 9.158 圆形阵列实体 3

（26）创建倒圆角 4，选择要倒圆角的边，输入半径值为 2，如图 9.159 所示。

（27）创建倒圆角 5，选择要倒圆角的边，输入半径值为 0.75，如图 9.160 所示。

（28）将辅助平面、辅助草图等隐藏，保存文件，完成胶垫模型的创建。

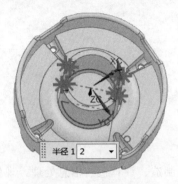

图 9.159　创建倒圆角 4

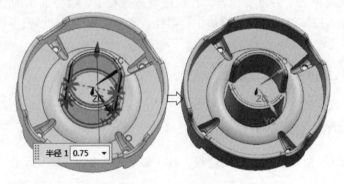

图 9.160　创建倒圆角 5

第 10 章 ▶▶

数控加工

数控加工技术集传统的机械制造、计算机、信息处理、现代控制、传感检测等光机电技术于一体，是现代机械制造技术的基础。数控技术的水平和普及程度，已经成为了衡量一个国家综合国力和工业现代化水平的重要标志。在机械制造过程中，数控加工的应用可以提高生产率、稳定加工质量、缩短加工周期、增加生产柔性、实现对各种复杂精密零件的自动化加工。

10.1 ◐ 数控加工过程

10.1.1 UG CAM 加工基本流程

UG CAM 能够模拟数控加工的全过程，其一般流程，如图 10.1 所示。

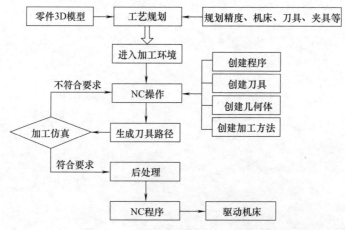

图 10.1 UG CAM 数控加工流程图

（1）创建制造模型，包括创建或获取设计模型以及工件规划。
（2）进入加工环境。
（3）进行 NC 操作（如创建程序、创建几何体、创建刀具等）。
（4）创建刀具路径文件，进行加工仿真。
（5）利用后处理生成 NC 代码。

10.1.2 UG CAM 数控加工过程

在数控加工操作之前，首先要进入 UG NX10.0 数控加工环境。单击选项卡"应用模块"→"加工"选项卡→"加工"按钮 ，进入加工模块。第一次进入加工环境时，系统将弹出"加工环境"对话框，如图 10.2 所示。在"CAM 会话配置"中选择需要的加工环境，通常选择 cam_general 选项，此选项是一个基本的加工环境，基本上包括了所有的铣加工功能、车削加工功能，以及线切割电火花功能。对于一般的用户，cam_general 加工环境基本上即可满足要求，所以在选择加工环境时，只要选择 cam_general 加工环境就可以了；"要创建的 CAM 设置"列表中可以选择要操作的加工模板类型，在进入加工环境后，可以随时在"创建工序"对话框中改选此环境中的其他操作模板类型。

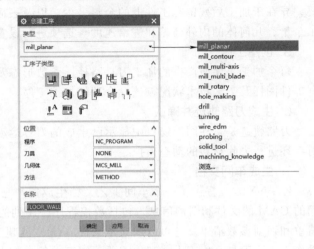

图 10.2 "加工环境"对话框　　　　　　图 10.3 "创建工序"对话框

1. 创建程序

程序主要用于排列各加工操作的次序，并可方便地对各个加工操作进行管理，某种程度上相当于一个文件夹。例如，一个复杂零件的所有加工操作（包括粗加工、半精加工、精加工等）需要在不同的机床上完成，将在同一机床上加工的操作放置在同一个程序组，就可以直接选取这些操作所在的父节点程序组进行后处理。

单击选项卡"主页"→"插入"选项卡→"创建工序"按钮，打开"创建工序"对话框，如图 10.3 所示。"创建工序"对话框中各选项的说明如下。

- mill_planner：平面铣加工模板。
- mill_contour：轮廓铣加工模板。
- mill_multi-axis：多轴铣加工模板。
- mill_multi-blade：多轴铣叶片模板。
- drill：钻孔加工模板。
- hole_making：钻孔模板。
- turning：车削加工模板。
- wire_edm：电火花线切割加工模板。
- probing：探测模板。
- solid_tool：整体刀具模板。
- maching_knowledge：加工知识模板。

2. 创建几何体

创建几何体主页是定义要加工的几何对象（包括部件几何体、毛坯几何体、切削区域、检查几何体、修剪几何体）和指定零件几何体在数控机床上的机床坐标系（MCS）。几何体可以在创建工序之前定义，也可以在创建工序过程中指定。其区别是提取定义的加工几何体可以为多个工序使用，而在此工序过程中指定加工几何体只能为该工序使用。

3. 创建刀具

在创建工序前，必须设置合理的刀具参数或从刀具库中选取合适的刀具。刀具的定义直接关系到加工表面质量的优劣、加工精度，以及加工成本的高低。

4. 创建加工方法

在零件的加工过程中，经常需要经过粗加工、半精加工和精加工三个步骤，而它们的主要差异在于加工后残留在工件上的余料多少，以及表面粗糙度。在加工方法中可以通过对加工余量、几何体的内外公差和进给速度等选项进行设置，从而控制加工残留余量。

5. 创建工序

每个加工工序所产生的加工刀具路径、参数形态及适用状态有所不同，所以用户需要根据零件图样及工艺技术状况，选择合理的加工工序。

6. 生成刀路轨迹并确认

刀路轨迹是指在图形窗口中显示已生成的刀具运动路径。刀路确认是指在计算机屏幕上对毛坯进行去除材料的动态模拟。

7. 生成车间文档

UG NX10.0 提供了一个车间工艺文档生成器，它从 NC part 文件中提取对加工车间有用的 CAM 的文件和图形信息，包括数控程序中用到的刀具参数清单、加工工序、加工方法清单和切削参数清单。它可以用文本文件（txt）或超文本链接语言（html）两种格式输出。操作工人、刀具仓库工人或其他需要了解有关信息的人员都可以方便地在网上查询使用车间工艺文档。这些文件多半用于提供给生产现场的机床操作人员，免除了手工撰写工艺文件的麻烦。同时可以将自己定义的刀具快速加工刀具库中，供以后使用。

NX CAM 车间工艺文档可以包含零件几何材料、控制几何、加工参数、控制参数、加工次序、机床刀具设置、机床刀具控制事件、后处理命令、刀具参数和刀具轨迹信息。

8. 输出 CLSF 文件

CLSF 文件也称为"刀具位置源文件"，是一个可用第三方后处理程序进行后处理的独立文件。它是一个包含标准 APT 命令的文本文件，其扩展名为 cls。

由于一个零件可能包含多个用于不同机床的刀具路径，因此在选择程序组进行刀具位置源文件输出时，应确保程序组中包含的各个操作可在同一机床上完成。如果一个程序组包含多个用于不同机床的刀具路径，则在输出刀具路径的 CLSF 文件前，应首先重新组织程序结构，使同一机床的刀具路径处于同一程序组中。

9. 后处理

在工序导航器中选中一个操作或者一个程序组后，用户可以利用系统提供的后处理器来处理程序，其中利用 Post Builder（后处理构造器）建立特定机床定义文件，以及事件处理文件后，可以用 NX/Post 进行后处理，将刀具路径生成合适的机床 NC 代码。用 NX/Post 进行后处理时，可以在 NX 加工环境下进行，也可以在操作系统环境下进行。

10.2 ◉ UG CAM 加工类型

UG CAM 的加工类型涵盖比较广泛，包括铣加工、孔加工、车削加工和线切割加工等。

10.2.1 铣加工

UG CAM 的铣加工可大致分为固定轴铣和变轴铣两类。如图 10.4 所示。固定轴类是指一般意义上的三轴铣，变轴类是指 4 轴、5 轴、9 轴联动的可变轴铣。

图 10.4   UG CAM 铣加工类型

1. 平面铣

"平面铣"加工即移除零件平面层中的材料。多用于加工零件的基准面、内腔的底面、内腔的垂直侧壁及敞开的外形轮廓等，对于加工直壁，并且岛屿顶面与槽腔底面为平面的零件尤为适用。平面铣是一种 2.5 轴的加工方式，在加工过程中水平方向的 XY 两轴联动，而 Z 轴方向只在完成一层加工后进入下一层时才单独运动。当设置不同的切削方法时，平面铣也可以加工槽和轮廓外形。

平面铣的优点在于它可以不做出完整的造型，而依据 2D 图形直接进行刀具路径的生成，它可以通过边界和不同的材料侧方向，创建任意区域的任意切削深度。

要创建平面铣类型，先进入"加工"模块，然后单击选项卡"主页"→"插入"选项卡→"创建工序"按钮 ，打开"创建工序"对话框，然后在"类型"下拉列表中选择 mill_pla-nar（平面铣）选项。在"工序子类型"选项框中选择所需的平面铣加工类型，各命令按钮含义如表 10.1 所示。

表 10.1   "平面铣"子类型选项含义

选项	选 项 含 义
底壁加工	底壁加工是平面铣工序中比较常用的铣削方式之一，它通过选择加工平面来指定加工区域。一般选用端铣刀。底壁加工铣削可以进行粗加工，也可以进行精加工
带 IPW 的底壁加工	底壁 IPW 是基于底面壁工序的加工工序，其加工时通过所选几何体和 IPW 来决定所需移除的材料，一般用于通过 IPW 跟踪为切削材料的加工中
使用边界面铣削	又称为"表面铣"，表面铣的用法和表面区域铣基本类型，不同之处在于表面铣是通过定义面边界来确定切削区域的，在定义边界时可以通过面或者面上的曲线，以及一系列的点来得到开放或封闭的边界几何体
手工面铣削	手工面铣削又称为"混合铣削"，也是面铣的一种。创建该操作时，系统会自动选用混合切削模式加工零件。在该模式中，需要对零件中的多个加工区域分别指定不同的切削模式，并且每个区域的切削参数可以单独编辑
平面铣	平面铣是使用边界来创建几何体的平面铣削方式，既可以用于粗加工，也可以用于精加工零件表面和垂直于底平面的侧壁。与边界面铣削不同的是，平面铣是通过生成多层刀轨逐层切削材料来完成的，其中增加了切削层的设置
平面轮廓铣	平面轮廓铣是平面铣操作中比较常用的铣削方式之一，通俗地讲就是轮廓铣削的平面铣。不同之处在于平面轮廓铣不需要指定切削驱动方式，而是通过指定切削部件和切削的底面来实现
清理拐角	清理拐角是用来切削零件中的拐角部分，由于粗加工采用的刀具直径较大，会在零件的小拐角处残留下较多的余料，所以在精加工前有必要安排清理拐角的工序。需要注意的是，清理拐角铣需要指定合适的参考刀具

选项	选 项 含 义
精加工壁	精加工壁是仅仅用于侧壁加工的一种平面铣削方式,要求侧壁和底平面相互垂直,并且要求加工表面和底面相互平行,加工的侧壁是加工表面和底面之间的部分
精加工底面	精加工底面是一种只切削底平面的切削方式,在系统默认的情况下是以刀具的切削刃和部件边界相切来进行切削的,对于有直角边的部件一般情况下是切削不完整的,必须设置刀具偏置,多用于底面的精加工
槽铣削	槽铣削就是使用 T 型刀切削单个线性槽,在需要使用 T 型刀对线性槽进行粗加工和精加工时使用
铣削孔	孔铣削就是利用小直径的端铣刀以螺旋的方式加工大直径的内孔或凸台的高效率铣削方式
螺纹铣	螺纹铣就是利用螺纹铣刀加工大直径的内、外螺纹的铣削方式

2. 轮廓铣

轮廓铣主要用于加工模具的型腔。型腔铣在数控加工中应用最为广泛,用于大部分的粗加工,以及直壁或者斜度不大的侧壁的精加工。型腔轮廓加工的特点是刀具路径在同一高度内完成一层切削,遇到曲面时将其绕过,下降一个高度进行下一层的切削。系统按照零件在不同深度的截面形状,计算各层的刀路轨迹,型腔铣在每一个切削层上,根据切削平面与毛坯和零件几何体的交线来定义切削范围。通过限定高度值,只做一层切削,型腔铣可用于平面的精加工,以及清角加工等。

要创建轮廓铣类型,先进入"加工"模块,然后单击选项卡"主页"→"插入"选项卡→"创建工序"按钮 ,打开"创建工序"对话框,然后在"类型"下拉列表中选择 mill_contour(轮廓铣)选项。在"工序子类型"选项框中选择所需的轮廓铣加工类型,各命令按钮含义如表 10.2 所示。

表 10.2 "轮廓铣"子类型选项含义

选项	选 项 含 义
型腔铣	型腔铣主要用于粗加工,可以切除大部分毛坯材料,几乎适用于加工任意形状的几何体,可以应用于大部分的粗加工和直壁或者是斜度不大的侧壁的精加工,也可以用于清根操作。型腔铣以固定刀轴快速而高效地粗加工平面和曲面类的几何体。型腔铣和平面铣一样,刀具是侧面的刀刃对垂直面进行切削,底面的刀刃切削工件底面的材料,不同之处在于切削加工材料的方法不同
插铣	插铣是一种独特的铣削操作,该操作使刀具竖直连续运动,高效地对毛坯进行粗加工。在切除大量材料(尤其是在非常深的区域)时,插铣比型腔铣削的效率更高。插铣加工的径向力较小,这样就有可能使用更细长的刀具,而且保持较高的切削速度。它是金属切削最有效的加工方法之一,对于难加工材料的曲面加工、切槽加工,以及刀具悬伸长度较大的加工,插铣的加工效率远远高于常规的层铣削加工
深度轮廓加工	深度轮廓加工是一种固定的轴铣削操作,通过多个切削层来加工零件表面轮廓。在深度轮廓加工操作中,除了可以指定部件几何体外,还可以指定切削区域作为部件几何体的子集,方便限制切削区域。如果没有指定切削区域,则对整个零件进行切削,在创建深度轮廓加工铣削路径时,系统自动追踪零件几何体,检查几何体的陡峭区域,指定追踪形状,识别可加工的切削区域,并在所有的切削层上生成不过切的刀具路径。深度轮廓加工一个重要功能就是能够指定"陡角",以区分陡峭与非陡峭区域
固定轮廓铣	固定轮廓铣是一种用于精加工由轮廓曲面所形成区域的加工方法,它通过精确控制刀具轴和投影矢量,使刀具沿着非常复杂的曲面轮廓运动。固定轮廓铣削是通过定义不同的驱动几何体来产生驱动点阵列,并沿着指定的投影矢量方向投影到部件几何体上,然后将刀具定位到部件几何体以生成刀轨
流线	流线驱动铣削也是一种曲面轮廓铣。创建工序时,需要指定流曲线和交叉曲线来形成网格驱动。加工时刀具沿着曲面的 U-V 方向或曲面的网格方向进行加工,其中流曲线确定刀具的单个行走路径,交叉曲线确定刀具的行走范围

续表

选项	选 项 含 义
单刀路清根	清根一般用于加工零件加工区的边缘和凹处，以清除这些区域中前面操作未切削的材料。这些材料通常是由于前面操作中刀具直径较大而残留下来的，必须用直径较小的刀具来清除它们。需要注意的是，只有当刀具与零件表面同时有两个接触点时，才能产生清根切削轨迹
轮廓 3D	是一种特殊的三维轮廓铣削，常用于修边，它的切削路径取决于模型中的边或曲线。刀具到达指定的边或曲线时，通过设置刀具在 ZC 方向的偏置来确定加工深度
轮廓文本	在很多情况下，需要在产品的表面上雕刻零件信息和标识，即刻字。UG NX10.0 中轮廓文本提供了这个功能，它使用制图模块中注释编辑器定义的文字，来生成刀路轨迹。创建轮廓文本时应注意，此时如果刀尖半径很小，那么这些封闭的区域很可能不被完全切掉

10.2.2　多轴加工

多轴加工是指使用运动轴数为四轴或者五轴以上的机床进行的数控加工，具有加工结构复杂、控制精度高、加工程序复杂等特点。多轴加工适用于加工复杂的曲面、斜轮廓，以及不同平面上的孔系等。由于在加工过程中刀具与工件的位置是可以随时调整的，刀具与工件能达到最佳切削状态，从而提高机床加工效率。多轴加工能够提高复杂机械零件的加工精度，因此，它在制造业中发挥着重要的作用。

在多轴加工中，五轴加工应用范围最广，所谓"五轴加工"是指在一台机床上至少有五个运动轴（三个直线运动轴和两个旋转轴），而且可在计算机数控系统（CNC）的控制下协调运动进行加工。五轴联动数控技术对工业制造特别是对航空、航天、军事工业有重要影响，由于其特殊的地位，国际上把五轴联动数控加工技术作为衡量一个国家生产设备自动化水平的标志。

要创建多轴加工，需要先进入"加工"模块，然后单击选项卡"主页"→"插入"选项卡→"创建工序"按钮 ，打开"创建工序"对话框，然后在"类型"下拉列表中选择 mill_multi-axis（多轴加工）选项。在"工序子类型"选项框中选择所需的多轴加工类型，常用的有可变轮廓铣和可变流线铣两种方式。

▪ 可变轮廓铣 ：可以精确地控制刀轴和投影矢量使刀具沿着非常复杂的曲面运动。其中刀轴的方向是指刀具的中心指向夹持器的矢量方向，它可以通过输入坐标值、指定几何体、设置刀轴与零件表面的法向矢量的关系，或设置刀轴与驱动面法向矢量的关系来确定。

▪ 可变流线铣 ：在可变轴加工中，流线铣削也是一种比较常见的铣削方式。

10.2.3　孔加工

孔加工也称为"点位加工"，可以进行钻孔、攻螺纹、镗孔、平底扩孔和扩孔等加工操作。在孔加工中刀具首先快速移动到加工位置上方，然后切削零件，完成切削后迅速退回安全平面。

钻孔加工的数控程序比较简单，通常可以直接在机床上输入程序。如果使用 UG 进行孔加工的编程，即可直接生成完整的数控程序，然后传输到机床中进行加工。特别在零件的孔数比较多的时候，可以大量节省人工输入所占的时间，同时能大大降低人工输入产生的错误率，提高机床的工作效率。

要创建孔加工，需要先进入"加工"模块，然后单击选项卡"主页"→"插入"选项卡→"创建工序"按钮 ，打开"创建工序"对话框，然后在"类型"下拉列表中选择 drill（孔加工）选项。在"工序子类型"选项框中选择所需的孔加工类型，各命令按钮含义如表 10.3 所示。

表 10.3 "孔加工"子类型选项含义

选项	选项含义
钻孔	创建钻孔加工首先需创建几何体及刀具,然后设置相应的参数,如循环类型、进给率、进刀和退刀运动、部件表面等。接着指定几何体,如选择点或孔、优化加工顺序、避让障碍等。最后生成刀路轨迹及仿真加工
镗孔	镗孔时创建过程与创建钻孔加工的步骤大致一样,需要特别注意的是需要根据加工的孔径和深度设置好镗刀的参数
铰孔	铰孔可以提高现有孔的尺寸精度值和表面光洁度
沉头孔	操作方法同钻孔,可以设置沉头部分的尺寸,可以选用专用的刀具来创建
螺纹孔	攻螺纹即是用丝锥加工孔的内螺纹

10.2.4 车削加工

车削加工是机械加工中最为常见的加工方法之一,用于加工回转体的表面。

要创建车削加工,需要先进入"加工"模块,然后单击选项卡"主页"→"插入"选项卡→"创建工序"按钮 ,打开"创建工序"对话框,然后在"类型"下拉列表中选择turning(车削加工)选项。在"工序子类型"选项框中选择所需的车削加工类型,各命令按钮含义如表 10.4 所示。

表 10.4 "车削加工"子类型选项含义

选项	选项含义
外径粗车	粗加工功能包含了用于去除大量材料的许多切削技术。这些加工方法包括用于高速粗加工的策略,以及通过正确的内置进刀/退刀运动达到半精加工或精加工的质量。车削粗加工依赖于系统的剩余材料自动去除功能
内径粗镗	内径粗镗又被称为内孔车削,一般用于车削回转体的内径。加工时采用刀具中心线和回转体零件的中心线相互平行的方式来切削工件的内侧,这样还可以有效地避免在内部的曲面中心生成残余波峰。如果是车削内部端面,一般采用的方式是让刀具轴线和回转体零件的中心平行,运动方式采用垂直于零件中心线的方式
示教模式	是在"车削"工件中控制执行精细加工的一种方法。创建此操作时,用户可以通过定义快速定位移动、进给定位移动、进刀/退刀设置,以及连续刀路切削移动来建立刀轨,也可以在任意位置添加一些子操作。在定义连续刀路切削移动时,可以控制边界截面上的刀具,指定起始和结束位置,以及定义每个连续切削的方向
外径开槽	用于加工外径沟槽,实际中多用于退刀槽的加工。在车沟槽的时候一般要求刀具轴线和回转体零件轴线要互相垂直
螺纹加工	螺纹操作允许进行直螺纹或者锥螺纹切削。它们可能是单个或多个内部、外部或面螺纹。在车削螺纹时必须指定"螺距""前倾角"或"每英寸螺纹",并选择顶线和根线(或深度)以生成螺纹刀轨。可车削外螺纹,也可以车削内螺纹

10.2.5 线切割

要创建线切割加工,需要先进入"加工"模块,然后单击选项卡"主页"→"插入"选项卡→"创建工序"按钮 ,打开"创建工序"对话框,然后在"类型"下拉列表中选择wire-edu(线切割)选项。在"工序子类型"选项框中选择所需的线切割加工类型,各命令按钮含义如表 10.5 所示。

表 10.5 "线切割"子类型选项含义

选项	选项含义
(NOCORE)	无屑加工

续表

选项	选项含义
⬠（EXTERNAL_TRIM）	外部线切割
𝒫（INTERNAL_TRIM）	内部线切割
🔳（OPEN_PROFILE）	开放轮廓线切割
🖳（WEDM_CONTROL）	机床控制
🄿（WEDM_USER）	自定义方式

10.3 ◐ 数控加工设计实例

例 1：游戏手柄型芯数控加工实例。

游戏手柄型芯的结构相对比较简单，零件表面是由多个曲面和平面组成的，需要应用 3 轴型腔铣和曲面铣的功能进行加工。首先选择方料作为毛坯，按照加工工艺的安排原则，安排工序为"粗加工"→"半精加工"→"精加工"→"残料清角"。

（a）粗加工，将大部分余量切除。粗加工采用型腔铣方式进行加工，走刀方式选择跟随工件，每层切入深度最大为 0.5，粗加工的余量为 0.2，粗加工选择直径为 20 的平铣刀。

（b）粗加工后为了提高加工质量，为精加工做好准备，特安排的半精加工。半精加工采用型腔铣方式进行加工，走刀方式选择轮廓，每层切削深度最大为 0.3，半精加工的余量为 0.08，选择直径为 D8R1 的圆角铣刀。

（c）精加工采用固定轴曲面铣方式进行加工，刀具选择直径为 5 的球头刀，设置主轴转速为 2000r/min，进给速度为 1000mm/min。

（d）清角加工，采用固定轴曲面铣清根切削驱动方式，直径为 2 的球头刀进行加工。

1. 毛坯的创建

（1）打开部件文件"example-1_core_006.prt"，如图 10.5 所示。

 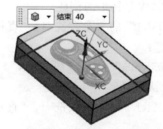 

图 10.5　型芯零件　　　图 10.6　创建拉伸特征　　　图 10.7　设置毛坯的颜色和透明度

（2）创建拉伸特征，"截面"选择型芯零件的底面，沿 ZC 方向，拉伸距离为 40，"布尔"运算为无，如图 10.6 所示。

（3）选择"菜单"→"编辑"→"对象显示"命令，将拉伸特征设置为红色，透明度设置为 75%，单击"确定"按钮，完成毛坯颜色和透明度的设置，如图 10.7 所示。

2. 初始化加工环境

进入"加工"模块，选择 mill_contour（轮廓铣）选项。

3. 创建加工几何体

（1）设置加工坐标系，在左侧"工序导航器"的空白区域，单击鼠标右键，选择"🚀几何视图"。双击 MCS_MILL，系统弹出"MCS 铣削"对话框，单击"CSYS"对话框，选择如图 10.8 所示的点，单击"确定"按钮，完成加工坐标系的设置。

（2）设置安全平面，"MCS 铣削"对话框中，"安全设置"选项组中的"安全设置选项"选择"刨"，指定平面选择 XC-YC 平面，距离为 30，如图 10.9 所示。单击"确定"按钮，完成安全平面的设置。

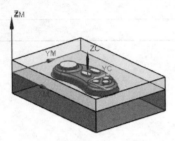 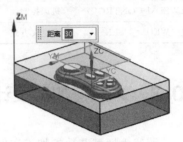

图 10.8 设置加工坐标系　　　　　　图 10.9 设置安全平面

（3）创建几何体，"几何视图"中，双击"WOREPIECE"，系统弹出"工件"对话框。

　单击"指定部件"按钮 📦，弹出"部件几何体"对话框，选择型芯零件，单击"确定"按钮，完成工件几何体的创建。

　单击"指定毛坯"按钮 ⬡，弹出"毛坯几何体"对话框，选择拉伸特征，单击"确定"按钮，完成毛坯几何体的创建。

　单击"确定"按钮，退出"工件"对话框。

4. 创建刀具

在左侧"工序导航器"的空白区域中，单击鼠标右键，选择"🔧 机床视图"。

（1）单击"创建刀具"按钮 🔧，系统弹出"创建刀具"对话框，"类型"选择"mill_contour"，"刀具子类型"选择"MILL"，"名称"文本框中输入"D20"，单击"应用"按钮，系统弹出"铣刀-5 参数"对话框。设置"直径"为 20，"刀具号"为 1，其他参数采用默认设置，单击"确定"按钮，完成刀具 1 的创建。

（2）创建刀具 2，名称为"D8R1"的 5 参数铣刀，"直径"为 8，"下半径"为 1，"刀具号"为 2，其他参数采用默认设置。

（3）创建刀具 3，名称为"D5R2.5"的 5 参数铣刀，"直径"为 5，"下半径"为 2.5，"刀具号"为 3，其他参数采用默认设置。

（4）创建刀具 4，名称为"D2R1"的 5 参数铣刀，"直径"为 2，"下半径"为 1，"刀具号"为 4，其他参数采用默认设置。

5. 设置加工方法

在左侧"工序导航器"的空白区域中，单击鼠标右键，选择"📖 加工方法视图"。

（1）在"工序导航器"中，双击"MILL_ROUGH"节点，系统弹出"铣削粗加工"对话框，"部件余量"文本框中输入 0.2，"内公差"和"外公差"文本框中输入 0.1，单击"确定"按钮，完成粗加工方法的设定。

（2）在"工序导航器"中，双击"MILL_SEMI_FINISH"节点，系统弹出"铣削半精加工"对话框，"部件余量"文本框中输入 0.08，"内公差"和"外公差"文本框中输入 0.03，单击"确定"按钮，完成半精加工方法的设定。

（3）在"工序导航器"中，双击"MILL_FINISH"节点，系统弹出"铣削精加工"对话框，"部件余量"文本框中输入 0，"内公差"和"外公差"文本框中输入 0.01，单击"确定"按钮，完成精加工方法的设定。

6. 粗加工

在左侧"工序导航器"的空白区域中，单击鼠标右键，选择"🔳ₑ 程序顺序视图"。

（1）单击"创建工序"按钮 🖊，"类型"选择"mill_contour"选项；"工序子类型"选择"型腔铣"选项（第 1 行第 1 个图标 🖐）；"程序"选择"PROGRAM"，"刀具"选择"D20"，"几何体"选择"WORKPIECE"选项，"方法"选择"MILL_ROUGH"选项；"名称"文本框中输入"CAVITY_MILL_ROUGH"，如图 10.10 所示。

（2）单击"确定"按钮，系统弹出"型腔铣"对话框，如图 10.11 所示。

（3）"刀轨设置"选项组中，"切削模式"选择"🔳 跟随部件"方式，"步距"选择"恒定"，"最大距离"为 15，"公共每刀切削深度"选择"恒定"，"最大距离"为 0.5，如图 10.12 所示。

图 10.10 "创建工序"对话框   图 10.11 "型腔铣"对话框   图 10.12 "刀轨设置"

（4）设置切削参数。单击"切削参数"按钮 ⬛，弹出"切削参数"对话框。选择"策略"选项卡，"切削方向"选择"逆铣"，"切削顺序"选择"层优先"；"在边上延伸"为 0；"毛坯距离"为 0，如图 10.13 所示，其他采用系统默认参数。选择"更多"选项卡，在"原有的"选项组中，勾选"区域连接""边界逼近""容错加工"复选框，如图 10.14 所示。

（5）设置非切削参数。单击"非切削移动"按钮 ⬛，弹出"非切削移动"对话框。选择"进刀"选项卡，"封闭区域"选项组中，"进刀类型"为"螺旋"；"开放区域"选项组中，"进刀类型"为"圆形"。选择"转移/快速"选项卡，"安全设置"选项组中，"安全设置选项"选择"使用继承的"，其他采用系统默认参数设置。

（6）进给和速度设置。单击"进给率和速度"按钮 🛠，弹出"进给率和速度"对话框。设置"主轴速度"为 900r/min，单击后面的计算按钮 🖩；"切削速度"为 800mm/min；"进刀"为 400mm/min。

（7）生成刀具路径并验证。单击"操作"选项组中的"生成"按钮 🖊，生成"刀具轨迹"如图 10.15 所示。单击"确认"按钮 🖐，"3D 动态"仿真效果，如图 10.16 所示。

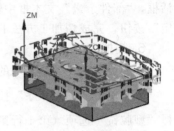

图 10.15　刀具轨迹

图 10.13　"策略"选项卡参数设置　图 10.14　"更多"选项组参数设置　图 10.16　"3D 动态"仿真

7. 半精加工

（1）复制一次粗加工操作。在左侧"工序导航器"的空白区域中，单击鼠标右键，选择"▣ 程序顺序视图"。复制"CAVITY_MILL_ROUGH"后，并粘贴该文件，重命名为"CAVITY_MILL_SEMI_FINISH"。

（2）编辑"CAVITY_MILL_SEMI_FINISH"，双击该文件，弹出"型腔铣"对话框，修改参数设置。

⬇ 重新选择刀具："工具"选项组中"刀具"选择"D8R1"。

⬇ 重新选择加工方法："刀轨设置"选项组中"方法"选择"MILL_SEMI_FINISH"。

⬇ 设定铣削模式和切削用量："刀轨设置"选项组中"切削模式"选择"▣ 轮廓"；"步距"选择"残余高度"，"最大残余高度"为 0.1，"公共每刀切削深度"选择"恒定"，"最大距离"为 0.3。

⬇ 设置切削参数。单击"切削参数"按钮▨，弹出"切削参数"对话框。选择"空间范围"选项卡，"修剪方式"选择"无"，"处理中的工件"选择"使用 3D"。

⬇ 设置进给和速度。单击"进给率和速度"按钮⬆，弹出"进给率和速度"对话框。设置"主轴速度"为 2000r/min，单击后面的计算按钮▤；"切削速度"为 1200mm/min；"进刀"为 600mm/min。

⬇ 生成刀具路径并验证。单击"操作"选项组中的"生成"按钮⬇，生成"刀具轨迹"如图 10.17 所示。单击"确认"按钮⬇，"3D 动态"仿真效果，如图 10.18 所示。

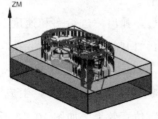

图 10.17　刀具轨迹

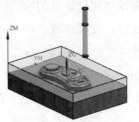

图 10.18　"3D 动态"仿真

8. 曲面精加工

在左侧"工序导航器"的空白区域中，单击鼠标右键，选择"程序顺序视图"。

（1）单击"创建工序"按钮，"类型"选择"mill_contour"选项；"工序子类型"选择"固定轮廓铣"选项（第 2 行第 1 个图标）；"程序"选择"PROGRAM"，"刀具"选择"D5R2.5"，"几何体"选择"WORKPIECE"选项，"方法"选择"MILL_FINISH"选项；"名称"文本框中输入"FIXED_CONTOUR_FINISH"，如图 10.19 所示。

（2）单击"确定"按钮，系统弹出"固定轮廓铣"对话框，如图 10.20 所示。

图 10.19 "创建工序"对话框

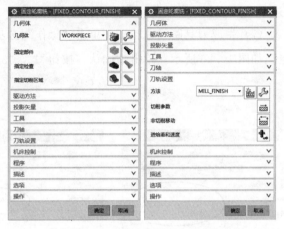

图 10.20 "固定轮廓铣"对话框

（3）指定修剪边界。单击"几何体"选项组中"指定修剪边界"右侧的按钮，弹出"修剪边界"对话框，如图 10.21 所示。"选择方法"选择"面"，然后选择如图 10.22 所示的平面，"修剪侧"选择"外部"，单击"确定"按钮，完成修剪边界的创建。

（4）选择驱动方式。"驱动方式"选项组中"方法"选择"区域铣削"，系统弹出"区域铣削驱动方式"对话框，如图 10.23 所示。"陡峭空间范围"选项组中"方法"选择"无"；"驱动设置"选项组中"非陡峭切削模式"选择"跟随周边"，"刀路方向"选择"向内"，"切削方向"选择"逆铣"，"步距"选择"残余高度"，"最大残余高度"为 0.05，"步距已应用"选择"在部件上"。单击"确定"按钮，返回"固定轮廓铣"对话框。

图 10.21 "修剪边界"对话框

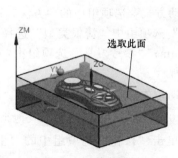

图 10.22 修剪边界

图 10.23 "区域铣削驱动方式"

（5）设置切削参数。单击"切削参数"按钮 ，弹出"切削参数"对话框。选择"策略"选项卡，"切削方向"选择"逆铣"，"刀路方向"选择"向内"；取消"在边上延伸"复选框，取消"在边上滚动刀具"复选框；如图 10.24 所示，其他采用系统默认参数。选择"更多"选项卡，在"切削步长"选项组中，"最大步长"为 0.2，取消"应用于步距"复选框，勾选"优化轨迹"复选框，如图 10.25 所示。

（6）设置进给和速度。单击"进给率和速度"按钮 ，弹出"进给率和速度"对话框。设置"主轴速度"为 2000r/min，单击后面的计算按钮 ；"切削速度"为 1000mm/min；"进刀"为 600mm/min。

（7）生成刀具路径并验证。单击"操作"选项组中的"生成"按钮 ，生成"刀具轨迹"如图 10.26 所示。单击"确认"按钮 ，"3D 动态"仿真效果，如图 10.27 所示。

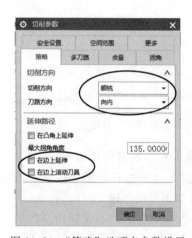
图 10.24 "策略"选项卡参数设置

图 10.25 "更多"选项组参数设置

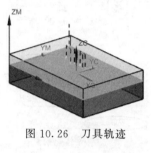
图 10.26 刀具轨迹

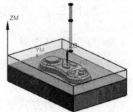
图 10.27 "3D 动态"仿真

9. 清角加工

（1）复制曲面精加工操作。在左侧"工序导航器"的空白区域中，单击鼠标右键，选择" 程序顺序视图"。复制"FIXED_CONTOUR_FINISH"后，并粘贴该文件，重命名为"FLOWCUT_FINISH"。

（2）编辑"FLOWCUT_FINISH"，双击该文件，弹出"固定轮廓铣"对话框，修改参数设置。

重新选择刀具："工具"选项组中"刀具"选择"D2R1"。

设置驱动方式。在"驱动方式"选项组中的"方法"选择"清根"，系统弹出"清根驱动方法"对话框。"驱动设置"选项组中"清根类型"选择"参考刀具偏置"；"非陡峭切削"选项组中"步距"为 0.05mm；"参考刀具"选项组中，"参考刀具"选择"D5R2.5"，"重叠距离"为 1，如图 10.28 所示。

设置切削参数。单击"切削参数"按钮 ，弹出"切削参数"对话框。选择"更多"选项卡，"切削步长"为 0.05，如图 10.29 所示，其他采用系统默认参数。

生成刀具路径并验证。单击"操作"选项组中的"生成"按钮 ，生成"刀具轨迹"如图 10.30 所示。单击"确认"按钮 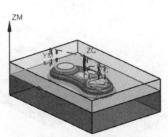 ，"3D 动态"仿真效果，如图 10.31 所示。

图 10.30　刀具轨迹

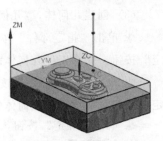

图 10.28　"清根驱动方法"选项卡　图 10.29　"更多"选项组参数设置　图 10.31　"3D 动态"仿真

例 2：游戏手柄型腔数控加工实例。

1. 毛坯的创建

（1）打开部件文件"example-1_cavity_002.prt"，如图 10.32 所示。

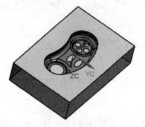

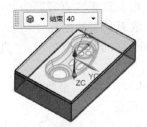

图 10.32　型腔芯零件　　图 10.33　创建拉伸特征　　图 10.34　设置毛坯的颜色和透明度

（2）创建拉伸特征，"截面"选择型芯零件的底面，沿 −ZC 方向，拉伸距离为 40，"布尔"运算为无，如图 10.33 所示。

（3）选择"菜单"→"编辑"→"对象显示"命令，将拉伸特征设置为橙色，透明度设置为 75%，单击"确定"按钮，完成毛坯颜色和透明度的设置，如图 10.34 所示。

2. 初始化加工环境

进入"加工"模块，选择 mill_contour（轮廓铣）选项。

3. 创建加工几何体

（1）设置加工坐标系，在左侧"工序导航器"的空白区域，单击鼠标右键，选择"几何视图"。双击 MCS_MILL，系统弹出"MCS 铣削"对话框，单击"CSYS"对话框，选择如图 10.35 所示的点，利用坐标系旋转功能设置加工坐标系，单击"确定"按钮，完成加工坐标系的设置。

（2）设置安全平面，"MCS 铣削"对话框中，"安全设置"选项组中的"安全设置选项"选择"刨"，指定平面选择 XC-YC 平面，距离为 −30，如图 10.36 所示。单击"确定"按钮，完成安全平面的设置。

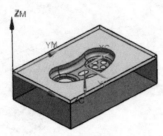

图 10.35 设置加工坐标系

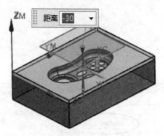

图 10.36 设置安全平面

（3）创建几何体，"几何视图"中，双击"WOREPIECE"，系统弹出"工件"对话框。

⬇ 单击"指定部件"按钮，弹出"部件几何体"对话框，选择型腔零件，单击"确定"按钮，完成工件几何体的创建。

⬇ 单击"指定毛坯"按钮，弹出"毛坯几何体"对话框，选择拉伸特征，单击"确定"按钮，完成毛坯几何体的创建。

⬇ 单击"确定"按钮，退出"工件"对话框。

4. 创建刀具

在左侧"工序导航器"的空白区域中，单击鼠标右键，选择"🔧机床视图"。

（1）单击"创建刀具"按钮，系统弹出"创建刀具"对话框，"类型"选择"mill_contour"，"刀具子类型"选择"MILL"，"名称"文本框中输入"D20"，单击"应用"按钮，系统弹出"铣刀-5 参数"对话框。设置"直径"为 20，"刀具号"为 1，其他参数采用默认设置，单击"确定"按钮，完成刀具 1 的创建。

（2）创建刀具 2，名称为"D8R1"的 5 参数铣刀，"直径"为 8，"下半径"为 1，"刀具号"为 2，其他参数采用默认设置。

（3）创建刀具 3，名称为"D5R2.5"的 5 参数铣刀，"直径"为 5，"下半径"为 2.5，"刀具号"为 3，其他参数采用默认设置。

（4）创建刀具 4，名称为"D2R1"的 5 参数铣刀，"直径"为 2，"下半径"为 1，"刀具号"为 4，其他参数采用默认设置。

5. 设置加工方法

在左侧"工序导航器"的空白区域中，单击鼠标右键，选择"📖加工方法视图"。

（1）在"工序导航器"中，双击"MILL_ROUGH"节点，系统弹出"铣削粗加工"对话框，"部件余量"文本框中输入 0.2，"内公差"和"外公差"文本框中输入 0.1，单击"确定"按钮，完成粗加工方法的设定。

（2）在"工序导航器"中，双击"MILL_SEMI_FINISH"节点，系统弹出"铣削半精加工"对话框，"部件余量"文本框中输入 0.08，"内公差"和"外公差"文本框中输入 0.03，单击"确定"按钮，完成半精加工方法的设定。

（3）在"工序导航器"中，双击"MILL_FINISH"节点，系统弹出"铣削精加工"对话框，"部件余量"文本框中输入 0，"内公差"和"外公差"文本框中输入 0.01，单击"确定"按钮，完成精加工方法的设定。

6. 粗加工

在左侧"工序导航器"的空白区域中，单击鼠标右键，选择"📊程序顺序视图"。

(1) 单击"创建工序"按钮 ，"类型"选择"mill_contour"选项；"工序子类型"选择"型腔铣"选项（第 1 行第 1 个图标 ）；"程序"选择"PROGRAM"，"刀具"选择"D20"，"几何体"选择"WORKPIECE"选项，"方法"选择"MILL_ROUGH"选项；"名称"文本框中输入"CAVITY_MILL_ROUGH"。

(2) 单击"确定"按钮，系统弹出"型腔铣"对话框。

(3) "刀轨设置"选项组中，"切削模式"选择" 跟随部件"方式，"步距"选择"恒定"，"最大距离"为 15，"公共每刀切削深度"选择"恒定"，"最大距离"为 0.5。

(4) 设置切削参数。单击"切削参数"按钮 ，弹出"切削参数"对话框。选择"策略"选项卡，"切削方向"选择"逆铣"，"切削顺序"选择"层优先"；"在边上延伸"为 0；"毛坯距离"为 0，其他采用系统默认参数。选择"更多"选项卡，在"原有的"选项组中，勾选"区域连接""边界逼近"、"容错加工"复选框。

(5) 设置非切削参数。单击"非切削移动"按钮 ，弹出"非切削移动"对话框。选择"进刀"选项卡，"封闭区域"选项组中，"进刀类型"为"螺旋"；"开放区域"选项组中，"进刀类型"为"圆形"。选择"转移/快速"选项卡，"安全设置"选项组中，"安全设置选项"选择"使用继承的"，其他采用系统默认参数设置。

(6) 进给和速度设置。单击"进给率和速度"按钮 ，弹出"进给率和速度"对话框。设置"主轴速度"为 900r/min，单击后面的计算按钮 ；"切削速度"为 800mm/min；"进刀"为 400mm/min。

(7) 生成刀具路径并验证。单击"操作"选项组中的"生成"按钮 ，生成"刀具轨迹"如图 10.37 所示。单击"确认"按钮 ，"3D 动态"仿真效果，如图 10.38 所示。

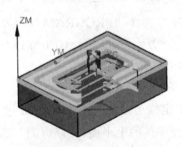

图 10.37　刀具轨迹

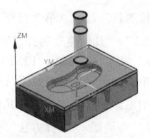

图 10.38　"3D 动态"仿真

7. 半精加工

(1) 复制一次粗加工操作。在左侧"工序导航器"的空白区域中，单击鼠标右键，选择" 程序顺序视图"。复制"CAVITY_MILL_ROUGH"后，并粘贴该文件，重命名为"CAVITY_MILL_SEMI_FINISH"。

(2) 编辑"CAVITY_MILL_SEMI_FINISH"，双击该文件，弹出"型腔铣"对话框，修改参数设置。

重新选择刀具："工具"选项组中"刀具"选择"D8R1"。

重新选择加工方法："刀轨设置"选项组中"方法"选择"MILL_SEMI_FINISH"。

设定铣削模式和切削用量："刀轨设置"选项组中"切削模式"选择" 轮廓"；"步距"选择"残余高度"，"最大残余高度"为 0.1，"公共每刀切削深度"选择"恒定"，

"最大距离"为 0.3。

↳ 设置切削参数。单击"切削参数"按钮 🔃，弹出"切削参数"对话框。选择"空间范围"选项卡，"修剪方式"选择"无"，"处理中的工件"选择"使用 3D"，"参考工具"为"NONE"。

↳ 设置进给和速度。单击"进给率和速度"按钮 ⛏，弹出"进给率和速度"对话框。设置"主轴速度"为 2000r/min，单击后面的计算按钮 📊；"切削速度"为 1200mm/min；"进刀"为 600mm/min。

↳ 生成刀具路径并验证。单击"操作"选项组中的"生成"按钮 🏃，生成"刀具轨迹"如图 10.39 所示。单击"确认"按钮 🎁，"3D 动态"仿真效果，如图 10.40 所示。

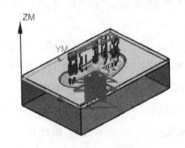

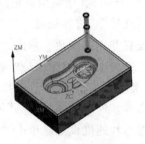

| 图 10.39　刀具轨迹 | 图 10.40　"3D 动态"仿真 |

8. 曲面精加工

在左侧"工序导航器"的空白区域中，单击鼠标右键，选择"🖳 程序顺序视图"。

（1）单击"创建工序"按钮 🏃，"类型"选择"mill_contour"选项；"工序子类型"选择"固定轮廓铣"选项（第 2 行第 1 个图标 ⚓）；"程序"选择"PROGRAM"，"刀具"选择"D5R2.5"，"几何体"选择"WORKPIECE"选项，"方法"选择"MILL_FINISH"选项；"名称"文本框中输入"FIXED_CONTOUR_FINISH"。

（2）单击"确定"按钮，系统弹出"固定轮廓铣"对话框。

（3）指定修剪边界。单击"几何体"选项组中"指定修剪边界"右侧的按钮 🔲，弹出"修剪边界"对话框，"选择方法"选择"面"，然后型腔零件的上平面，"修剪侧"选择"外部"，单击"确定"按钮，完成修剪边界的创建。

（4）选择驱动方式。"驱动方式"选项组中"方法"选择"区域铣削"，系统弹出"区域铣削驱动方式"对话框。"陡峭空间范围"选项组中"方法"选择"无"；"驱动设置"选项组中"非陡峭切削模式"选择"▥ 跟随周边"，"刀路方向"选择"向内"，"切削方向"选择"逆铣"，"步距"选择"残余高度"，"最大残余高度"为 0.05，"步距已应用"选择"在部件上"；"陡峭切削模式"中"切削方向"选择"逆铣"。单击"确定"按钮，返回"固定轮廓铣"对话框。

（5）设置切削参数。单击"切削参数"按钮 🔃，弹出"切削参数"对话框。选择"策略"选项卡，"切削方向"选择"逆铣"，"刀路方向"选择"向内"；取消"在边上延伸"复选框，取消"在边上滚动刀具"复选框；其他采用系统默认参数。选择"更多"选项卡，在"切削步长"选项组中，"最大步长"为 0.2，勾选"优化轨迹"复选框，取消"应用于步距"复选框。

（6）设置进给和速度。单击"进给率和速度"按钮🔧，弹出"进给率和速度"对话框。设置"主轴速度"为 2000r/min，单击后面的计算按钮▤；"切削速度"为 1000mm/min；"进刀"为 600mm/min。

（7）生成刀具路径并验证。单击"操作"选项组中的"生成"按钮🡆，生成"刀具轨迹"如图 10.41 所示。单击"确认"按钮🡆，"3D 动态"仿真效果，如图 10.42 所示。

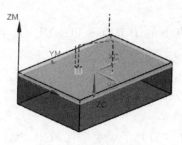

图 10.41　刀具轨迹

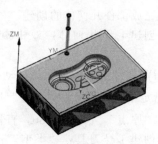

图 10.42　"3D 动态"仿真

9. 清角加工

（1）复制曲面精加工操作。在左侧"工序导航器"的空白区域中，单击鼠标右键，选择"🔳 程序顺序视图"。复制"FIXED_CONTOUR_FINISH"后，并粘贴该文件，重命名为"FLOWCUT_FINISH"。

（2）编辑"FLOWCUT_FINISH"，双击该文件，弹出"固定轮廓铣"对话框，修改参数设置。

🔧 重新选择刀具："工具"选项组中"刀具"选择"D2R1"。

🔧 设置驱动方式。在"驱动方式"选项组中的"方法"选择"清根"，系统弹出"清根驱动方法"对话框。"驱动设置"选项组中"清根类型"选择"参考刀具偏置"；"非陡峭切削"选项组中"步距"为 0.05mm；"参考刀具"选项组中，"参考刀具"选择"D5R2.5"，"重叠距离"为 1。

🔧 设置切削参数。单击"切削参数"按钮▨，弹出"切削参数"对话框。选择"更多"选项卡，"切削步长"为 0.05，其他采用系统默认参数。

🔧 生成刀具路径并验证。单击"操作"选项组中的"生成"按钮🡆，生成"刀具轨迹"如图 10.43 所示。单击"确认"按钮🡆，"3D 动态"仿真效果，如图 10.44 所示。

例 3：车削数控加工实例，零件模型如图 10.45 所示。

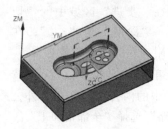

图 10.43　刀具轨迹

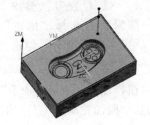

图 10.44　"3D 动态"仿真

图 10.45　车削零件模型

1. 粗车外形加工

粗加工功能包含了用于去除大量材料的许多切削技术。这些加工方法包括用于高速粗加工的策略，以及通过正确的内置进刀、退刀运动达到半精加工或精加工的质量。车削粗加工依赖于系统的剩余材料自动去除功能。

（1）进入加工环境 turning。

（2）创建机床坐标系：在几何视图下，双击 MCS_SPINDLE，定义 MCS 主轴，ZM-XM 平面。

（3）创建部件几何体：双击 WORKPIECE 节点，指定部件 ：选取整个零件为部件几何体，完成部件几何体的创建。

（4）创建毛坯几何体：双击 WORKPIECE 节点下的子节点 TURNING_WORK-PIECE。

　指定部件边界 ：系统自动指定并显示。

　指定毛坯边界 ："类型"选择"棒料"，"安装位置"选择"在主轴箱处"，"指定点"选择"原点"，长度为 530，直径为 250。

（5）创建 1 号刀具："类型"选择"turning"，在"刀具子类型"区域中"OD_80_L "，"刀具"选择"GENERIC_MACHINE"，采用系统默认的名字，单击"确定"按钮，弹出"车刀-标准"对话框。

　工具选项卡：刀尖半径：1.0；刀具号 1。

　夹持器选项卡：勾选"使用车刀夹持器"复选框。单击"确定"按钮，完成刀具的创建。

（6）指定车加工横截面：选择"菜单"→"工具"→"车加工横截面（N）"命令。

　选择"体"按钮 ，选取零件模型。

　选择"剖切平面"按钮 ，确认"简单截面"按钮 被按下，单击"确定"按钮，完成车加工横截面的定义。

（7）创建工序。

　外径粗车："类型"选择"turning"，"工序子类型"选择"外径粗车"按钮 ，"程序"选择"PROGRAM"，"刀具"选择"OD_80_L（车刀-标准）"，"几何体"选择"TURNING_WORKPIECE"，"方法"选择"LATHE_ROUGH"，采用系统默认的名字，单击"确定"按钮，系统弹出"外径粗车"对话框。

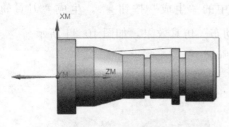

图 10.46　切削区域

　切削区域：单击"切削区域"右侧的"显示"按钮 ，图形区显示的切削区域如图 10.46 所示。

　设置刀轨参数：在"步进"区域中的"切削深度"选择"恒定"，"深度"为"3.0"；在"更多"区域中，勾选"附加轮廓加工"复选框。

　设置切削参数：单击"切削参数" 按钮，设置"余量选项卡"中的内公差为 0.01，外公差为 0.01；在"轮廓加工选项卡"中，勾选"附加轮廓加工"；"策略"选择"全部精加工"。

　设置非切削移动：单击"非切削移动" 按钮，在"进刀"选项卡中"轮廓加工"区域的"进刀类型"中选择"圆弧-自动"选项。

　生成刀路轨迹：刀路轨迹如图 10.47 所示，3D 仿真结果如图 10.48 所示。

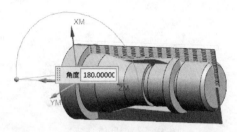

图 10.47 刀路轨迹

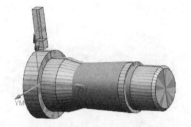

图 10.48 3D 仿真结果

（8）创建 2 号刀具："类型"选择"turning"，在"刀具子类型"区域中"OD_55_R
"，"刀具"选择"GENERIC_MACHINE"，采用系统默认的名字，单击"确定"按钮，
弹出"车刀-标准"对话框。

🔸 工具选项卡："尺寸"区域"方向角度"为"90"，刀具号 2。

🔸 夹持器选项卡：勾选"使用车刀夹持器"复选框。单击"确定"按钮，完成刀具的
创建。

（9）创建工序。

🔸 退刀粗车："类型"选择"turning"，"工序子类型"选择"退刀粗车"按钮 ，"程
序"选择"PROGRAM"， "刀具"选择"OD_55_R（车刀-标准）"， "几何体"选择
"TURNING_WORKPIECE"，"方法"选择"LATHE_ROUGH"，采用系统默认的名字，
单击"确定"按钮，系统弹出"退刀粗车"对话框。

🔸 切削区域：单击"切削区域"右侧的"编辑"按钮 ，图形区显示出切削区域，如
图 10.49 所示（观察区域存在的问题），在"径向修剪平面 1"区域的"限制选项"中选择
"点"选项，选择 10.50 所示的边线的端点，单击"确定"按钮，再次按"显示"按钮 ，
显示切削区域，如图 10.51 所示。

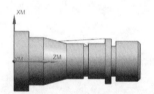

图 10.49 切削区域

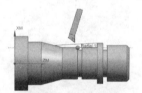

图 10.50 选择的点

图 10.51 切削区域

🔸 设置刀轨参数：在"步进"区域中的"切削深度"选择"恒定"，"深度"为"3.0"；
在"更多"区域中，勾选"附加轮廓加工"复选框。

🔸 设置切削参数：单击"切削参数" 按钮，设置"余量选项卡"中的内公差为
0.01，外公差为 0.01；在"轮廓加工选项卡"中，勾选"附加轮廓加工"；"策略"选择
"全部精加工"。

🔸 设置非切削移动：单击"非切削移动" 按钮，在"进刀"选项卡中"轮廓加工"
区域的"进刀类型"中选择"圆弧-自动"选项。

🔸 生成刀路轨迹：刀路轨迹如图 10.52 所示，3D 仿真结果如图 10.53 所示。

例 4：钻孔加工实例，零件模型如图 10.54 所示。

（1）进入加工环境：cam_general，drill。

（2）创建机床坐标系：

277 ◄◄◄

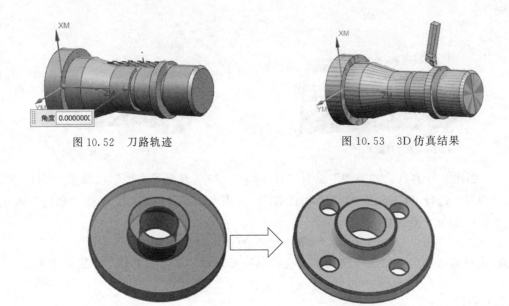

图 10.52　刀路轨迹　　　　　　　　　　　图 10.53　3D 仿真结果

图 10.54　钻孔加工的零件

🔸 几何视图下，双击 MCS_MILL，系统弹出"MCS 铣削"对话框。

🔸 "机床坐标系"区域→指定 MCS：单击"CSYS 对话框"按钮，系统弹出"CSYS"对话框。

🔸 类型：动态；"操控器"区域→"指定方位"：单击"点对话框"按钮；Z＝13；完成机床坐标系的创建，如图 10.55 所示。

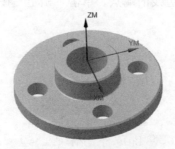

图 10.55　创建机床坐标系

（3）创建部件几何体：双击 WORKPIECE 指定部件：选取整个零件为部件几何体。

（4）创建毛坯几何体。

🔸 进入"模型的部件导航器"，展开"模型历史记录"，在"体（0）"节点上右击鼠标，选择"隐藏"命令，在"体（1）"节点上右击鼠标，选择"显示"命令。

🔸 进入"加工导航器"，双击"WORKPIECE"，"指定毛坯"区域→"选择或编辑毛坯几何体"，选取"体（1）"为毛坯几何体，完成毛坯几何体的创建。

🔸 进入"模型的部件导航器"，在"体（0）"节点上右击鼠标，选择"显示"命令，在"体（1）"节点上右击鼠标，选择"隐藏"命令。

（5）创建刀具：类型，drill；刀具子类型，DRILLING_TOOL；名称，Z7；刀具参数：直径，7.0；刀具号，1。

（6）创建工序。

♣ 钻孔：类型，drill；工序子类型，钻孔；程序，NC_PROGRAM；刀具，Z7；几何体，WORKPIECE；方法，DRILL_METHOD；名称，DRILLING。

♣ 指定钻孔点："几何体"区域→"指定孔"，单击"选择或编辑孔几何体"按钮，系统弹出"点到点几何体"对话框，如图 10.56 所示；单击"选择"按钮，系统弹出"点位选择"对话框，如图 10.57 所示。

图 10.56 "点到点几何体"对话框

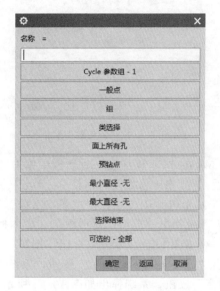

图 10.57 "点位选择"对话框

♣ 在图形区依次选取如图 10.58 所示的孔边线，分别单击"点位选择"对话框和"点到点几何体"对话框中的"确定"按钮，返回"钻"对话框。

♣ 指定顶面："指定顶面"右侧"选择或编辑部件表面几何体"，系统弹出"顶面"对话框。"顶面选项"，"面"，选取如图 10.59 所示的面。

♣ 指定底面："指定底面"右侧"选择或编辑部件表面几何体"，系统弹出"底面"对话框。"底面选项"，"面"，选取如图 10.60 所示的面。

图 10.58 选择孔

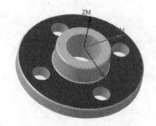

图 10.59 定义顶面

图 10.60 定义底面

♣ 设置刀轴：+ZM 轴（如果当前加工坐标系的 ZM 轴与要加工孔的轴线方向不同，可选择"指定矢量"选项重新指定刀具轴线的方向）。

♣ 设置循环控制参数："循环类型"区域→"循环"，选择"标准钻"选项，单击"编辑参数"按钮，系统弹出如图 10.61 所示的"指定参数组"对话框。

♣ 在"指定参数组"对话框中采用系统默认的参数组序号 1，单击"确定"按钮，系统弹出如图

图 10.61 "指定参数组"对话框

10.62 所示的"Cycle 参数"对话框，单击"Depth-模型深度"按钮，系统弹出如图 10.63 所示的"Cycle 深度"对话框。

图 10.62 "Cycle 参数"对话框

图 10.63 "Cycle 深度"对话框

在"Cycle 深度"对话框中单击"模型深度"按钮，系统自动计算实体中孔的深度，并返回"Cycle 参数"对话框。

单击"Rtrcto-无"按钮，系统弹出"安全高度设置类型"对话框。单击"距离"按钮，系统弹出"退刀"对话框，在文本框中输入值：20.0，单击"确定"按钮。

避让设置：单击"避让"按钮，系统弹出如图 10.64 所示的"避让几何体"对话框。单击"Clearance Plane-无"按钮，系统弹出如图 10.65 所示的"安全平面"对话框。单击"指定"按钮，系统弹出如图 10.66 所示"刨"对话框。选取如图 10.67 所示的平面为参照；在"偏置"区域→"距离"：10.0，创建一个安全平面，如图 10.68 所示。

设置进给率和速度：勾选"主轴速度"复选框，输入值：500.0；进给率→切削：50.0。

图 10.64 "避让几何体"对话框

图 10.65 "安全平面"对话框

图 10.66 "刨"对话框

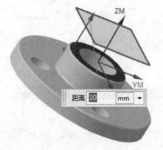
图 10.67 选取参照平面

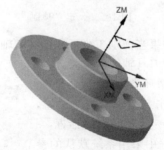
图 10.68 创建安全平面

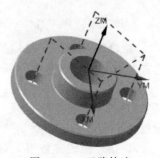
图 10.69 刀路轨迹

（7）生成刀路轨迹并仿真。生成刀路轨迹如图 10.69 所示，
3D 动态仿真如图 10.70 所示。

例 5：两轴线切割加工零件。

（1）进入加工环境：cam_general，wire_edm。

（2）创建机床坐标系：几何视图下，双击 MCS_WEDM，系
统弹出"MCS 线切割"对话框，并在图形区显示出当前的机床
坐标系，单击"确定"按钮，完成机床坐标系的定义。

（3）创建几何体。

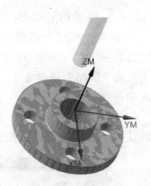

图 10.70　3D 仿真结果

　在工序导航器中选中 MCS_WEDM 节点并右击鼠标，在
系统弹出的快捷菜单中选择"插入"→"几何体"命令，系统弹出
如图 10.71 所示的"创建几何体"对话框。

　单击"SEQUENCE_EXTERNAL_TRIM"按钮，单击"确定"按钮，系统弹出如
图 10.72 所示的"顺序外部修剪"对话框。

　单击"几何体"区域中的"几何体指定线切割"右侧"选择或编辑几何体"按钮，
系统弹出"线切割几何体"对话框，如图 10.73 所示。

图 10.71　"创建几何体"
对话框

图 10.72　"顺序外部修剪"
对话框

图 10.73　"线切割几何体"
对话框

　在"主要"选项卡的"轴类型"区域单击"2 轴"按钮，在"过滤器类型"区域中
选择"面边界"按钮，选取如图 10.74 所示的面，单击"确定"按钮，系统生成如图 10.75
所示的两条边界，并返回到"顺序外部修剪"对话框。

　单击"几何体"区域中的"几何体指定线切割"右侧"选择或编辑几何体"按钮，
系统弹出"编辑几何体"对话框。单击"下一个"按钮，系统显示几何体的内轮廓，然后单
击"移除"按钮，保留如图 10.76 所示的几何体外形轮廓。单击"确定"按钮，返回"顺序
外部修剪"对话框。

图 10.74　边界面

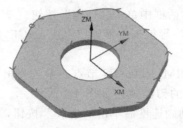

图 10.75　边界

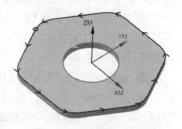

图 10.76　几何体外形轮廓

（4）设置切削参数。

🔸 在"顺序外部修剪"对话框的"粗加工刀路"文本框中输入值1，单击"切削参数"按钮，系统弹出如图 10.77 所示的"切削参数"对话框（一）。

🔸"策略"选项卡中"下部平面 ZM"文本框中输入值：−10；在"割线"位置下拉列表中选择"相切"选项，其余参数采用系统默认值。

🔸"拐角"选项卡，系统弹出如图 10.78 所示的"切削参数"对话框（二）。采用系统默认的参数设置值，单击"确定"按钮，系统返回"顺序外部修剪"对话框。

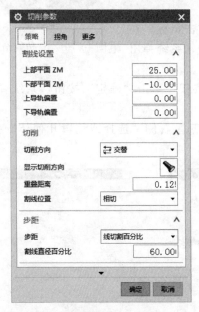

图 10.77　"切削参数"对话框（一）

图 10.78　"切削参数"对话框（二）

（5）设置移动参数。

🔸 在"顺序外部修剪"对话框中单击"非切削移动"按钮，系统弹出"非切削移动"对话框。

🔸 指定出发点：在"避让"选项卡中，在"出发点"区域的"点选项"下拉列表中选择"指定"选项，单击"点对话框"按钮，在"参考"下拉列表中选择"WCS"选项，输入 XC，−40.0，YC，0.0，ZC，0.0。单击"确定"按钮，返回到"非切削移动"对话框，同时在图形区中显示出"出发点"。

🔸 指定回零点：在"避让"选项卡中，在"回零点"区域的"点选项"下拉列表中选择"指定"选项，单击"点对话框"按钮，在"参考"下拉列表中选择"WCS"选项，输入 XC，−45.0；YC，5.0；ZC，0.0。单击"确定"按钮，返回到"非切削移动"对话框，同时在图形区中显示出"回零点"。

🔸 在"顺序外部修剪"对话框中单击"确定"按钮。

（6）生成刀路轨迹：在工序导航器中展开 SEQUENCE_EXTRNAL_TRIM 节点，可以看到三个刀路轨迹。

🔸 双击 EXTERNAL_TRIM_ROUGH 节点，系统弹出"External Trim Rough"对话框。单击"生成"按钮，生成的刀路轨迹如图 10.79 所示。单击"确认"按钮，系统弹出"刀轨可视化"对话框，调整动画速度后单击"播放"按钮，即可观察到动态仿真加工，如图 10.80 所示。

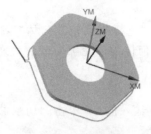
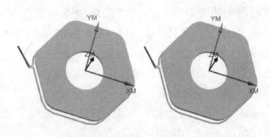

图 10.79 刀路轨迹　　　　　　　　　　图 10.80 仿真加工

⬇ 双击 EXTERNAL_TRIM_CUTOFF 节点，系统弹出 "External Trim Cutoff" 对话框。单击 "生成" 按钮，生成的刀路轨迹如图 10.81 所示。单击 "确认" 按钮，系统弹出 "刀轨可视化" 对话框，调整动画速度后单击 "播放" 按钮，即可观察到动态仿真加工，如图 10.82 所示。

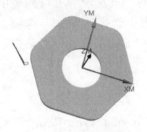
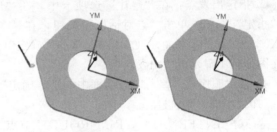

图 10.81 刀路轨迹　　　　　　　　　　图 10.82 仿真加工

⬇ 双击 EXTERNAL_TRIM_FINISH 节点，系统弹出 "External Trim Finish" 对话框。单击 "生成" 按钮，生成的刀路轨迹如图 10.83 所示。单击 "确认" 按钮，系统弹出 "刀轨可视化" 对话框，调整动画速度后单击 "播放" 按钮，即可观察到动态仿真加工，如图 10.84 所示。

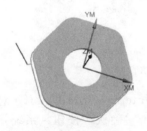
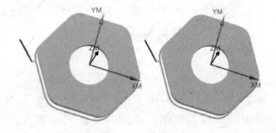

图 10.83 刀路轨迹　　　　　　　　　　图 10.84 仿真加工

（7）创建几何体。

⬇ 在工序导航器中选中 MCS_WEDM 节点并右击鼠标，在系统弹出的快捷菜单中选择 "插入"→"几何体" 命令，系统弹出 "创建几何体" 对话框。

⬇ 单击 "SEQUENCE_INTERNAL_TRIM" 按钮，单击 "确定" 按钮，系统弹出 "顺序内部修剪" 对话框。

⬇ 单击 "几何体" 区域中的 "几何体指定线切割" 右侧 "选择或编辑几何体" 按钮，系统弹出 "线切割几何体" 对话框。

⬇ 在 "主要" 选项卡的 "轴类型" 区域单击 "2 轴" 按钮，在 "过滤器类型" 区域中选择 "面边界" 按钮，选取如图 10.74 所示的面，单击 "确定" 按钮，系统生成如图 10.75

所示的两条边界，并返回到"顺序内部修剪"对话框。

⬇ 单击"几何体"区域中的"几何体指定线切割"右侧"选择或编辑几何体"按钮，系统弹出"编辑几何体"对话框。单击"移除"按钮，保留几何体内形轮廓。单击"确定"按钮，返回"顺序内部修剪"对话框。

（8）设置切削参数。

⬇ 在"顺序内部修剪"对话框的"粗加工刀路"文本框中输入值1，单击"切削参数"按钮，系统弹出"切削参数"对话框。

⬇ "策略"选项卡中"下部平面 ZM"文本框中输入值：－10；在"割线"位置下拉列表中选择"相切"选项，其余参数采用系统默认值。

（9）设置移动参数：

⬇ 在"顺序内部修剪"对话框中单击"非切削移动"按钮，系统弹出"非切削移动"对话框。

⬇ 指定出发点：在"避让"选项卡中，在"出发点"区域的"点选项"下拉列表中选择"指定"选项，单击"点对话框"按钮，在"参考"下拉列表中选择"WCS"选项，输入 XC，0.0；YC，0.0；ZC，0.0。单击"确定"按钮，返回到"非切削移动"对话框，同时在图形区中显示出"出发点"。

⬇ 在"顺序内部修剪"对话框中单击"确定"按钮。

（10）生成刀路轨迹：

⬇ 双击 INTERNALL_TRIM_ROUGH 节点，系统弹出"Internal Trim Rough"对话框。单击"生成"按钮，生成的刀路轨迹如图 10.85 所示。单击"确认"按钮，系统弹出"刀轨可视化"对话框，调整动画速度后单击"播放"按钮，即可观察到动态仿真加工，如图 10.86 所示。

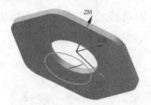 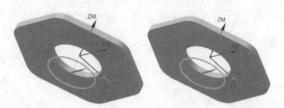

图 10.85 刀路轨迹　　　　　　　　　图 10.86 仿真加工

⬇ 双击 INTERNAL_TRIM_CUTOFF 节点，系统弹出"Internal Trim Cutoff"对话框。单击"生成"按钮，生成的刀路轨迹如图 10.87 所示。单击"确认"按钮，系统弹出"刀轨可视化"对话框，调整动画速度后单击"播放"按钮，即可观察到动态仿真加工，如图 10.88 所示。

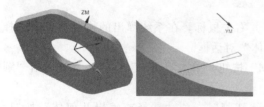 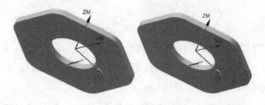

图 10.87 刀路轨迹　　　　　　　　　图 10.88 仿真加工

⬇ 双击 INTERNAL_TRIM_FINISH 节点，系统弹出"Internal Trim Finish"对话框。单击"生成"按钮，生成的刀路轨迹如图 10.89 所示。单击"确认"按钮，系统弹出"刀轨可视化"对话框，调整动画速度后单击"播放"按钮，即可观察到动态仿真加工，如图10.90所示。

图 10.89 刀路轨迹   图 10.90 仿真加工

例6：四轴线切割加工零件。

（1）进入加工环境：cam_general，wire_edm。

（2）创建机床坐标系：几何视图下，双击MCS_WEDM，系统弹出"MCS线切割"对话框，在"机床坐标系"区域中单击"CSYS对话框"按钮，系统弹出CSYS对话框。在"类型"下拉列表中选择"动态"选项，然后单击"控制器"区域中的"点对话框"按钮，在系统弹出的"点"对话框的"Z"文本框中输入值−20.0，单击"确定"按钮，完成机床坐标系的定义，如图10.91所示。

（3）创建几何体。

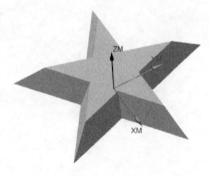

图 10.91 创建机床坐标系

➕ 在工序导航器中选中MCS_WEDM节点并右击鼠标，在系统弹出的快捷菜单中选择"插入"→"工序"命令，系统弹出如图10.92所示的"创建工序"对话框。

➕ 类型，wire_edm；工序子类型，EXTERNAL_TRIM；程序，PROGRAM；刀具，NONE；几何体，MCS_WEDM；方法，WEDM_METHOD

➕ 单击"确定"按钮，系统弹出"外部修剪"对话框。

➕ 单击"几何体"区域"指定线切割几何体"右侧的"选择或编辑几何体"按钮，系统弹出"线切割几何体"对话框。

➕ 在"轴类型"区域中单击"4轴"按钮，在"过滤器类型"区域中单击"顶面"按钮，选取如图10.93所示的面，相应生成如图10.94所示的线切割轨迹，单击"确定"按钮，返回"外部修剪"对话框。

图 10.92 "创建工序"对话框

图 10.93 选取面

图 10.94 线切割轨迹

⬇ 设置切削参数。粗加工刀路：文本框输入值 2，单击"切削参数"按钮，系统弹出"切削参数"对话框。"策略"选项卡中输出：上导轨偏置，1.0；下导轨偏置，1.0；割线位置，对中；内公差，0.01；外公差，0.01。

⬇ 设置非切削移动参数："进刀"选项卡中，"前导"区域中"前导方法"下拉列表中选择"斜角"，参数采用系统默认。

⬇ 生成刀路轨迹和动态仿真。

参 考 文 献

[1] 陈志民. UG NX10 完全学习手册 [M]. 北京：清华大学出版社，2015.

[2] 设计之门老黄. UG NX10.0 完全实战技术手册 [M]. 北京：清华大学出版社，2015.

[3] CAD/CAM/CAE 技术联盟. UG NX10.0 从入门到精通 [M]. 北京：清华大学出版社，2016.

[4] 展迪优. UG NX10.0 模具设计完全学习手册 [M]. 北京：机械工业出版社，2016.

[5] 北京兆迪科技有限公司. UG NX10.0 模具设计教程 [M]. 北京：机械工业出版社，2016.

[6] 北京兆迪科技有限公司. UG NX10.0 模具设计实例精解 [M]. 北京：机械工业出版社，2016.

[7] 北京兆迪科技有限公司. UG NX10.0 数控加工教程 [M]. 北京：机械工业出版社，2017.

[8] 北京兆迪科技有限公司. UG NX10.0 数控加工实例精解 [M]. 北京：机械工业出版社，2015.